现代工程教育丛书

机械制造基础工程训练

（第 3 版）

主　编　马保吉
主　审　张君安
编　者　马保吉　宁生科　李　蔚　侯志敏

U0196023

西北工业大学出版社

【内容简介】 本书是为了适应 21 世纪高级工程技术人才培养的要求以及体现高等工程教育课程体系深化改革的精神,在总结多年教学实践经验的基础上,借鉴各高等院校的教学经验编写的。

全书共 13 章,内容包括绪论,工程材料的基础知识,铸造,锻压,焊接,钣金,车削加工,铣削加工,刨削、拉削、镗削及特形表面的加工,磨削、光整加工与精密加工,钳工及装配,常用非金属材料的加工以及机械制造工艺综合分析等。

本书可作为高等学校文、理、工科类专业学生的工程训练教材,也可供有关工程技术人员参考。

图书在版编目(CIP)数据

机械制造基础工程训练/马保吉主编. —3 版. —西安:西北工业大学出版社,2009.1
(2019.8 重印)

ISBN 978 - 7 - 5612 - 1697 - 2

Ⅰ.机⋯ Ⅱ.马⋯ Ⅲ.金属加工—实习—高等学校—教材 Ⅳ.TG45

中国版本图书馆 CIP 数据核字(2003)第 071590 号

出版发行:西北工业大学出版社
通信地址:西安市友谊西路 127 号   邮编 710072
电　　话:(029)88493844   88491757
网　　址:www.nwpup.com
印 刷 者:兴平市博闻印务有限公司
开　　本:787 mm×1 092 mm   1/16
印　　张:17.5
字　　数:415 千字
版　　次:2009 年 1 月第 3 版   2019 年 8 月第 10 次印刷
定　　价:35.00 元

丛书编委会

主　　任　刘江南

副主任　张君安

委　　员　马保吉　范新会　宁生科　齐　华

　　　　　李　蔚　王小翠　张中林　何博雄

　　　　　祁立军　郭宝亿

树立现代工程观　培养现代工程师

——《现代工程教育丛书》代序

传统的"工程"概念是"数学和自然科学的原理、知识在工农业生产中的应用"。由此得出高等工程教育的培养目标是"培养适应社会主义现代化建设需要的、德智体全面发展、获得工程师基本训练的高等工程技术人才。毕业生主要到工业部门，从事设计、制造、运行施工、科技开发、应用研究和管理等方面的工作。"这是 20 世纪 90 年代初对我国各工科院校培养目标的统一要求。

21 世纪的工程已是充分体现学科的综合、交叉的"大工程"系统，仅仅从研究与开发、设计、工艺、施工、管理等分工角度来区分和培养工程师已经不能反映现代工程的性质和内涵及其对工程师的要求。现代工程是综合性立体工程，狭义的内涵是科学与技术在经济、人文、社会等条件制约下的、综合的、系统的应用；广义的内涵是在特定目的下，融科学、技术、经济、人文、社会等因素于一体的、综合的、系统的应用。这就要求现代工程师要有对全人类负责的高度责任心；要有足够的人文社会科学素质；要有把工程问题置于整个社会系统中进行综合考虑的能力；要有求真、求善、创新的素质与精神；要有在开放式大系统下全面协调、可持续的整体思维方式与能力。

传统工程教育的体系以数、理、化、生为工程的自然科学基础，以工学、农学、医学为具体应用学科，进一步开展学科基础和专业教育。这种传统体系在面向小系统、小工程和简单研究对象的情况下是成功的。现代工程的研究对象是以现代科学技术为基础的大系统、大工程或复杂系统，它要求有相应的现代工程教育体系与之对应。因此，系统科学、信息科学、控制科学应与数理化一起成为工学的科学基础，后续专业基础课、专业课的内容体系应是系统工程、信息工程、控制工程的具体应用，最终使毕业生成为掌握本专业的信息技术、控制技术以及系统方法论的高级工程技术人才。

据统计，我国本科生中接受工程教育的学生数占学生总数的 33％，而西安工业大学工科学生数占该校学生总数的 45％。我国全面建设小康社会，全面发展工业化是对目前在校接受工程教育的大学生赋予的历史重任，而各类从事工程教育的高等院校如何成为培养现代工程师的摇篮，则成为这些学校能否快速发展的基本条件。

中国作为一个朝气蓬勃的发展中国家已经成为世界的制造工业的中心，如何使中国下一步成为世界的设计中心、工程研发中心，是中国工程教育发展的千载难逢的机遇。我国高校还没有建立大量培养满足现代工业需求的人才体系。这些社会发展的需求、挑战和机遇为西安工业大学本科教育的发展指出了方向。

既然我们以系统工程、信息工程、控制工程作为各类工程专业的基础、核心、主线，就首先应该为学生提供一个现实的大工程系统，供学生在学习的各个阶段亲身经历这个大工程系统的运行，实现理论与实践的密切结合。为此，西安工业大学秉承"忠诚进取，精工博艺"的办学传统，发扬"注重工程实践，突出制造技术"的人才培养特色，于 2005 年 5 月创建了"西安工业大学工业中心"，它由金工实习实践教学中心、机械制造基础实验室、电子工艺训练中心、机械制造基础教研室等优化组合而成。西安工业大学工业中心创建 3 年多来取得了丰硕的成果，主要体现在：树立了现代工程观，以人为本，遵循教育规律和人才培养规律的现代工程师培养理念；构建了由自然科学基础实验、工业系统认知训练、基础工程训练、现代工程系统训练和创新训练组成的五层次训练体系；先后出版了具有自身特色的《现代工程教育丛书》7 部分册，其中 2 部教材获省部级优秀教材；形成了一套反映现代工程技术和训练体系的教学大纲、教学指导书、实习实验报告等；于 2006 年被授予陕西省综合性工程训练示范中心；"创建工业中心，探索现代工程师培养新途径"项目获得省级教学成果一等奖；先后发表了一批教学研究论文。

西安工业大学工业中心的长远发展目标是以实践论、认识论为理论基础，以现代工业大工程为背景，采用系统化的方法，将信息技术、控制技术贯穿于科学主导工程、理论回归到工程的全过程，全面体现工程科学、工程技术、工程管理的实际应用，使之成为现代工程师的工程科学认识基地、工程技术与管理训练基地、工程创新综合实验基地。

《现代工程教育丛书》由《通向现代工程师的桥梁》《工业系统认识》《机械制造基础工程训练》《现代制造技术工程训练》《电子产品制造工程训练》《工程训练指导与报告》和《机械制造基础》等组成。该套丛书从工业中心建立的理念、工程训练体系的构建到训练内容、训练项目的设计以及教学过程的组织，较全面地反映了西安工业大学以工业中心的创建为载体，开展高等工程教育改革的全过程。

参加编写本套丛书的既有长期从事工程训练教学的一线指导教师，也有相关领导、教学管理人员，从而大大提高了本套丛书指导实际工程实践教学的可操作性。作为这项工程教育改革的参与者，希冀本套丛书的出版能为我国工程教育改革带来一丝启发。

在本套丛书出版之际特写下这些感想，是为序。

西安工业大学副校长　张君安

2008 年 6 月于西安工业大学未央校区

第3版前言

近年来,针对我国高等教育规模的快速发展和工程教育实践能力弱化的问题,教育部和我国高等教育界开展了一系列的高等工程教育改革,在"高等学校本科教学质量与教学改革工程"、"普通高等学校本科教学水平评估"等教学改革工程的推动下,工程实践教育引起我国高等教育界的广泛重视,一个重要的标志就是国家级和省级综合工程训练中心的建立。为此各高等院校对工程实践教学进行了改革,建设了各自的工程训练中心,工程训练的硬件建设得到了极大的加强,为保证工程训练的质量起到了重要的作用。与硬件建设相对应,面向现代工程的工程实践教学理念、工程训练模式、实践教学体系、教学内容、教学方法与教学手段的改革也正在如火如荼地进行之中。

西安工业大学工业中心正是在此背景下建设和发展起来的,工业中心以我国社会经济发展和工业化进程对现代工程师提出的要求为目标,以工程和系统中研究、开发、设计、制造、运行、营销、管理、咨询这一工程链为背景,以培养学生获取新知识能力、分析和解决工程实际问题能力、收集处理信息能力、不断创新和实践能力、参与现代工程的领导、决策、协调、控制的初步能力和管理素质为核心,构建了由自然科学实验、工业系统认知训练、基础工程训练、现代系统工程训练和大学生科技创新训练组成的工程教育新体系。依据新的工程训练理念和体系编写了现代工程教育系列丛书。

本书是工程教育丛书之一,是五层次工程教育体系中的基础工程训练的重要组成部分。本教材的教学目标是:满足本科生基本制造技术训练的需要,着重培养学生的基本操作技能,着力提高学生娴熟的动手能力。通过车、铣、刨、磨、钳、焊、铸、热处理、材料成形等传统制造技术实训,使低年级学生实际动手能力得到训练,熟悉基本工业设备操作,切实提高学生的工程素质和实际动手能力,同时培养学生的安全意识、质量意识、成本意识、环境意识、管理意识、品德修养和创新精神。为后续课程和现代工程系统训练、创新训练提供层面宽、内涵丰富、稳固扎实的"基础"支撑平台。

对于内容的组织,则是在"机械制造基础工程"第1版、第2版的基础上,考虑到教学体系的调整和现代机械制造技术的发展,对传统的基本制造技术进行了精简,充实了一些目前工业生产中大量使用的工艺如压铸、注塑、钣金等,将数控加工、特种加工、计算机辅助加工等内容纳入现代系统工程训练之中。为了建立制造系统、制造过程的概念,提高学生综合应用制造手段的能力和分析解决实际问题的能力,安排了机械制造工艺过程综合分析的内容。

本书由马保吉教授主编,参加编写的有马保吉、宁生科、李蔚、侯志敏。本书承张君安教授主审,西安工业大学教务处和西北工业大学出版社给予了大力帮助,在此致以衷心的感谢。书中还参考了相关的教材、专著和厂家的样本,在此对相关作者表示衷心的感谢。

限于编者的水平和经验,书中的不妥之处敬请同行和读者批评指正。

编 者

2008 年 10 月

第2版前言

在科技突飞猛进、知识日新月异的今天,工程手段日益丰富,工程范围不断扩大,学科间的相互渗透、相互交叉集中在知识的综合与整体化。经济全球化,特别是我国加入 WTO,面临着前所未有的挑战与机遇。因此,社会工程实践活动迫切要求工程技术人员不仅具备扎实的理论知识,同时更应具备相当程度的工程素质——工程实践能力、创新能力。懂业务、善管理,并具有较强市场意识、质量意识、安全意识、群体意识、环境意识、社会意识、经济意识、管理意识、创新意识、法律意识的应用型、复合型的工程人才的社会需求,成为促进高等教育教学改革,特别是工程教育实践改革与研究的源动力。

经济全球化进程的加快,客观上要求树立大系统、大工程的观念来重构高等工程教育的模式,强化实践锻炼和工程创新,培养出新型的工程技术人才。

20 世纪末,美国康奈尔、斯坦福、加州大学伯克利分校等 8 所大学联合进行了工程教育改革,其重要内容即是加强与工程实际的联系,重视工程实践,促进人才培养模式从科学型向工程型转变。高等工程教育的"工程化"或"回归工程"趋势已经成为国际高等工程教育改革的共同选择。

近年来,工程实践教育已引起我国高等教育界的广泛重视。国家教育部"新世纪高等教育教学改革工程"中,工程教育有 670 个项目,而 2000 年首先启动的便是"高等学校基础课程实验教学示范中心建设标准"。清华大学、华南理工大学等著名大学将香港理工大学工业中心及其工程训练作为楷模,耗巨资建设工程训练中心,充分体现了对工程实践和对实践性课程的高度重视。同时,我国基础工业落后,企业工程教育意识淡薄和培养能力弱的中国国情,也要求对现有的工程教育实行制度创新,探索有中国特色的高等工程教育模式。

在这样的工程训练现状、发展趋势和社会需求背景下,我们在总结多年教学实践经验的基础上,借鉴各高等院校的教学经验,编写了《机械制造基础工程训练》一书。这是一本适合于文、理、工科类学生工程训练课程教学的教材。

全书旨在体现以下特点:

(1)在大工程的背景下培养学生的工程实践能力、创新意识、创业精神及综合素养,建立和培养学生在工业系统、产品质量、企业效益、社会环境、全球市场和经营管理等方面的意识和能力。

(2)形成覆盖机械、电子、控制、检测、环境、信息、土建、管理等学科完整的、各方面有机结合的实践教学体系。

（3）理论教学与工程实践教学并行，贯穿于大学生的整个培养过程。有助于适应不同专业、不同层次人才培养的需求。

（4）在内容上力求做到与时俱进，在精选常规技术内容的基础上，大幅度地增加了新材料、新技术和新工艺的内容，并适当增加工业技术和现代企业管理等内容，有利于学生正确处理技术与经济、技术与管理的关系，促进学生从知识积累向能力生成的转化。

（5）力求图文并茂、深入浅出、文字简练、直观形象，以方便教学。

本书由马保吉教授主编，参加编写的有马保吉（第一、二、十、十四、十六章）、宁生科（第八、九、十一、十二章）、李蔚（第三、四、五、六、七、十五章）、侯志敏（第十三、十七章）。本书承张君安教授主审，并提出了宝贵的意见，在此致以衷心的感谢。书中还参考了相关的教材和专著，在此对相关作者表示衷心的感谢。

由于编者的水平与经验有限，书中的缺点与错误请同行与读者批评指正。

编　者

2006 年 7 月

目 录

第一章

绪　　论

第一节　制造系统与机械制造系统概述

一、制造与制造系统

什么是制造？什么是制造业？到目前为止，还没有关于这两个概念的统一定义。狭义上，一般将"制造"理解为产品的机械工艺过程或机械加工过程。例如，著名的朗文词典对"制造"（Manufacture）的解释为"通过机器进行（产品）制作或生产，特别是大批量生产（to make or produce by machinery，esp in large quantities）。广义制造与狭义制造相比，"制造"的概念和内涵在"范围"和"过程"两个方面大大拓展。在范围方面，制造涉及的工业领域不局限于机械制造，而是涉及机械、电子、化工、轻工、食品、军工等国民经济的大量行业。在过程方面，广义制造不仅指具体的工艺过程，而且还包括市场分析、产品设计、生产工艺过程、装配检验、计划控制、销售服务和管理等产品整个生命周期的全过程。例如，国际生产工程学会（CIRP）在1983年给"制造"下的定义是：制造是制造企业中所涉及产品设计、物料选择、生产计划、生产、质量保证、经营管理、市场销售和服务等一系列相关活动和工作的总称。

综上所述，"制造"目前有两种理解：一是狭义制造概念，指产品的"制作过程"，可称为"小制造概念"，如机械加工过程；二是广义制造概念，指产品整个生命周期过程，又称为"大制造概念"。制造业从广义上理解，是将可用资源（包括能源）通过制造过程，转化为可供人们使用和利用的工业品或生活消费品的产业，它涉及国民经济的大量行业，如机械、电子、化工、食品、军工等等。

什么是制造系统？关于制造系统的定义，尚在发展和完善之中，至今还没有统一的定义。现列举国际上比较权威的几个定义作为参考。

英国著名学者帕纳比（Parnaby）1989年给出的定义为"制造系统是工艺、机器系统、人、组织结构、信息流、控制系统和计算机的集成组合，其目的在于取得产品制造的经济性和产品性能的国际竞争性。"

国际生产工程学会于1990年公布的制造系统的定义是"制造系统是制造业中形成制造生产（简称生产）的有机整体。在机电工程产业中，制造系统具有设计、生产、发运和销售的一体化功能。"

美国麻省理工学院（MIT）教授 G. Chryssolouris 于1992年将制造系统定义为"制造系统是人、机器和装备以及物料流和信息流的一个组合体。"

国际著名制造系统工程专家、日本京都大学人见胜人教授于1994年指出：制造系统可从三个方面定义：①制造系统的结构方面：制造系统是一个包括人员、生产设施、物料加工设备和其他附属装置等各种硬件的统一整体；②制造系统的转变特性：制造系统可定义为生产要素的

1

转变过程,特别是将原材料以最大生产率转变成为产品;③制造系统的过程方面:制造系统可定义为生产的运行过程,包括计划、实施和控制。

综合上述几种定义,可将制造系统定义如下:制造过程及其所涉及的硬件,包括人员、生产设备、材料、能源和各种辅助装置,以及有关软件,包括制造理论、制造技术(制造工艺和制造方法等)和制造信息等组成了一个具有特定功能的有机整体,称之为制造系统。

制造系统的基本特性包括以下几个方面:

(1)集合性:制造系统是由两个或两个以上的可以相互区别的要素(或环节、子系统)所组成的集合体。它确定了制造系统的组成要素。

(2)相关性:制造系统内各要素是相互联系的。它说明了这些组成要素之间的关系,这种关系构成了制造系统的结构,而结构又决定了制造系统的性质。制造系统的基本结构体现为组织、技术和管理三方面。制造系统中任一要素与存在于该制造系统中的其他要素是互相关联和互相制约的。

(3)目的性:一个实际的制造系统是一个整体,要完成一定的制造任务,或者说要达到一个或多个目的,就是要把资源转变为财富或产品。

(4)环境适应性:一个具体的制造系统,必须具有对周围环境变化的适应性。外部环境的变化与系统是互相影响的,两者之间必然要进行物质、能量或信息的交换。制造系统应是具有动态适应性的系统,表现为以最少的代价和时间去适应变化的环境,使系统接近理想状态。

(5)动态性:制造系统的动态性主要表现在以下几个方面:

1)总是处于生产要素(原材料、能量、信息等)的不断输入和有形财富(产品)的不断输出这样一种动态过程中。

2)系统内部的全部硬件和软件也是处于不断的动态变化发展之中。

3)为适应生存的环境,总是处于不断发展、不断更新、不断完善的运动中。

(6)反馈特性:制造系统在运行过程中,其输出状态,如产品质量信息和制造资源利用状况总是不断地反馈回制造过程的各个环节中,从而实现产品生命周期中的不断调节、改进和优化。

(7)随机特性:制造系统中有很多随机因素,从而使制造系统的某些性质具有随机性。

二、机械制造系统

机械制造系统是一种典型的、具体的制造系统。其组成如图1-1所示。

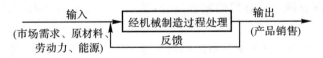

图1-1 机械制造系统的组成

机械制造系统具有制造系统所具有的一切基本特性。图1-2表明机械制造过程是一个资源向产品或零件的转变过程。这个过程是不连续的(或称离散性),其系统状态是动态的,故机械制造系统是离散的动态系统。机械制造系统由机床、夹具、刀具、被加工工件、操作人员和加工工艺等组成。机械制造系统输入的是制造资源(毛坯或半成品、能源和劳动力),经过机械加工过程制成产品或零件输出。

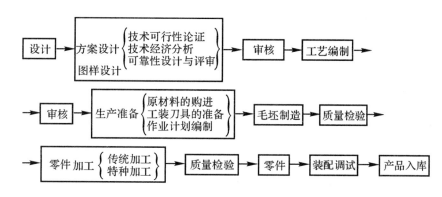

图 1-2 机械制造过程

图 1-3 为机械制造系统各个组成部分之间的关系图。

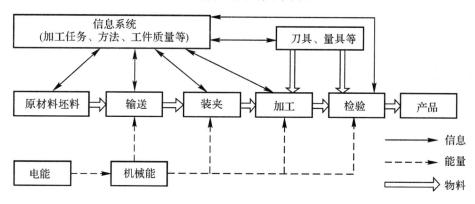

图 1-3 机械制造系统各个组成部分的关系图

图 1-3 所示的"三流"分别表示如下：

(1)物料流(物流)：机械加工系统输入的原材料或坯料(有时也包括半成品)及相应的刀具、量具、夹具、润滑油、切削液和其他辅助物料等,经过输送、装夹、加工检验等过程,最后输出半成品或成品(一般还伴随着切屑的输出)。整个加工过程(包括加工准备阶段)是物料输入和输出的动态过程,这种物料在机械加工系统中的运动被称为物料流。

(2)信息流：在机械加工系统中,必须集成各个方面的信息,以保证机械加工过程的正常进行。这些信息主要包括加工任务、加工工序、加工方法、刀具状态、工件要求、质量指标和切削参数等。这些信息又可分为静态信息(如工件尺寸要求、公差大小等)和动态信息(如刀具磨损程度、机床故障状态等)。所有这些信息构成了机械加工过程的信息系统。这个系统不断地和机械加工过程的各种状态进行信息交换,从而有效地控制机械加工过程,以保证机械加工的效率和产品质量。这种信息在机械加工系统中的作用过程称为信息流。

(3)能量流：能量是一种物质运动的基础。机械加工系统是一个动态系统,其动态过程是机械加工过程中的各种运动过程。这个运动过程中的所有运动,特别是物料的运动,均需要能量来维持。来自机械加工系统外部的能量(一般是电能),多数转变为机械能。一部分机械能用以维持系统中的各种运动,另一部分通过传递、损耗而到达机械加工的切削区域,转变为分离金属的动能和势能。这种在机械加工过程中的能量运动称为能量流。

制造系统中的物料流、信息流、能量流之间相互联系、相互影响,组成了一个不可分割的有机整体。

在一段很长的时期里,人们习惯于孤立地、分别地研究机械制造中所涉及的各种问题。尽管在机床、工具和制造工艺等各个方面都取得了长足的进步,而且成功地应用于大批量生产,但在大幅度提高各种因素非常复杂的小批量生产的生产率方面,长时间未能取得大的突破。直至 20 世纪 60 年代末期,人们才逐步认识到,必须运用系统的观点来认识机械产品制造的全过程,将其视为系统,进而运用系统工程的理论和方法,根据制造系统的目的,从整体与部分,部分与部分,整体与外部环境之间的相互联系、相互作用与相互制约的关系中综合地、准确地分析和研究制造系统,才能获得技术先进、经济合理、效率高以及整体协调运转的最佳效果。

三、集成思想

集成的概念与系统的概念较相似。系统是由相互作用和相互依赖的若干组成部分结合而成的具有特定功能的有机整体。实际上,集成一词早在人们熟知的集成电路出现时就已广泛应用于各个领域,只不过人们已经习惯地把那些范围较小的有机整体称为系统。如计算机辅助制造系统(CAM)等,而较少地站在整个企业的高度观察问题,将这些被称为系统的有机整体再次进行彼此之间的协调,而形成一个更大的有机整体,即一个更大的系统。为了突出在系统之间也需要形成有机整体,人们就使用了“集成”的概念。因此,集成的出现来源于企业的实际需求。它是系统概念的延伸,是组成更大规模系统的手段,它强调组成系统的各部分之间能彼此有机协调地工作,以发挥整体效益,达到整体优化的目的。

从集成的定义可以看出,集成绝不是将若干分离的部分简单地连接拼凑,而是通过信息集成,将原先没有联系或联系不紧密的各个组成部分有机地组合成为功能协调的、互相紧密联系的新系统。如将计算机辅助设计系统(CAD)与 CAM 集成,可以实现设计与制造的工程数据的信息共享,组成 CAD/CAM 系统;如果再将企业的管理信息系统(MIS)与 CAD/CAM 系统进行集成,可以实现商用数据和工程数据的信息共享等。

1. 集成的基本要求

集成的最终目的是使组成新系统的各子系统有机协调地工作,以发挥整体效益,达到整体优化,这种集成也称为系统集成。当然,每个分系统内部的集成也是一种小范围、小规模的集成,但它是系统集成的基础,二者相互联系。因此,从制造企业的角度来看,要实现集成必须满足以下的基本要求:

(1)集成包括数控机床、自动化小车在内的各种加工设备,以及计算机等通信设备在内的部分或全部的硬件资源。

(2)集成包括系统软件、工具软件及应用软件在内的软件资源。

(3)在软硬件及网络的基础上,建立一个良好的企业信息模型,做到信息共享。

(4)企业各职能部门必须协调一致,使企业管理、技术和生产的三个主要职能紧密联系。

(5)强调集成过程中人的地位和作用。

2. 集成的方式

集成的方式有硬件集成、软件集成,数据和信息集成,管理、技术和生产等功能集成,以及人和组织机构的集成。其中硬件集成指在计算机网络系统的支撑下实现计算机上层与工厂底层执行设备的集成。软件集成是指系统软件(如操作系统等)、工具软件及应用软件之间的集成,即软件的异构问题。如果没有软件的集成,硬件的集成就会变得毫无意义。软件集成的关键是选用的各类软件要尽可能符合国际统一标准和开放的要求。数据和信息集成作为系统集成的一个子集,它是对全企业的数据合理地规划和分布,避免不必要和有害的冗余数据。要做到信息共享,建立一个良好的信息模型是非常重要的。管理、技术和生产等功能集成是指工厂为完成战略目标,各职能部门统一协调一致地工作,作为管理、技术和生产的三个主要功能相互配合。而这些环节在未集成之前是彼此分离和相互脱节的。人和组织机构的集成是指充分提高人在企业中的地位。强调企业和供应商、顾客之间的良好合作,强调友好的人机界面和专家系统的引入。人是系统中最为重要和活跃的因素,已成为系统集成重点考虑的因素之一。

第二节　机械制造基础工程训练的目的、任务和内容

一、机械制造基础工程训练的目的和任务

机械制造基础工程训练是现代高等工程教育的重要组成部分。该训练的目标和定位为:满足本科生,特别是工科生基本工程训练和基础创新训练的需要,注重"基础、工程、训练和开放"的内涵,为大学生提供实实在在的工程背景,提供德育教育和综合素质教育的良好场所;着力培养学生的工程实践能力、综合工程素质、创新精神、创新思维和初步的创新能力;为后续的现代工程系统训练提供层面宽、内涵丰富、稳固扎实的"基础"支撑平台。

通过工程材料基础、材料成形与热处理、基本制造技术、数控加工基础等训练,使学生掌握基本操作技能,并培养安全意识、质量意识、环境意识及管理意识等在课堂上无法体会的工程意识。强调学生的实际动手训练,切实提高学生的工程素质和实际动手能力。

机械制造基础工程训练的教学目标是:学习工艺知识,增强工程实践能力,提高综合素质(包括工程素质),培养创新精神和创新能力。

这里的工程实践主要包含六个方面的内涵,即实践是内容最丰富的教科书;实践是实现创新最重要的源泉;实践是贯穿素质教育最好的课堂;实践是心理自我调节的一剂良药;实践是完成从简单到综合,从知识到能力,从聪明到智慧转化的催化剂。

工程意识是指责任意识、安全意识、群体意识、环保意识、创新意识、经济意识、管理意识、市场意识、竞争意识、法律意识和社会意识。

机械制造基础工程训练的主要任务包括以下六个方面:

(1)通过对机械制造一般过程的学习和实践,对典型工业产品的结构、设计、制造及过程管理有一个基本的、完整的体验和认识,了解机械制造的一般过程和基本知识。

(2)熟悉零件的常用加工方法及其所用的主要设备和工具,了解新工艺、新技术、新材料在现代机械制造中的应用,拓宽工程知识背景。

(3)对简单零件具有初步选择加工方式和进行工艺分析的能力,在主要工种方面应能够独立完成简单零件的加工制造和在规定工艺实验中的实践能力。

(4)熟悉工业企业中常用的检验和检测方法。

(5)充分利用实习工厂学、研、产结合的良好条件,培养学生的责任意识、安全意识、群体意识、环保意识、创新意识、经济意识、管理意识、市场意识、竞争意识、法律意识和社会意识等综合工程素质。

(6)培养学生初步的创新意识和创新能力。

二、机械制造基础工程训练的内容

日常生活中所有的机器或设备,其工业生产过程都可归纳为

毛坯制造——→零件加工——→装配和调试

根据制造过程的特点,工程训练的主要内容如下:

1. 毛坯制造

常用的毛坯制造方法有铸造、锻造与冲压、焊接等。

2. 零件加工

零件加工是将毛坯的加工余量切削掉,以获得合格的尺寸和表面质量的过程。传统的加工方法有车、铣、刨、磨、钻、镗等。随着科技的进步,特种加工方法愈来愈占据重要的地位。特种加工方法有电火花加工、电解加工、激光加工、超声波加工等。

3. 装配与调试

加工合格的零件,需要钳工按一定的顺序组合、连接、固定起来成为一台完整的设备。此外,装配好的机器还要经过试运行,以检验其性能。只有整机调试合格后,方可装箱出厂。

另外,训练的内容还包括常用机械工程材料、热处理、零件表面处理等。

机械制造基础工程训练的内容体系如图 1-4 所示。

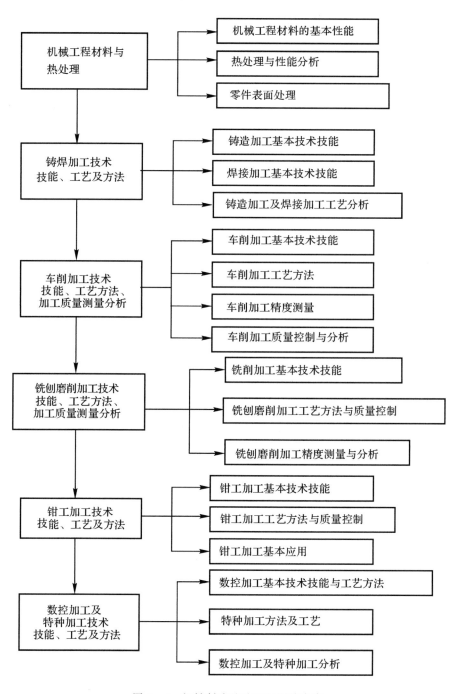

图 1-4 机械制造基础工程训练内容

第二章

工程材料的基础知识

第一节　概　述

工程材料是指制造工程结构和机器零件使用的材料，主要包括金属、非金属和复合材料三大类。按其化学成分与组成的不同可进行如图2-1所示的分类。

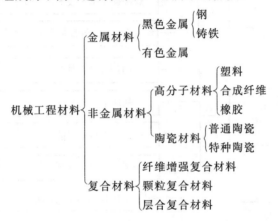

图2-1　机械工程材料分类

长期以来，在机械工程中，由于金属材料具有许多优良性能，故得到广泛应用。但是随着科学技术的迅速发展，对材料的要求也越来越高，金属材料在许多方面已不能满足要求，因而促进了新材料的不断出现和发展。20世纪以来，非金属材料及复合材料得到了迅猛发展，并越来越多地应用在各个领域，成为机械工程材料不可缺少的组成部分。

第二节　常用工程材料

一、金属材料的性能

金属材料的性能分为使用性能和工艺性能两大类。使用性能是指材料在使用过程中表现出来的特性，如物理性能（包括密度、熔点、导电性、导热性、磁性等）、化学性能（包括耐酸性、耐碱性、抗氧化性等）、力学性能等。工艺性能是指加工制造过程中表现出来的特性。

1. 金属材料的力学性能

机械零件在工作过程中都要承受各种外力的作用。力学性能是指材料在受到外力的作用时所表现出来的特性。常用来衡量力学性能的指标有弹性、塑性、强度、硬度、冲击韧性等。

（1）弹性和塑性：金属材料承受外力作用时产生变形，在去除外力后能恢复原来形状的性能,叫做弹性。该状态下的变形为弹性变形。金属材料在承受外力作用,产生永久变形而不被破坏的性能,叫做塑性。该状态下的变形为塑性变形。常用的塑性指标是伸长率 δ 和断面收缩率 Ψ,其数值通过金属拉伸试验测定。伸长率和断面收缩率的数值越大,材料的塑性越好。

(2)强度:金属材料在承受外力作用时,抵抗塑性变形和断裂的能力称为强度。衡量强度的指标主要是屈服强度和拉伸强度。屈服强度指材料产生塑性变形初期时的最小应力值,用 σ_s 表示,单位为 MPa。抗拉强度指材料在被拉断前所承受的最大应力值,用 σ_b 表示,单位为 MPa。屈服强度和抗拉强度是机械零件设计时的重要依据参数。

(3)硬度:金属材料抵抗硬物体压入的能力称为硬度。衡量硬度的指标主要有布氏硬度和洛氏硬度两种,它们均由专用仪器测量获得。

1)布氏硬度:测量方法是用一定直径的淬火钢球或硬质合金球作为压头,以规定的压力将其压入被测金属材料的表面,保持一段时间后卸载,然后测量金属表面的压痕直径。实际测量中,用读数显微镜测出压痕直径,再根据压痕直径在硬度换算表中查出布氏硬度值。依据GB231—1984《金属布氏硬度试验方法》的规定,布氏硬度用 HB 表示。通过淬火钢球压头所测出的硬度数值用 HBS 表示;通过硬质合金压头所测出的硬度数值用 HBW 表示。表示方法如 180HBS,620HBW,前面的数字代表硬度值。

2)洛氏硬度:测量方法是用顶角为 120° 的金刚石圆锥体或直径 1.588 mm 的淬火钢球作为压头,在一定的压力下压入材料表面,通过测量压痕深度来确定硬度的数值。一般地,洛氏硬度数值可从硬度计的刻度盘上直接读取。压痕愈深,材料愈软,硬度数值愈低;反之,硬度数值愈高。国家标准规定,洛氏硬度用 HR 表示。测试时依据压头和压力等不同,分别有HRA,HRB,HRC 三种表示方法,其中 HRC 应用最多。一般淬火钢件或工具都用 HRC 表示,如钳工用锉刀的硬度为 62～67HRC。

金属材料硬度数值的高低一般除通过硬度计测试以外,实际生产现场常用锉刀锉削金属工件的办法来判别,方法是:选用新的细平锉刀,如果稍微用力即可锉削时,表明工件硬度为30～40HRC;当加大用力才可锉削时,表明工件硬度 HRC 为 50～55HRC;当继续加大用力,锉削困难但仍能锉削一些时,表明工件硬度为 55～60HRC;当锉削工件时,锉刀打滑或锉刀上有划痕,表明工件材料的硬度高于锉刀的硬度,在 63HRC 以上。

(4)冲击韧度:大多数零件在工作状态时,常常受到各种各样冲击载荷的作用,如内燃机的连杆、冲床的冲头。将金属材料承受冲击载荷作用抵抗断裂破坏的能力称为冲击韧度。用 A_k 表示,单位为 J。

2. 金属材料的工艺性能

金属材料要通过各种各样的加工方法被制造成零件或产品,材料对各种加工方法的适应性称为材料的工艺性能。主要包含以下几个内容:

(1)铸造性能:指金属材料通过铸造方法制成优质铸件的难易程度。其影响因素主要包括材料的流动性和收缩性。材料的流动性越高,收缩性越小,则铸造性能越好。

(2)锻压性能:指金属材料在锻压加工过程中获得优良锻压件的难易程度。它与金属材料的塑性及变形抗力有关。材料的塑性愈高,变形抗力愈小,则锻压性能愈好。

(3)焊接性能:指金属材料在一定焊接工艺条件下,获得优质焊接接头的难易程度。其影响因素包括材料的成分、焊接方法、工艺条件等。

(4)切削加工性能:指用刀具切削加工金属材料的难易程度。材料切削加工性能的好坏与其物理性能、力学性能有关。对于一般钢材,硬度在 200HBS 左右,即具有良好的切削加工性能。

(5)热处理工艺性能:指金属材料能通过热处理方法改变其工艺性能和使用性能的特性。热处理通常只改变金属材料的组织和性能,而不改变其形状和大小。热处理工艺有多种方法。

3. 金属材料的物理、化学性能

金属材料的物理、化学性能主要有密度、熔点、导电性、导热性、热膨胀性、耐热性、耐腐蚀性等。根据机械零件的用途不同,对材料的物理、化学性能要求也不同。金属材料的物理、化学性能对制造工艺也有一定影响。

二、常用金属材料

金属材料是目前应用最广泛的工程材料,它包括各种纯金属及其合金。在工业领域,金属材料被分为两类:一类是黑色金属,主要指应用最广的钢铁;另一类是有色金属,指除黑色金属之外的所有金属及其合金。

1. 钢

工业上将含碳质量分数小于 2.11% 的铁碳合金称为钢。钢具有良好的工艺性能和使用性能,因此应用非常广泛。

(1)钢的分类:

1)按化学成分分类:钢主要分为碳素钢和合金钢。而碳素钢以含碳质量分数不同又可分为低碳钢(含碳质量分数小于 0.25%)、中碳钢(含碳质量分数为 0.25%～0.60%)、高碳钢(含碳质量分数大于 0.60%)。合金钢以含合金质量分数不同又可分为低合金钢(含合金质量分数小于 5%)、中合金钢(含合金质量分数为 5%～10%)、高合金钢(含合金质量分数大于 10%)。

2)按质量分类:钢主要分为普通钢(含硫、磷等杂质质量分数小于 0.05%)、优质钢(含硫、磷等杂质质量分数小于 0.04%)、高级优质钢(含硫、磷等杂质质量分数小于 0.03%)。

3)按用途分类:钢可以分为结构钢、工具钢、特殊性能钢等。

(2)钢的牌号、性能及用途:

1)碳素钢:碳素钢的分类、牌号及用途见表 2-1。

表 2-1 碳素钢的分类、牌号及用途

分类	牌 号		应用举例
	牌号举例	说明	
碳素结构钢	Q235-A	Q 表示屈服强度汉字拼音字首,235 表示屈服强度值,A 表示质量等级	螺钉、螺母、垫圈及型钢等
优质碳素结构钢	08～25	数字表示钢的平均含碳量是万分之几,如 45 钢表示钢的平均含碳量为0.45%。40Cr 中的化学元素符号 Cr 表示钢的含铬量较高	壳体、容器
	30～50 40Cr		轴、杆;齿轮、连杆
	60 以上		弹簧等

续表

分类	牌 号		应用举例
	牌号举例	说明	
碳素工具钢	T7,T7A T8,T8A	T 表示碳素工具钢,数字表示该钢的平均含碳量是千分之几,如 9 表示 0.9% 的平均含碳量,A 表示质量等级	冲头、錾子、手钳、锤子
	T9,T9A T10,T10A		板牙、丝锥、钻头、车刀
	T12,T12A T13,T13A		刮刀、锉刀、量具

2)合金钢:在碳素钢中加入一定量的合金元素,以获得某些特殊性能。常加入的合金元素有锰、铬、镍、钼、钛、钒等。常用合金钢的名称、牌号、用途见表 2-2。

表 2-2 合金钢的分类、牌号及用途

分 类	牌号举例	应用举例
合金结构钢	Q235	船舶、桥梁、车辆、起重机械
	40Cr	曲轴、齿轮、连杆、轴
	20CrMnTi	汽车、拖拉机齿轮、凸轮
合金工具钢	Cr12	拉丝模、压印模、搓丝板及冲模冲头
	9SiCr	丝锥、板牙、铰刀
	W18Cr4V	齿轮滚刀、插齿刀、拉刀
	5CrMnMo	中、小型热锻模
特殊性能钢	GCr15	滚动轴承
	60Si2Mn	汽车、拖拉机减震板弹簧
	1Cr18NiTi	汽轮机叶片

2. 铸铁

工业上将含碳质量分数大于 2.11% 的铁碳合金称为铸铁。生产中常用的铸铁含碳质量分数在 2.5%～4.0% 之间,其中含硅、锰、硫、磷等杂质质量分数比钢高。

(1)铸铁的分类:通常根据铸铁中石墨形态的不同,铸铁可分为灰口铸铁(片状石墨)、球墨铸铁(球状石墨)、蠕墨铸铁(蠕虫状石墨)、可锻铸铁(团絮状石墨)等。

(2)铸铁的牌号、性能及用途:表 2-3 所示为铸铁的分类、牌号、性能及用途。

3. 有色金属

(1)铝及其合金:铝是目前工业中应用最广泛的有色金属。它具有良好的导电、导热性,强度低,塑性好,可以进行各种压力加工。为了获得良好的机械性能和工艺性能,通常在铝中加入一定量的其他元素以制成具有较高强度的铝合金。根据化学成分和工艺特点的不同,铝合金分为形变铝合金和铸造铝合金。

表 2－3 铸铁的分类、牌号、性能及用途

名称	牌号及其含义		性 能	应用举例
	牌号举例	含义		
灰口铸铁	HT100 HT200 HT300 HT350	HT 表示灰铁，三位数字表示最低抗拉强度（MPa）	铸造性能、减震性、耐磨性、切削加工性能优异	皮带轮、轴承座、气缸、飞轮、齿轮箱、凸轮、油缸、机床床身等
球墨铸铁	QT400－17 QT500－5 QT600－2 QT800－2 QT1200－1	QT 表示球铁，数字分别为最低抗拉强度（MPa）和最小伸长率（%）	较灰铁的机械性能优良，可以进行热处理	汽车、拖拉机、柴油机等的曲轴、缸体、缸套、传动齿轮、连杆等
蠕墨铸铁	RuT260 RuT300 RuT420	RuT 表示蠕铁，数字为最低抗拉强度（MPa）	具有良好的综合性能	排气管、汽缸盖、活塞环、钢珠研磨盘、吸淤泵体等
可锻铸铁	KTH300－6 KTH330－8 KTH350－10 KTH370－12	KTH 表示黑心可锻铸铁，数字分别表示最低抗拉强度（MPa）和最小伸长率（%）	塑性好，韧性好，耐腐蚀性较高	弯头、三通管件、扳手、犁头、犁柱、减速器壳、制动器、铁道零件等
	KTZ450－2 KTZ550－4 KTZ700－2	KTZ 表示珠光体可锻铸铁，数字含义同上	强度、硬度较高，可进行热处理	高载荷、耐磨损零件，如曲轴、凸轮轴、轴套等

1)形变铝合金:根据主要性能特点和用途,形变铝合金分为防锈铝(代号 LF)、硬铝(代号 LY)、超硬铝(代号 LC)、锻造铝(代号 LD)等。它们的供应状态是具有各种规格的型材、板材、线材、管材等。防锈铝的牌号,如 LF5,LF21,具有良好的塑性和耐腐蚀性,可用于制作油箱、油管、铆钉及窗框、餐具等结构件。硬铝(如 LY11,LY12)及超硬铝(如 LC4,LC5)经过热处理后可以获得较高的硬度和强度,可用于制造螺旋桨、叶片、飞机大梁、起落架、桁架等高强度结构件。锻铝(如 LD5,LD7)具有良好的热塑性,可用于制造复杂的大型锻件。

2)铸造铝合金(代号 ZL):依据化学成分可分为铝硅铸造合金(如 ZL101,ZL102)、铝铜铸造合金(如 ZL201,ZL202)、铝镁铸造合金(如 ZL301)等。铸造铝合金具有良好的铸造性能,适宜于铸造成形,可用于生产形状复杂的零件,常用于制造电动机壳体、汽缸体、油泵壳体、内燃料机活塞及仪器、仪表零件等。

(2)铜及其合金:纯铜又称紫铜,具有良好的导电性、导热性、抗大气腐蚀性及抗磁性。广泛用于制造导电材料及防磁器械等。铜合金按化学成分可分为黄铜、青铜、白铜三大类,其中黄铜和青铜应用最广泛。

1)黄铜:黄铜是以锌为主要合金元素的铜锌合金。它具有良好的耐腐蚀性和加工工艺性。根据化学成分和加工方法的不同,黄铜又可分为普通黄铜,牌号如 H70,H62,H58,数字表示铜的百分含量,常用于制造弹壳、冷凝器管、弹簧、垫圈、螺钉、螺母等;特殊黄铜,牌号如 HPb59－1,常用于制造高强度及化学性能稳定的零件;铸造黄铜,牌号如 ZCuZn38、ZCuZn33Pb2 等,常用于铸造机械、热压轧制零件及轴承、轴套等。

2)青铜:工业上把以锡、铝、铍、锰、铅等为主要元素的铜合金称为青铜。根据化学成分青铜可分为锡青铜、铝青铜、铍青铜等。锡青铜具有良好的耐腐蚀性和耐磨性,常用于制造泵、齿轮、涡轮及耐磨轴承等;铝青铜具有强度高、耐腐蚀性好、铸造性能优良,用于制造弹性零件及耐腐蚀、耐磨件等;铍青铜不仅强度高、弹性好,而且抗蚀、耐热、耐磨等性能较好,主要用于制造精密仪器、仪表的弹性元件、耐磨零件等。

另外,有色金属还有钛及其合金、镁及其合金、锌及其合金、轴承合金等。

三、常用非金属材料及复合材料

非金属材料是近年来发展非常迅速的工程材料,因其具有金属材料无法具备的某些性能(如电绝缘性、耐腐蚀性等),在工业生产中已成为不可替代的重要材料,如高分子材料和工业陶瓷。复合材料是指将两种或两种以上材料组合在一起而构成的一种新型材料。它不仅具有各成分材料的性能,而且表现出单一材料所无法具有的特性。

根据性质和用途,高分子材料主要有塑料、橡胶、黏合剂等。

1. 塑料

塑料的主要成分是合成树脂。它是将各种单体通过聚合反应合成的高聚物,在一定的温度、压力下可软化成形,是最主要的工程结构材料之一。

(1)塑料的特性:塑料具有良好的电绝缘性、耐腐蚀性、耐磨性、成形性,而密度只有钢的1/6,用于飞机、船舶等交通工具,对减轻其自身质量具有重大的意义。塑料的缺点是强度、硬度较低,耐热性差,易老化,易蠕变等。

(2)塑料的分类:根据热性能,塑料可分为热塑性塑料和热固性塑料两类。

1)热塑性塑料:热塑性塑料受热时软化,冷却后变硬,再受热时又软化,具有可塑性和重复性。常用的有聚乙烯、聚丙烯、聚氯乙烯、聚苯乙烯、ABS、聚酰胺、聚甲醛、聚四氟乙烯等。如表2-4所示为常用热塑性塑料的名称、性能、用途。

表 2-4 常见热塑性塑料的名称、性能、用途

名　　称	性　　能	应用举例
聚乙烯 (PE)	无毒、无味;质地较软,比较耐磨、耐腐蚀,绝缘性较好	薄膜、软管;塑料管、板、绳等
聚丙烯 (PP)	具有良好的耐腐蚀性、耐热性、耐曲折性、绝缘性	机械零件、医疗器械、生活用具,如齿轮、叶片、壳体、包装带等
聚苯乙烯 (PS)	无色、透明;着色性好;耐腐蚀、耐绝缘但易燃、易脆裂	仪表零件、设备外壳及隔音、包装、救生等器材
ABS	具有良好的耐腐蚀性、耐磨性、加工工艺性、着色性等综合性能	轴承、齿轮、叶片、叶轮、设备外壳、管道、容器、车身、方向盘等
聚酰胺(PA) 即尼龙	强度、韧性较高;耐磨性、自润滑性、成形工艺性、耐腐蚀性良好;吸水性较大	仪表零件、机械零件、电缆护层,如油管、轴承、导轨、涂层等

续 表

名　称	性　能	应用举例
聚甲醛 （POM）	优异的综合性能，如良好的耐磨性、自润滑性、耐疲劳性、冲击韧性及较高的强度、刚性等	齿轮、轴承、凸轮、制动闸瓦、阀门、化工容器、运输带等
聚碳酸脂 （PC）	透明度高；耐冲击性突出，强度较高，抗蠕变性好；自润滑性能差	齿轮、涡轮、凸轮；防弹窗玻璃、安全帽、汽车挡风等
聚四氟乙烯 （F-4）	耐热性、耐寒性极好；耐腐蚀性极高；耐磨、自润滑性优异等	化工用管道、泵、阀门；机械用密封圈、活塞环；医用人工心、肺等
PMMP 即有机玻璃	透明度、透光率很高；强度较高；耐酸、碱，不宜老化；表面易擦伤	油标、窥镜、透明管道、仪器、仪表等

2）热固性塑料：热固性塑料加热固化后，形成不溶物，将不能再软化重复塑性成形。常见的有酚醛塑料、氨基塑料、环氧塑料等。如表2-5所示为热固性塑料的名称、性能、用途。

表2-5　常见热固性塑料的名称、性能、用途

名　称	性　能	应用举例
酚醛塑料 （PE）	较高的强度、硬度；绝缘性、耐热性、耐磨性好	电器开关、插座、灯头；齿轮、轴承、汽车刹车片等
氨基塑料 （UF）	表面硬度较高；颜色鲜艳、有光泽；绝缘性良好	仪表外壳、电话外壳、开关、插座等
环氧塑料 （EP）	强度较高；韧性、化学稳定性、绝缘性、耐寒、耐热性较好；成形工艺性好	船体、电子工业零部件等

2. 橡胶

橡胶与塑料的不同之处是橡胶在室温下具有很高的弹性。经硫化处理和碳黑增强后，其抗拉强度达25～35MPa，并具有良好的耐磨性。如表2-6所示为常见橡胶的名称、性能、用途。

表2-6　常见橡胶的名称、性能、用途

名　称	性　能	应用举例
天然橡胶	电绝缘性优异；弹性很好；耐碱性较好；耐溶剂性差	轮胎、胶带、胶管等
合成橡胶	耐磨、耐热、耐老化性能较好	轮胎、胶布胶板；三胶带、减震器、橡胶弹簧等
特种橡胶	耐油性、耐蚀性较好；耐热、耐磨、耐老化性较好	输油管、储油箱；密封件、电缆绝缘层等

3. 黏合剂

在工业上，工程材料的连接方法除焊接、铆接、螺纹连接之外，还有一种连接工艺就是黏合剂黏接，又称为胶接，其特点是接头处应力分布均匀，应力集中、小，接头密封性好，而且工艺操

作简单,成本低。常用材料及适用的部分黏合剂见表2-7。

表 2-7 常用材料及适用的黏合剂与黏接性能

黏接性能 黏合剂 ＼ 材料	钢铁铝	热固性塑料	聚氯乙烯	聚碳酸酯	聚甲醛	ABS	橡胶	玻璃陶瓷	混凝土	木材	皮革
无机胶	可	—	—	—	—	—	—	优	—	—	—
聚氯乙烯-醋酸乙烯	可	—	良	—	—	—	—	—	—	良	可
聚丙烯酸酯	良	良	可	良	—	可	可	良	—	—良	—
聚氨脂	良	良	良	良	良	良	良	可	—	优	优
环氧-丁腈	优	良	—	—	—	可	可	良	—	—	—
酚醛-缩醛	优	优	—	—	—	—	—	良	—	—	—
酚醛-氯丁	可	可	—	—	—	—	—	优	—	可	可
氯丁橡胶	可	可	良	—	—	—	可	优	可	良	优

陶瓷是各种无机非金属材料的统称,在现代工业中具有很好的发展前途。未来世界将是陶瓷材料、高分子材料、金属材料三足鼎立的时代,它们构成了固体材料的三大支柱。

常见工业陶瓷的分类、性能、用途见表2-8。

表 2-8 常见工业陶瓷的分类、性能、用途

分 类	主要性能	应用举例
普通陶瓷	质地坚硬;有良好的抗氧化性、耐蚀性、绝缘性;强度较低;耐一定高温	日用、电气、化工、建筑用陶瓷,如装饰瓷、餐具、绝缘子、耐蚀容器、管道等
特种陶瓷	有自润滑性及良好的耐磨性、化学稳定性、绝缘性;耐腐蚀、耐高温;硬度高	切削工具、量具、高温轴承、拉丝模、高温炉零件、内燃机火花塞等
金属陶瓷 (硬质合金)	强度高;韧性好;耐腐蚀;高温强度好	刀具、模具、喷嘴、密封环、叶片、涡轮等

复合材料是由两种或两种以上物理、化学性质不同的物质,经人工合成的材料。它不仅具有各组成材料的优点,而且还获得单一材料无法具备的优越的综合性能。最常见的人工复合材料,如钢筋混凝土是由钢筋、石子、沙子、水泥等制成的复合材料;轮胎是由人造纤维与橡胶合成的复合材料。

1. 复合材料的特点

复合材料的性能具有比较突出的特点:比强度及比模量高,疲劳强度较高,减震性好,有较高的耐热性和断裂安全性,以及良好的自润滑和耐磨性等。但是它也有一定的缺点,如断裂伸长率较小,抗冲击性较差,横向强度较低,成本较高等。

2. 复合材料的分类及用途

根据性质和用途,复合材料可分为纤维增强复合材料,层压复合材料、颗粒复合材料等三大类。

纤维增强复合材料:玻璃纤维增强复合材料,俗称玻璃钢,具有较高的力学、介电、耐热、抗老化性能,工艺性能也好,常用来制造轴承、齿轮、仪表盘、壳体、叶片等零件;碳纤维增强复合材料,其比强度和比模量在现有的复合材料中名列前茅,常用来制造火箭喷嘴、喷气发动机叶片、导弹的鼻锥体及重型机械的轴瓦、齿轮、化工设备的耐蚀件等。

层压复合材料:层压复合材料常用于制作无油润滑轴承,也用于制作机床导轨、衬套、垫片等;还常用于航空、船舶、化工等工业,如飞机、船舶的隔板及冷却塔等。

颗粒复合材料:是由一种或多种材料的颗粒均匀分散在基体材料内所组成的材料,是一种优良的工具材料,可用来制作硬质合金刀具、拉丝模等。金属陶瓷是一种常见的颗粒复合材料。它具有高硬度、高强度、耐磨损、耐高温、耐腐蚀和膨胀系数小等优点。

第三节　热处理与表面处理

热处理在机械制造过程中是一项极其重要的工序。它能够充分利用金属材料力学性能的潜力,达到提高产品质量和延长使用寿命的目的。例如,钻头、锯条、铣刀等工具,必须具有高的硬度和耐磨性才能切削加工金属材料,除了选材合适外,还必须进行热处理。又如,车床上的齿轮、主轴、花键轴等,局部表面必须具有较高的硬度和耐磨性,其余部分则要求有较好的综合力学性能,只有通过热处理才能实现。

钢材零件热处理的基本工艺过程是将钢在固态下按一定的工艺规范进行加热、保温和冷却,通过改变材料的内部组织,得到所需要使用性能的一种工艺方法。

一、热处理与表面处理的注意事项

进行热处理与表面处理操作时应注意如下事项:
(1)穿戴好防护用品。
(2)热处理出炉的工件,禁止用手触摸,防止烫伤。
(3)使用电阻炉的过程中,工件进炉、出炉应先切断电源,防止触电。
(4)刚出炉的工件放置时,应远离易燃品,防止失火。
(5)工件放入盐浴炉前一定要烘干。

二、常用热处理设备

根据热处理的基本过程,热处理设备有加热设备、冷却设备和检验设备等。

加热炉是热处理车间的主要设备,通常的分类方法为:按能源分为电阻炉、燃料炉;按工作温度分为高温炉(>1 000℃)、中温炉(650～1 000℃)、低温炉(<600℃);按工艺用途分为正火炉、退火炉、淬火炉、回火炉、渗碳炉等;按形状结构分为箱式炉、井式炉等。

常用的热处理加热炉有电阻炉和盐浴炉。

1. 箱式电阻炉

如图2-2所示为箱式电阻炉的结构示意图。

其中,炉膛由耐火砖砌成,侧面和底面布置有电热元件。通电后,电能转化为热能,通过热传导、热对流、热辐射达到对工件的加热。箱式电阻炉的选用,一般根据工件的大小和装炉量的多少。中温箱式电阻炉应用最为广泛,常用于碳素钢、合金钢零件的退火、正火、淬火及渗碳等。

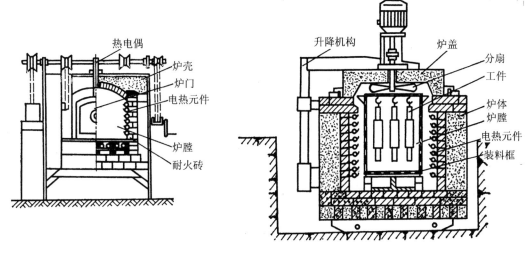

图2-2 中温箱式电阻炉   图2-3 井式电阻炉

2. 井式电阻炉

如图2-3所示为井式电阻炉结构示意图。

井式电阻炉的特点是炉身如井状置于地面以下,炉口向上,特别适宜于长轴类零件的垂直悬挂加热,可以减少弯曲变形。另外,井式炉可用吊车装卸工件,故应用较为广泛。

3. 盐浴炉

盐浴炉是用液态的熔盐作为加热介质对工件进行加热,特点是加热速度快而均匀,工件氧化脱碳少,适宜于细长工件悬挂加热或局部加热,可以减少变形。如图2-4所示为插入式电极盐浴炉。

盐浴炉可以进行正火、淬火、化学热处理、局部淬火、回火等。

常用的冷却设备有水槽、油槽、浴炉、缓冷坑等。介质包括自来水、盐水、机油、硝酸盐溶液等。

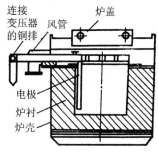

图2-4 盐浴炉

常用的检验设备有洛氏硬度计、布氏硬度计、金相显微镜、物理性能测试仪、游标卡尺、量具、无损探伤设备等。

三、热处理工艺方法

常用热处理工艺方法有退火、正火及淬火、回火,另外还有表面淬火等。

1. 退火

将钢件加热到某一温度（对于碳钢，一般为750～900℃）并保温一段时间，然后随炉缓慢冷却的热处理工艺称为退火。

根据目的和要求的不同，工业上常用的退火工艺有完全退火、球化退火、去应力退火等。

退火工艺主要用于铸造、锻造、焊接零件的处理。

退火的目的一是均匀组织、细化晶粒；二是消除工件的内应力，如经铸造、锻造或焊接后的钢件，因为有内应力的存在，会使工件变形甚至开裂，所以必须退火处理，消除内应力；三是降低工件硬度，便于切削加工。

2. 正火

把钢件加热到780～920℃，保温一段时间后，在空气中冷却的热处理工艺方法称为正火。

与退火所不同的是，正火的冷却速度较快，所获得的组织晶粒较细，力学性能得到改善。

对于低碳钢，通常采用正火而不用退火，可以获得较好的力学性能；对于中碳钢结构件，通常采用正火代替调质处理，作为最终热处理；对于高碳钢，正火的目的是为后续的淬火做准备，以防止工件开裂。

1. 淬火

将钢件加热到780～860℃，保温一段时间后，在冷却介质（如水或油）中快速冷却的热处理工艺称为淬火。

淬火的目的是提高零件的硬度和耐磨性，如各种刀具、量具、模具及许多设备零件都需要进行淬火处理。由于淬火过程中的冷却速度较快，使零件内部产生较大的内应力，为了防止零件变形甚至开裂，淬火后的零件必须立即回火。

（1）淬火介质：由于不同成分的钢所要求的冷却速度不同，故应通过使用不同的淬火介质来调整钢件淬火冷却速度。最常用的淬火介质有水、油、盐溶液和碱溶液及其他合成淬火介质。淬火冷却的基本要求是，既要使工件淬硬，又要避免产生变形和开裂。因此，选用合适的淬火介质十分重要。

（2）工件浸入淬火介质的操作方法：工件淬火时浸入淬火介质的操作是否正确，对减少工件变形和避免工件开裂有着重要的影响。为保证工件淬火时得到均匀的冷却，减少工件的内应力，并且考虑到工件的重心稳定，正确的工件浸入淬火介质的方法是：厚薄不均的零件，应使厚的部分先浸入淬火介质；细长的零件（如钻头、轴等），应垂直浸入淬火介质中；薄而平的工件（如圆盘、铣刀等），必须立着放入淬火介质中；薄壁环状零件，浸入淬火介质时，它的轴线必须垂直于液面；有不通孔的工件，应将孔朝上浸入淬火介质中；十字形或H形工件，应斜着浸入淬火介质中。

2. 回火

将淬火后的零件，加热到一定温度并保温一段时间后，在空气中冷却的热处理工艺称为回火。

回火温度不同，所获得零件的性能也不相同。一般根据零件的使用性能要求，将回火分为低温回火、中温回火及高温回火三大类，如表2-9所示。

表 2-9　常用的回火方法及其应用

方　　法	温度/℃	力学性能	应用举例	硬度 HRC 范围
低温回火	150～250	硬度高、耐磨性好	刀具、量具、模具、滚动轴承等	58～64
中温回火	350～450	高的弹性、韧性	弹簧、热锻模具等	35～50
高温回火	500～650	良好的综合力学性能	齿轮、连杆、螺栓、传动轴等	20～30

　　表面淬火是将零件的表层快速加热至淬火温度,以改变表层的组织和性能,而内部的组织和性能基本保持不变的热处理工艺。零件经过表面淬火后,表层可获得较高的硬度和良好的耐磨性,内部具有较好的韧性。

　　常用的表面淬火方法有火焰加热表面淬火、感应加热表面淬火和激光加热表面淬火等。

　　1. 感应加热表面热处理(高频感应加热淬火)

　　感应加热表面热处理是指利用感应电流通过工件所产生的热效应,使工件表面加热并进行快速冷却的淬火工艺。感应加热表面淬火主要用于中碳钢和中碳合金钢件,如齿轮、凸轮、传动轴等。

　　这种热处理工艺由于加热速度快,表面氧化、脱碳和变形小,容易控制和操作,因此,生产率高,易于实现机械化、自动化,适用成批生产。缺点是设备较贵,形状复杂零件的感应器不易制造。

　　2. 火焰加热表面热处理

　　应用氧-乙炔或其他燃气火焰对零件表面进行加热,随之淬火冷却的工艺称为火焰加热表面热处理。这种方法设备简单、成本低,但生产率低,质量较难控制,因此只适用于单件、小批量生产或大型零件如大型齿轮、轴等的表面淬火。

　　3. 激光加热表面淬火

　　激光加热表面淬火是一种新型的高能量密度的强化方法。它利用激光束扫描工件表面,使工件表面迅速加热到钢的临界点以上,当激光束离开工作表面时,由于基体金属的大量吸热而表面迅速冷却,因此无需冷却介质。

　　激光加热表面淬火可使拐角、沟槽、不通孔底部、深沟内壁等一般热处理工艺难以解决的强化问题得到解决。

　　表面化学热处理是将工件置于特定的介质中加热和保温,使一种或几种元素的原子渗入工件表面,以改变表层的化学成分和组织,从而获得所需性能的热处理工艺。

　　表面化学热处理的目的是提高钢件的表面硬度、耐磨性和抗蚀性。而钢件的芯部仍保持原有性能。常用的化学热处理有渗碳、渗氮、渗硼、渗铝、渗铬及几种元素共渗(如碳氮共渗等)。

　　1. 渗碳

　　为了增加钢件表面的含碳量和获得一定的碳浓度梯度,将钢件在渗碳介质中加热并保温使碳原子深入表层的化学热处理工艺。渗碳用于低碳钢和低碳合金结构钢,如20钢,20Cr,20CrMnTi等。渗碳后获得0.5～20mm的高碳表层,再经淬火、低温回火,使表面具有高硬度、高耐磨性,而芯部具有良好塑性和韧度,使零件既耐磨,又抗冲击。渗碳用于摩擦冲击条件下工作的零件,如汽车齿轮、活塞销等。

2. 渗氮

渗氮是将工件放在渗氮介质中加热、保温,使氮原子渗入工件表层。零件渗氮后表面形成0.5～0.6mm的氮化层,不需淬火就具有高的硬度、耐磨性、抗疲劳性和一定的耐蚀性,而且变形很小。但渗氮处理的时间长、成本高,目前主要用于38CrMoAl钢制造精密丝杠、高精度机床主轴等精密零件。

3. 渗铝

它是向工件表面渗入铝原子的过程,渗铝件具有良好的高温抗氧化能力,主要适用于石油、化工、冶金等方面的管道和容器。

4. 渗铬

渗铬是向工件表面渗入铬原子的过程。渗铬零件具有耐蚀、抗氧化,耐磨和较好的抗疲劳性能,并兼有渗碳、渗氮和渗铝的优点。

5. 渗硼

渗硼是向工件表面渗入硼原子的过程,渗硼零件具有高硬度、高耐磨性和好的热硬性(可达800℃),并在盐酸、硫酸和碱的介质中具有抗蚀性。渗硼应用在泥浆泵衬套、挤压螺杆、冷冲模及排污阀等方面,能显著提高使用寿命。

四、零件表面处理

零件表面处理技术是在零件的基本形状和结构基础上,通过各种不同的工艺方法对零件表面进行处理,使其获得与基体材料不同的表面特性的一种专门技术。

零件表面处理技术有如下特点:

(1)可提高零件使用性能,延长其使用寿命。工程上常根据零件不同的使用条件和要求,对零件表面采用相应的表面处理方法,使零件表面具有更高、更好、更多的性能(如耐腐蚀、耐高温、耐疲劳、抗氧化及抗光、磁、电等特殊性能),提高零件的使用可靠性,延长其使用寿命。

(2)可降低成本,提高经济效益。因对零件表面进行处理,可节省大量昂贵的整体材料,也可对废、旧机件进行修复使用,从而大幅度节约了资源。

(3)可获得光滑如镜,各种绚丽多彩的装饰表面。表面处理技术通过信息技术、新材料技术、新能源技术、航空航天技术等多学科的交叉、渗透和融合,形成光彩夺目的新科技群。在机械、军工、模具、轻工、化工、仪器仪表、电子电器、建筑、航空航天、船舶、车辆等部门得到广泛的应用。

表面形变强化是使金属表面产生塑性变形,使强度、硬度上升,塑性、韧性下降,即加工硬化,这是提高金属材料疲劳强度的重要措施之一。常用的表面形变强化方法有喷丸、滚压和挤压等。

1. 喷丸强化

喷丸强化是利用高速喷射出的弹丸强烈撞击工件表面,以提高零件的部分力学性能和改变表面状态的工艺方法。

喷丸强化常用的设备有：离心式喷丸机，它适用于要求强度高、品种少、批量大、形状简单、尺寸较大的工件。压缩空气式气动喷丸机，它适用于喷丸强度低、品种多、批量小、形状复杂、尺寸较小的工件。

喷丸强化用的弹丸必须是圆球形。常用弹丸有以下几种：

(1)铸铁弹丸：$w(C)$ 为 2.75%～3.60%，硬度为 58～65 HRC，其直径 d 为 0.2～1.5mm。铸铁弹丸价格便宜，但易破碎、耗损大。

(2)钢弹丸：$w(C)$ 为 0.7% 的弹簧钢丝(或不锈钢丝)切成小段经过磨圆加工制成，其直径 d 为 0.4～1.2 mm，硬度为 45～50 HRC。

(3)玻璃弹丸：直径 d 为 0.25～0.40 mm，硬度为 46～50 HRC。

黑色金属常选用铸铁丸、钢丸、玻璃丸。非铁金属和不锈钢常选用不锈钢丸或玻璃丸。喷丸强化被大量用来改善各种钢材的疲劳性能，已广泛用于弹簧、齿轮、轴、叶片等工件的生产中。

2. 滚压强化

(1)滚压外圆：滚压外圆是在常态下采用滚压工具对旋转的工件施加一定的压力，使工件表面层金属产生塑性流动，改变表面微观波峰和波谷的分布，降低了表面粗糙度值，同时显著提高工件表面硬度、疲劳强度、耐磨性和耐腐蚀性。滚压后工件表面粗糙度 R_a 值可达 0.4～0.024 μm，表面硬度可提高 5%～30%。滚压外圆可在车床上进行，使用时，将杆体安装在车床方刀架上，使滚轮与工件接触，通常横向进刀对工件施加一定压力。滚压工具分为滚珠式、滚轮式和滚柱式。

(2)滚压内孔：滚压后孔的公差等级可达 IT9～IT7，表面粗糙度 R_a 值可达 0.2～0.05 μm。滚压不仅可滚压内、外圆柱面，也可滚压内、外锥面。滚压可在车床、镗床、钻床、铣镗床等机床上进行，在一定范围内可取代磨、珩磨、研磨、精铰、精镗等。

表面覆层技术可分别达到表面强化、表面改性、表面修复或装饰的作用。

1. 电镀与化学镀

(1)电镀：电镀是用电解的方式，在工件(金属或非金属)表面沉积一层不同于基体的金属或合金镀层或复合镀层等的工艺方法。

工业上常用由镀 Cu、镀 Cr、镀 Ni、镀 Au 等获得单金属镀层的电镀；也有镀 Cu‐Zn、镀 Cu‐Sn‐Ni 等获得合金镀层的合金电镀；镀 Ni‐P‐SiC，Cu‐SiC 等复合镀层的复合电镀；还有非晶态电镀、非金属电镀等。

1)槽镀：槽镀就是阳极的镀层金属和阴极工件，在装有电镀液的电解槽中进行电镀。

镀前处理：表面整平—脱脂(除油)—配洗(除锈)—浸蚀(活化表面)。

电镀：在两极之间流过适当大小的直流电，在阴极和阳极间发生一系列化学反应，结果工件表面上形成一层厚度均匀、结晶致密、平滑光亮的镀层。

镀后处理有钝化处理、氧化处理、磷化处理等，视镀层不同的要求安排不同的镀后处理。电镀工艺过程较长，一般适用于大批量生产，通常能在工件全部表面形成镀层。电镀在工业生产中得到广泛的应用。

2)电刷镀：电刷镀也称涂镀或无槽电镀，是在金属工件表面局部快速电化学沉积金属的新技术。工件接直流电源负极,镀笔接正极,镀液中的金属正离子在电场作用下,在阴极工件表面获得电子而沉积下来,可得到 0.001～0.5 mm 以上厚度的涂镀层。

电刷镀具有以下独特的工艺特点:

ⅰ)工艺简单、操作灵活。可对局部表面刷镀且不受工件大小、形状限制,只要镀笔能触及到的地方均可刷镀。

ⅱ)镀笔与零件作相对接触摩擦运动。电刷层比一般电镀层具有更高的强度、硬度。

ⅲ)生产效率高、镀层厚度可控性强。

ⅳ)镀层与基体金属的结合强度和致密度高。

电刷镀广泛应用于修复零件的磨损表面,如轴瓦、套类零件磨损后,可用表面电刷镀恢复尺寸;表面强化和改性;使新产品表面具有较高的表面硬度、耐磨性、耐腐蚀性、抗氧化、耐高温、导电等性能;还可用于表面装饰。

(2)化学镀:化学镀也称无电解镀,是一种不使用外电源,采用金属盐和还原剂,在材料表面上发生自催化反应而获得镀层的方法。化学镀发展非常迅速,在电子工业、陶瓷、塑料、金属基复合材料等领域得到广泛的应用。例如,化学镀 Ni-P 和 Ni-B 工艺,在模具方面有成功的应用。

2.气相沉积技术(真空镀膜)

气相沉积技术可在不同工件基体材料上沉积出各种各样的金属、化合物、非金属、多元合金等高质量覆层。气相沉积是通过气相(气态)中发生的物理、化学过程,在零件表面形成一层功能性或装饰性涂层的新技术。按反应过程性质,气相沉积分为物理气相沉积(PVD)和化学气相沉积(CVD)两大类。

(1)物理气相沉积(PVD):是利用热蒸发或辉光放电、电弧放电等物理过程,使镀覆材料熔融蒸发、气化成原子态,部分呈离子态和分子态,沉积在零件表面而形成镀层。它包括真空蒸发镀膜、离子镀膜和溅射镀膜。

物理气相沉积的优点:各种金属、合金、陶瓷及有机材料都可用作镀层材料;沉积温度都在 600℃ 以下,不会引起零件基体材料的软化变质;镀膜纯度高并与基体结合性好,应用广泛。例如,在一些切削刀具和模具上沉积 TiC,TiN 镀层;在飞机和宇宙飞船零件上采用离子镀铝层等。

(2)化学气相沉积(CVD):在真空反应室内,使多种化学物质受热气化、发生分解、还原、置换、氧化或聚合反应,在零件表面上生成一层固体沉积膜。工艺中的材料源,常采用挥发性的化合物,由气体携带入高温反应区,通过化学反应在工件表面生成薄膜。CVD 的工艺过程为物理、化学综合过程,涉及化学反应、热力学、气体输运以及薄膜生长诸方面。

化学气相沉积的优点有:设备简单,操作方便;灵活性强,可制造金属膜、合金膜、非金属膜等,涂层不脱落,致密而均匀。其缺点是:因沉积温度高(一般在 700～1 000℃ 范围内)零件易变形,会影响基体性能;还要注意原料和反应副产物对环境的污染,需有废气收集与处理装置等。目前,用化学气相沉积制备的高纯金属、无机新晶体、单晶薄膜、晶须、多晶材料膜及非晶态膜等各种无机材料,已在复合材料、微电子学工艺、半导体光电技术、光纤通信、超导电技术和保护涂层等新技术领域得到应用。

3.热喷涂技术

它是将涂层材料加热到熔化或半熔化状态,以高速气流将其雾化成极细的颗粒,并以很高

的速度喷射到基体材料表面上,形成热喷涂层。其优点是:

(1)涂层的基体材料几乎不受限制。无论是金属、合金,还是塑料、陶瓷、玻璃等都是适用的基体材料,通过喷涂获得覆层强化,且喷涂后工件母材性能不变化。

(2)涂层材料选择范围广泛。无论是低熔点的锌到高熔点的钨等一系列金属或合金,还是塑料、陶瓷、复合材料等都可作为喷涂材料。喷涂材料可以是粉状也可是丝状。涂层厚度可在较大范围内变化。

喷涂对象的尺寸、大小和形状不受限制。

热喷涂在机械制造、建筑、航空航天、船舶车辆、化工及纺织机械中得到广泛应用。按所用热源不同分为:气体火焰喷涂、电弧喷涂、等离子喷涂、爆炸喷涂、超音速喷涂等。热喷涂工艺过程通常分为喷涂前预处理、喷涂、喷涂后处理等三个步骤。

(1)喷涂前的预处理:表面净化→表面粗化→表面活化。

(2)工件的喷涂:工件预热→喷打底层→喷工作层。热喷涂中需合理选择各种工艺参数。

(3)喷涂后处理:根据需要采用封孔处理、重熔处理、强化处理、扩散处理等。

热喷涂可以用来修复各种磨损零件,制造各种要求表面抗磨损、抗腐蚀、耐高温、有隔热层等的零件。

4.涂装技术

在工件表面涂上一层涂膜,能将金属与周围环境介质隔开,达到防腐、装饰作用或获得其他某些功能。

人们最熟悉的涂装所用的涂料是油漆。现在油漆逐渐被合成树脂所取代,并又开发出水溶性涂料(水溶性烘漆、水溶性白干漆、电泳涂料和乳化涂料)和无溶剂涂料(以树脂粉末涂料为主),还有树脂膜(塑料膜)、无机涂料及金属粉末涂料等。

涂装方法有刷涂、浸涂、滚涂、淋涂、空气喷涂等。新方法有很多种,就粉末涂装而言,一类是粉末熔融涂覆法,包括流化床法、熔射法和喷涂法等;另一类是静电粉末涂覆法,包括静电粉末喷涂法、静电粉末振荡法等;第三类是电泳粉末涂覆法。

(1)流化床法:流化床法也称沸腾床法、流动浸塑法或镀塑法。先把粉末塑料放入底部透气的容器即化槽中,从槽下部送入净化后的压缩空气,使粉末塑料在槽中形成悬浮流动态(液化态),将预先加热到粉末塑料熔点以上的工件浸入流化槽中,悬浮的粉末均匀地附着到被涂工件的表面上,经过数秒钟浸渍后取出,并除掉多余的粉料,然后加热固化或塑化,冷却后获得均匀固态涂膜。流化浸塑常用的粉末涂料有聚乙烯、聚氯乙烯、聚酰胺等。

流化床法的工艺过程为工件预处理→预热→浸塑→塑化→冷却→成品。

流化床法因其设备简单、易操作、粉末利用率高、效率高、质量好等,主要用于钢铁零件、仪表、电器、建筑、交通设备等方面。

(2)静电喷涂法:静电喷涂法主要是利用高压静电电晕电场的原理,使喷枪头部金属导流杯接高压负极,被涂工件接地形成正极,使喷枪和工件之间形成一个较强的静电场。压缩空气将粉末涂料从储粉桶经输粉软管送到喷枪的导流杯时,粉末带上了负电荷,进入静电场,在静电和运载气体的作用下,粉末均匀地飞向接地的工件上。

静电喷涂设备主要有高压静电发生器、静电喷粉枪、供粉器、喷粉室、粉末回收装置及烘箱等。静电喷涂主要用于防护装饰性涂装和某些功能性涂装,在家用电器、机电、石油化工、仪器仪表等行业得到广泛应用。

5. 化学转化膜技术

金属表面的化学转化膜是指采用化学处理液使金属表面与溶液界面上产生化学或电化学反应，生成稳定的化合物薄膜的处理过程。化学转化膜具有防锈、耐磨及绝缘的功能，还可用做装饰和涂装底层。按生产习惯，转化膜分为氧化膜、磷化膜、钝化膜和着色膜。

（1）氧化处理：它是在可控条件下，人为生成特定氧化膜的表面转化过程。氧化处理常用于钢铁和铝合金材料制造的工具、武器、仪器和某些机械零件的装饰性保护。

钢铁氧化处理是将钢铁零件放入一定温度的碱性溶液中进行处理，使其表面生成 $0.6\sim1.5\mu m$ 致密而牢固的 Fe_3O_4 氧化膜的过程。按处理条件的不同，氧化膜呈现亮蓝色直至亮黑色，称为发蓝处理或煮黑处理。

（2）磷化处理：它是指金属零件在磷酸盐水溶液中进行表面化学和电化学处理后，表面会生成一种磷酸盐保护膜。这种转化膜稳定且不溶于水，与基体金属有良好的附着力。

金属磷化膜呈浅灰色或深灰色，对基体有较好的保护作用。它也适用于着色和作油漆的底层，并具有防锈作用，还可以提高零件的耐热性、耐磨性、耐蚀性和绝缘性。

（3）钝化处理：它是指通过成膜沉淀或局部吸附作用，使金属的局部活性点失去化学活性而呈现钝化。钝化处理过程中不一定生成稳定的完整的膜层，其目的仅在于降低表面活性点的数目。一般将钝化处理看做表面转化处理的一种特殊形式。

（4）着色处理：它是指通过特殊的处理方法，使金属自身表面产生与原来不同的色彩，并保持金属光泽。这类工艺多应用于金属的表面装饰和保护，成为表面技术一个非常活跃的领域。

金属着色工艺在金属表面产生一层有色膜或干扰膜，该膜仅 $25\sim55\mu m$。有时干扰膜自身几乎没有颜色，而金属表面与膜的表面发生光反射时，形成各种不同的色彩。当膜的厚度增加时，色调随之变化，一般自黄、红、蓝到绿色。当膜厚不均匀时，会产生彩虹色或花斑色。

铝及其合金、铜及其合金、不锈钢等都可以着色。常用的着色方法有化学染色法、电解着色法、置换法等。

五、热处理新工艺、新技术简介

1. 可控气氛热处理

可控气氛热处理是指炉中气体混合物成分可以控制在预定范围内的热处理。这种热处理可以防止氧化、脱碳，提高工件质量，能控制渗碳层的碳浓度。此种方法可进行工件的渗碳、碳氮共渗及脱碳工件的复碳等。

2. 形变热处理

形变热处理是指将塑性变形同热处理有机结合在一起，获得形变强化和相变强化综合效果的工艺方法。它是提高钢的强度、韧性的有效工艺。例如，锻造零件加热到奥氏体区，保温一定时间后，进行锻造成形，当达到终锻温度时（必须是淬火温度），然后立即淬火与回火。与普通淬火相比，形变热处理后，钢的抗拉强度提高 $10\%\sim30\%$，塑性提高 $40\%\sim50\%$。

3. 真空热处理

真空热处理是指在低于一个大气压的环境中进行加热的热处理工艺。在真空加热时，工件不会产生氧化、脱碳现象，工件的表面质量和疲劳强度将得到提高。

4. 激光热处理和电子束表面淬火

激光热处理是以高能量激光作为能源以极快速度加热工件并自冷强化的热处理工艺。目前多采用 CO_2 激光发生器,它的能量密度高,热量高度集中。其特点是加热区域小,加热速度快(百分之几秒);不需要淬火冷却介质,利用工件本身迅速散热,达到自行淬火目的;晶粒细小、工件变形较小。这种工艺适用于精密零件和关键零件的局部表面淬火。

电子束表面淬火是以电子束作为热源以极快速度加热工件并自冷强化的热处理工艺。其能量大大高于激光热处理。

思 考 题

1. 以下工件用什么材料制造?

    铁钉　缝纫机架　手锤　铣刀　丝杠　液化石油气气瓶体　车刀刀杆

2. 以下工具零件应具有哪些主要力学性能?

    锉刀　弹簧　锯条　火车挂钩

3. 简述热处理的特点和应用范围。

4. 热处理过程由哪三个阶段组成?

5. 正火和退火的区别是什么? 如何选择应用?

6. 什么叫淬火? 淬火后为什么要回火? 手锯条、弹簧夹头、齿轮轴分别在淬火后各采用何种回火方法?

第三章

铸　　造

安全常识

1. 实习时，要穿好工作服。

2. 造型时，不要用嘴吹砂子。

3. 浇注时，不浇注的同学应远离浇包。

4. 不可用手、脚触及未冷却的铸件。

5. 不要在吊车下停留、行走。

6. 清理铸件时，要注意周围环境，以免误伤他人。

第一节　概　　述

铸造是制造铸型、熔炼金属，并将熔炼的金属液体浇入铸型，凝固后获得一定形状与性能铸件的成形方法。铸件一般是尺寸精度不高、表面粗糙的毛坯，需经切削加工后才能成为零件；若对零件的表面质量要求不高，也可直接获得零件。

一、铸造成形方法及分类

铸造生产方法很多，常用的铸造分类方法如图 3-1 所示。

铸造
- 按材质分
  - 黑色金属铸造：铸铁、铸钢
  - 有色金属铸造：铸铜、铸铝、铸镁、铸锌等
- 按生产工艺方法分
  - 砂型铸造：用型砂紧实成铸型的方法
  - 特种铸造：砂型铸造外的其他铸造方法，如熔模铸造、压力铸造等
- 按成品分
  - 普通铸造：铸件为零件毛坯，需经进一步加工才能形成机械零件
  - 精密铸造：铸件为成品或半成品，不需加工或少切削加工即可应用

图 3-1　铸造分类

砂型铸造适应性强、生产成本低，是目前应用最广、最基本的一种铸造方法。特种铸造在生产上用得较普遍的有熔模铸造、金属型铸造、压力铸造和离心铸造等。这些方法分别在某些方面与砂型铸造有一定区别，如模样与造型材料、浇注方法等，因而有各自的特点及应用。

二、铸造的特点及应用

1. **铸造成形的优点**

铸造是液态成形，与其他金属成形方法（锻造、焊接等）相比，具有独特的优点：

(1)毛坯形状复杂程度高。铸造不仅可以获得十分复杂的外形，更为重要的是能获得一般

机械加工设备难以加工的复杂内腔。

（2）适应性广。铸造几乎不受质量、尺寸、材料种类以及生产批量的限制（铸件大到十几米、数百吨，小到几毫米、几克；各种合金；从单件生产到大批量生产）。

（3）材料来源广，成本低。铸造所用原材料来源广泛，并可直接利用废件、废料，成本较低；铸件的形状、尺寸与零件相近，节省了大量的金属材料和加工工时。

2．铸造成形的局限性

由于铸造生产过程比较复杂和液态成形本身的特点，影响铸造质量的因素多，产品质量不稳定。主要表现在：

（1）铸件的力学性能较差。铸件内部常有缩孔、缩松、气孔等缺陷，而且内部组织极粗大、不均匀，使铸件的力学性能低于同样材料的锻件。

（2）质量不易控制，废品多。铸造工序繁多，一些工艺过程较难控制，使铸件质量不够稳定，缺陷多，废品率较高。

（3）铸造生产劳动强度大，生产条件差。铸造过程中产生的废气、粉尘易对周围环境造成污染。

在一般机械中，铸件是零件毛坯最主要的来源，其质量经常占到整机质量的50％以上。在各类铸件中，应用最多的是灰铸铁件。灰铸铁件虽然抗拉强度低、塑性差，但其抗压强度不低，减震和耐磨性好，缺口敏感性低，而且生产成本在所有金属材料中最低，因而，被广泛应用于各类机械的机身、机架、底座、导轨、工作台、箱体、泵体等结构性零件，以及受力要求不高，或以承受压力为主的零件。强度要求较高且形状复杂的零件，则可采用球墨铸铁件、特殊性能铸铁件或铸钢件，如柴油机曲轴、连杆、轧辊等。一些形状复杂而又要求质量轻或耐磨、耐蚀的零件毛坯可采用铜合金、铝合金或镁合金铸件，如摩托车汽缸、汽车活塞、轴瓦等。

第二节　砂型铸造

用型砂紧实成形的铸造方法，称为砂型铸造。在铸造生产中，砂型铸造占有极大的比例，有80％左右的铸件都是由砂型铸造生产的，这是目前应用最广的一种铸造方法，主要用于铸造铸铁件、铸钢件。

一、砂型铸造的生产过程

砂型铸造的生产过程主要是由制备铸型、熔炼金属、浇注、铸件的清理等四个部分组成。在这些过程中，每一个过程又是由许多工艺操作组成，如准备必要的材料，制备必要的铸型及型芯，熔炼浇注合金，等等。在得到铸件的过程中要消耗各种不同的材料，用来制备铸型及准备合金材料。工艺流程如图3-2所示。

图3-3表示的是套筒铸件的生产过程。首先分别配制型砂和型芯砂，并用相应工艺装备（模样、芯盒等）造出砂型和砂芯，然后合为一个整体铸型，将熔融的金属浇注入铸型内，冷却凝固后取出铸件。

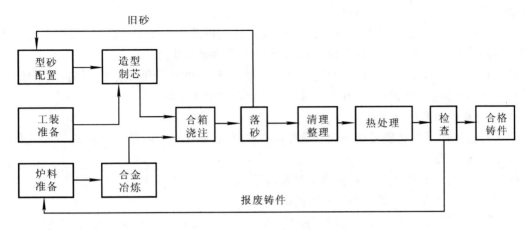

图 3-2 砂型铸造流程图

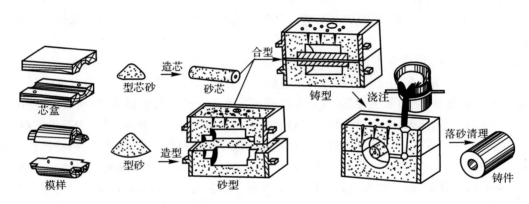

图 3-3 套筒铸件的砂型铸造过程

二、砂型铸型的组成

(1)砂型:是用型砂作为造型材料而制成的铸型,包括形成铸件形状的空腔、型芯和浇冒口系统的组合整体。砂型用砂箱支撑时,砂箱也是铸型的组成部分。

(2)型腔:指铸型中造型材料所包围的空腔部分。金属液经浇注系统充满型腔,冷凝后获得所要求的形状和尺寸的铸件。因此,型腔的形状和尺寸要和零件的形状和尺寸相适应。

砂型一般由上型(浇注时铸型的上部组元)、下型(浇注时铸型的下部组元)、型芯、型腔和浇注系统等组成,如图 3-4 所示。其中上型和下型间的接合面称为分型面,出气孔则将浇注时产生的气体排出。通常使用的砂型有湿型、干型和自硬型。湿型是造型后不烘干即用于浇注的砂型,铸造过程快速、经济,适宜形状简单的中、小型铸

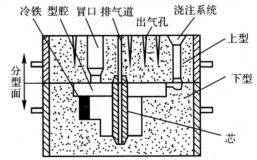

图 3-4 铸型的组成

件,特别适宜用造型机生产的大批量铸铁件的生产,但是湿型的强度不高,在合型、搬运时易碰坏铸型。另外,浇注时湿型中水分汽化,易使铸件产生气孔。

干型则是在一定温度下烘干,去除砂型中的水分,以提高其强度和透气性的砂型,适用于需较大金属浇注压力的大型铸件和浇注温度较高的铸钢件。干型尺寸精度较高,但铸型退让性差,易使铸件产生裂纹,且成本高,生产周期长。在有条件的铸造车间,干型已逐渐被自硬型所代替。

三、模样与芯盒

模样是根据零件图设计制造出来的,它是造型的基本工具,决定了铸件的外部形状和尺寸。设计模样时必须考虑以下几个问题。

1. 选择分型面

分型面是指砂型的分界面。选择分型面时,必须使造型、起模方便,同时易于保证铸件质量。如图 3-5 所示的零件应选 Ⅰ—Ⅰ 面为分型面。若选 Ⅱ—Ⅱ 面为分型面,不但制模和起模都不方便,而且造型时容易错箱。

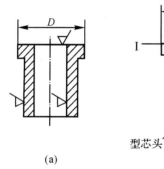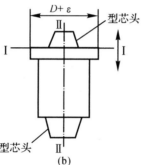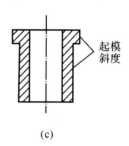

图 3-5 零件、模样及铸件
(a)零件;(b)模样;(c)铸件

2. 起模斜度

为了便于从砂型中取出模样,凡垂直于分型面的模样表面都应有 $0.5°\sim 3°$ 的斜度,这就是起模斜度。

3. 收缩量

液体金属冷凝后要收缩,因此模样的尺寸应比铸件尺寸大些。放大的尺寸称为收缩量。收缩量的大小与金属的线收缩率有关,灰口铸铁的线收缩率为 $0.8\%\sim 1.2\%$,铸钢为 $1.5\%\sim 2\%$。例如,有一灰口铸铁件的长度为 100 mm,收缩率取 1%,则模样长度应为 101 mm。

4. 加工余量

铸件的加工余量就是切削加工时要切去的金属层。因此,铸件上需要切削加工的表面,在制造模样时都要相应地留出加工余量。余量的大小主要决定于铸件的尺寸、形状和铸件材料。一般小型灰口铸铁件的加工余量为 $2\sim 4$ mm。

5. 型芯头

为了在砂型中做出安置型芯的凹坑,必须在模样上做出相应的型芯头。

芯盒是用以制作型芯的工艺装备。型芯在铸型中用以形成铸件的空腔。因此芯盒的内腔应与零件的内腔相适应。制作芯盒时,除和制作模样一样考虑上述问题以外,芯盒中还要制出作芯头的空腔(亦称为芯头),以便作出带有芯头的型芯。芯头是型芯端部的延伸部分,它不形成铸件轮廓,只是落入芯座内,用于定位和支撑型芯。

在单件和成批生产中,模样和型芯盒常用木材制成。木材的优点是质轻、易加工、成本低,缺点是强度差、易变形和损坏。在大批量生产时常用铝合金制造模样和型芯盒。

四、型砂和型芯砂

型砂和型芯砂通常是由石英砂、黏土和水按一定的比例混合制成的。混制工作通常是在混砂机中进行的,如图 3-6 所示。

石英砂颗粒坚硬、耐火性高。但砂中的杂质会降低其耐火度,从而使铸件易黏砂,难以清理,甚至成为废品。

加入黏土和水能使型砂具有一定的强度,以保证砂型在制造、搬运和液体金属冲击与压力下不至于变形和损坏。但黏土和水分过多时,砂粒之间的空隙会被堵塞,造成型砂的透气性降低,浇注时产生的气体难以排出,而在铸件内形成气孔。

由于型芯在浇注后几乎被金属所包围,因此型芯砂的强度、耐火性、透气性和退让性都比型砂要求高。故常采用桐油或亚麻油、糖浆和水玻璃等作为黏合剂。

型(芯)砂的性能用专门的测试仪器检测。单件和小批量生产时,常用手捏检验方法。如图 3-7 所示。

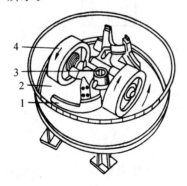

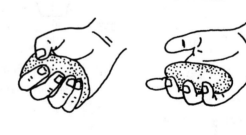

图 3-6 碾轮式混砂机

1—刮板;2—碾盘;3—主轴;4—碾轮

图 3-7 型砂试验手捏检验法

五、造型及造芯的方法

用造型材料、模样(模板)和砂箱等工艺装备制造铸型的过程称为造型。造型是铸造生产中最基本的工序。制造砂型可用手工和机器进行:手工造型操作灵活,工艺装备简单,但生产率低,劳动强度大,适用单件小批量生产;机器造型生产率高,但需专用设备及工装,一次性投资较大,只适用于大批量或专业化生产。

1. 手工造型

手工造型的方法很多。根据铸件结构、生产批量和生产条件可以选用不同的方法。手工造型时常用的造型工具如图 3-8 所示。

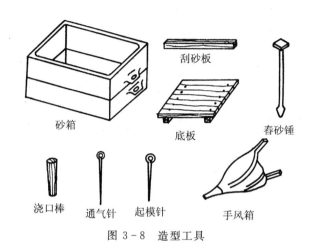

砂箱　　刮砂板　　底板　　春砂锤

浇口棒　　通气针　　起模针　　手风箱

图 3-8　造型工具

（1）整模两箱造型：整模两箱造型是铸造中最常用的一种造型方法，其特点是方便灵活，适应性强。如果一个铸件所选用的分型面能将该铸件全部安放在一个砂箱内，造型时又易于起模，这类铸件就适合用整模造型。图 3-9 所示为联轴节铸件造型的过程。

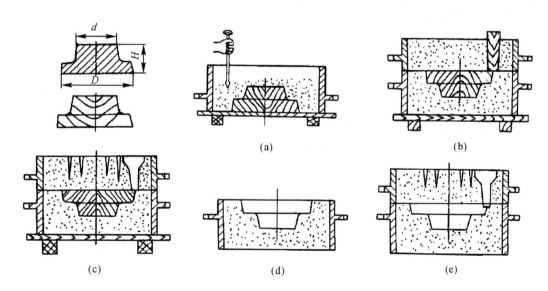

(a)　　　　　　　　(b)

(c)　　　　　(d)　　　　　(e)

图 3-9　整模两箱造型

(a)造下型；(b)造上型；(c)开浇口盆、扎通气孔；(d)起出模样；(e)合型

由于整模造型的模样全在一个砂箱，所以铸件能避免产生错箱等缺陷，铸件尺寸精度较好，模样制造也较容易，多用于形状简单的铸件。

（2）分模造型：分模造型的特点就是当铸件的截面是由大到小逐渐递减时，将模样在最大水平截面处分开，使模样能在不同的分形面上顺利起出，如图 3-10 所示。

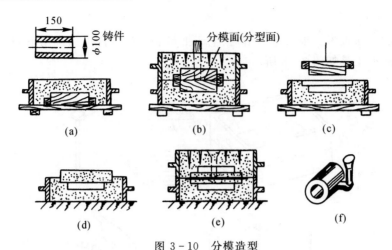

图 3-10　分模造型

(a)造下型；(b)造上型；(c)敞箱、起模、开浇口；(d)下芯；(e)合箱；(f)落砂后带浇口的铸件

（3）挖砂造型：有些铸件的分型面是一个曲面，或者是最大截面不在端部，而且模样也不便于分成两部分时，常用挖砂造型。该方法要求工人具有较高的操作技能，且生产效率低，适应单件小批生产。手轮的挖砂造型如图 3-11 所示。

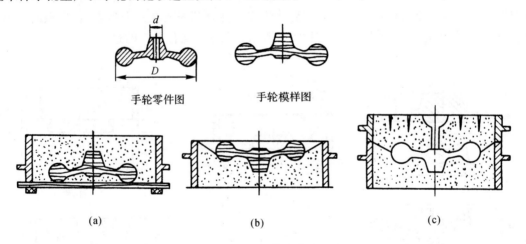

图 3-11　挖砂造型

(a)造下型；(b)翻转、挖出分型面；(c)造上型、起模、合型

（4）刮板造型：刮板造型适用于大中型回转体铸件，如大齿轮、飞轮、带轮等，生产数量很少时，可用一个与铸件截面相适应的木板（刮板）代替模样，刮出所需的型腔。如图 3-12 所示为带轮的刮板造型。

（5）三箱造型：铸件两端截面尺寸比中间部分大，必须采用分开模样，若两箱造型仍取不出模样时，则只能采用三箱造型。三箱造型有两个分型面，一般为平面。

三箱造型的特点是只能手工造型，而且比较麻烦。因此只适应单件小批生产。中箱的高度与中箱模样的高度必须相等，故中箱的通用性较差。如图 3-13 所示为槽轮铸件的造型方案。由于机器造型不能采用三箱造型，在大批量生产时往往采用外型芯环，使槽轮铸件的三箱造型变为两箱造型。

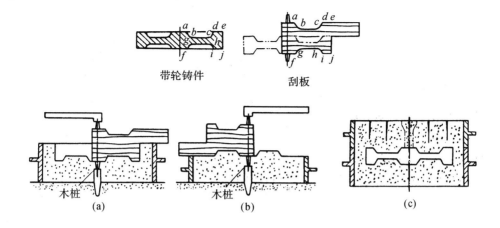

图 3-12　刮板造型
(a)刮制下型；(b)刮制上型；(c)合箱

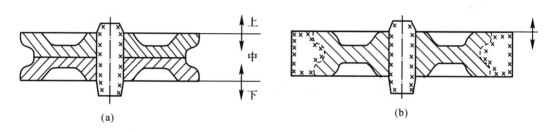

图 3-13　槽轮铸件的造型方案
(a)单件小批量生产，三箱造型；(b)大批量生产，采用外型芯环工艺

2. 机器造型

机器造型就是用金属模板在造型机上造型的方法。它是将紧砂和起模两个基本操作机械化。

振压式造型机的工作原理如图 3-14 所示。其振动、压实和起模动作都是由压缩空气驱动。模板是装有模样和浇口的底板，常用铝合金制成。

机器造型的优点是提高了铸件质量和生产率，改善了劳动条件。因此，现代化的铸造车间都采用机器造型。

型芯是用型芯盒制成的。型芯的作用是形成铸件的内腔，因此型芯的形状和铸件内腔相适应。造型芯的工艺过程和选型过程相似。为了增加型芯的强度，在型芯中应放置型芯骨。小型型芯骨大多用铁丝或铁钉制成。为了提高型芯透气性需在型芯内扎通气孔。型芯一般还要上涂料和烘干，以提高它的耐火性、强度和透气性，如图 3-15 所示。

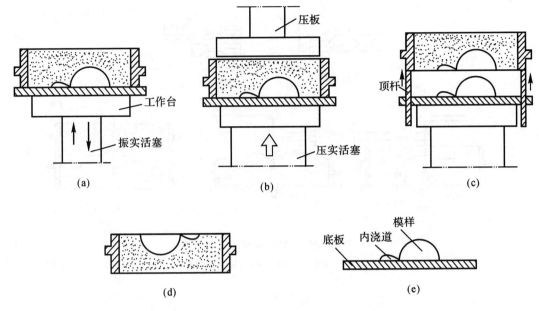

图 3-14 振压式造型机原理示意图

(a)先振实;(b)后压实;(c)起模;(d)造好下砂型;(e)下模板

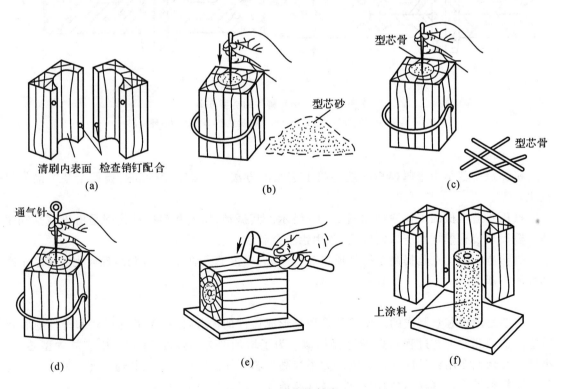

图 3-15 型芯的制造

(a)检查型芯盒;(b)夹紧型芯盒,分层加型芯砂捣紧;(c)插型芯骨;(d)继续填砂捣紧刮平,扎通气孔;

(e)松开夹子,轻敲型芯盒,使型芯从型芯盒内壁松开;(f)取型芯,上涂料

六、浇注系统和冒口

浇注系统是将液体金属浇入型腔中所经过的一系列通道。它由浇口杯、直浇道、横浇道和内浇道四部分组成,如图3－16所示。

（1）浇口杯:其作用是容纳注入的金属液并缓解液态金属对砂型的冲击。小型铸件的浇口杯通常为漏斗状,较大型铸件的为盆状(称浇口盆)。

（2）直浇道:是连接浇口杯与横浇道的垂直通道,改变直浇道的高度可以改变金属液的静压力从而改善金属的充型能力。它一般做成锥形,以便造型。

（3）横浇道:是将直浇道的金属液引入内浇道的水平通道,一般开在砂型的分型面上。横浇道的主要作用是分配金属液进入内浇道并挡渣,常位于内浇道之上,截面多为梯形。

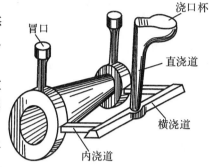

图3－16　浇注系统

（4）内浇道:直接与型腔连接,能调节金属液流入型腔的方向和速度,并调节铸件各部分的冷却速度。内浇道多开在带型腔的分型面上,为便于铸件的清理,内浇道的截面多为扁梯形。

浇注系统的作用是:①保证液态金属平稳、迅速地流入铸型型腔;②防止熔渣、砂粒等杂物进入型腔;③调节铸件各部分温度,补充铸件在冷凝收缩时所需的液态金属。

正确地设置浇注系统,对保证铸件质量,降低金属消耗有重要的意义。浇注系统设置不合理,易产生冲砂、砂眼、渣眼、浇不足、气孔和缩孔等缺陷。

高温金属液浇入铸型后,由于冷却凝固将产生体积收缩,使铸件最后凝固部位产生缩孔。为了获得完整的铸件,必须在可能产生缩孔的部位设置冒口,如图3－17(a)所示。冒口是铸型中特设的储存补缩用金属液的空腔,凝固后的冒口是铸件上的多余部分,清理铸件时则要切除掉。冒口一般分为明冒口和暗冒口两类,如图3－17(b)所示。明冒口在高度上贯通上型顶面,有利于型内气体排出,浇注时便于观察金属液的充型情况,及时补充高温金属,是一种常用的冒口形式。

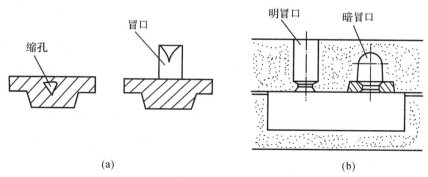

(a)　　　　　　　　　　　　　　　　　(b)

图3－17　冒口设置

(a)冒口设置部位;(b)明冒口和暗冒口

第三节　铸铁的熔炼及浇注

铸造合金的熔炼是铸件生产的主要工序之一,是获得优质铸件的关键,若熔炼控制不当,会使铸件因成分和力学性能不合格而报废。

常用的铸造合金有铸铁、铸钢和有色合金,其中铸铁应用最广。铸铁熔炼的任务是获得预定化学成分和一定温度的金属液,并尽量减少金属液中的气体和杂质;提高熔炼设备的熔化率,降低燃料消耗等,以达到最佳的技术经济指标。

一、铸铁的熔炼

对铸铁熔炼的基本要求是:铁水应有足够的温度;符合要求的化学成分,且含有较少的气体和夹杂物;烧损率低;金属消耗少。熔炼铸铁可用冲天炉、电弧炉、感应电炉等,目前应用较多的是冲天炉。

1. 冲天炉熔炼

冲天炉主要是由钢板外壳和耐火砖内衬构成。整个炉子可分为炉身、炉缸、前炉、炉底和烟囱等部分,如图 3-18 所示。炉子上部有加料口,下部有一环形风带。鼓风机鼓出的空气经风管、风带、风口进入炉内。风口以下为炉缸,炉缸与前炉相通。前炉下部有一出铁口,侧上方有一出渣口。

加入冲天炉的炉料有金属料、燃料和熔剂三部分。金属炉料包括高炉生铁、回炉铁(浇冒口、废铸件)、废钢以及少量用于调整铸铁成分的铁合金,如硅铁、锰铁等。燃料主要是焦炭,并要求发热值高,灰分少,含硫、磷量少。焦炭用量为金属料的 1/8 ～ 1/10,这一数值称为焦铁比。熔剂用石灰石和氟石(CaF_2),其作用是降低炉渣的熔点,使炉渣的流动性增加,便于和铁水分离。熔剂的加入量为焦炭用量的 20% ～30%。

冲天炉工作时先用木柴点火,再加一层焦炭(底焦),鼓风燃旺。此后按熔剂→金属炉料→焦炭的顺序,分批将这三种炉料加入炉内。高温的炉气上升,将金属料加热熔化,同时形成炉渣。铁水和炉渣经炉缸流入前炉储存。冲天炉的大小是以每小时能熔化铁水的质量表示,如每小时能熔化 5 t 铁水的冲天炉就称为 5 t 冲天炉。目前生产上常用的是 2 ～10 t 冲天炉。

浇注时将出铁口捅开,使铁水流入浇包。浇包的容量可根据铸件大小选择,它可自 15 kg 至数吨。

冲天炉结构简单,可连续熔炼,生产率较高,熔炼成本较低;但熔炼时合金元素烧损较多,铁液质量不够稳定,劳动条件较差。随着我国电力工业的发展,感应电炉的应用愈来愈多。

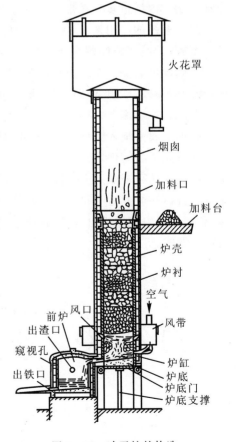

火花罩

烟囱

加料口

加料台

炉壳

炉衬

空气

前炉　风口

出渣口

窥视孔

出铁口

风带

炉缸

炉底

炉底门

炉底支撑

图 3-18　冲天炉的构造

2.感应电炉熔炼

感应电炉是利用感应电流加热和熔炼金属的炉子，其结构如图3-19所示。金属炉料盛于由耐火材料制成的坩埚内，坩埚外面绕有内通水冷却的感应线圈。当感应线圈通以交变电流时，产生交变磁场，置于坩埚内的金属炉料就会产生感应电流，并产生很高的电阻热使金属料熔化和过热。

感应电炉熔炼速度快、热效率高、合金元素烧损少、易于控制合金液的化学成分和温度，且环境污染小；但设备投资较大、耗电较多。

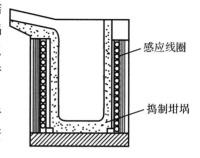

感应线圈

捣制坩埚

图3-19　感应电炉

二、浇注

把液体金属浇入铸型的过程称为浇注。浇注对铸件质量影响很大，操作不当会引起浇不足、冷隔、气孔、缩孔和夹渣等缺陷。

1.准备工作

（1）准备浇包：根据铸件大小选择合适的浇包，一般中小件用抬包，大件用吊包。对用过的浇包要及时进行清理、修补并烘干。

（2）清理通道：浇注时行走的道路要畅通，不能有杂物和积水。

2.浇注工艺

（1）浇注温度：浇注温度要适宜。浇注温度过低，金属液的流动性差，易使铸件产生浇不足、冷隔、气孔等缺陷；浇注温度过高，使铸件收缩增大，易形成缩孔、缩松、裂纹和黏砂缺陷。适宜的浇注温度应根据合金种类、铸件质量、壁厚和结构复杂程度综合考虑。一般厚大铸件及易产生热裂的铸件应选择较低的浇注温度；结构复杂的薄壁铸件应选择较高的浇注温度。铸铁的浇注温度为 1 260 ～ 1 400℃，铝合金的浇注温度为 620 ～ 730℃。

（2）浇注速度：浇注速度应根据铸件的形状和大小来决定。浇注速度较快，金属液易于充满铸型型腔，减少氧化。但速度过快，型腔中气体来不及跑出，易使铸件产生气孔，且金属液对铸型的冲击力增大，易造成冲砂和抬型等。若浇注速度过慢，会使金属液降温过多，使铸件产生冷隔和浇不足等缺陷。对于薄壁、形状复杂和具有大平面的铸件，应采用较高的浇注速度；形状简单的厚大铸件，可采用较低的浇注速度。

3.浇注技术

浇注操作的顺序如下：

（1）去渣：浇注前迅速将金属液表面的熔渣除尽，然后在金属表面上撒一层稻草灰保温。

（2）引火：浇注时先在砂型的出气孔和冒口处，用刨木花或纸引火燃烧，促使铸型中气体更快地逸出，使有害气体 CO 燃烧，保护工人健康。

（3）浇注：浇注前应估计好铁液质量。开始时应细流浇注，防止飞溅；快满时，也应以细流浇注，以免铁液溢出并减小抬箱力；浇注中间不能断流，应始终使浇口杯保持充满，以便熔渣上浮。

此外，浇注前要在砂箱上放置压铁，如图3-20所示，以防止铁水的浮力将砂箱抬起使铸件报废。

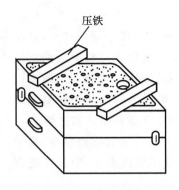

图 3-20 压铁的放置

三、铸件的落砂清理

1. 铸件的落砂

将浇注成形后的铸件从砂型中分离出来的工序称为落砂。铸件在砂型中应冷却到一定温度才可落砂。落砂过早,铸件温度过高,暴露于空气中急速冷却,易形成铸造内应力、变形和裂纹等缺陷,铸铁件还易形成白口组织。但落砂过晚,将长期占用生产场地和砂箱,使生产率降低。一般说来,应在保证铸件质量的前提下尽早落砂。铸件在砂型中合适的停留时间与铸件形状、大小、壁厚及合金种类等有关。形状简单、小于 10 kg 的铸件,可在凝固后立即落砂;10~30 kg 的铸件浇注后 1 h 左右即可落砂。落砂的方法有手工落砂和机器落砂两种。大量生产中采用各种落砂机落砂。

2. 铸件的清理

铸件落砂后仍带有浇注系统、冒口、接缝、毛刺、表面黏砂等,必须经清理工序去除,满足铸件外表面的要求。

(1)切除浇冒口:中小型铸铁件的浇冒口可直接用手锤敲掉,对于大型铸铁件的浇冒口,先在其根部锯槽,再用重锤敲掉。铸钢件由于其韧性较好,不易敲掉,要用气割切除。有色合金则一般用锯割方法切除,大量生产时,可用专用剪床切除。

(2)清砂:清砂是清除铸件表面黏砂及内部芯砂的操作。常用清砂方法有手工清砂、水力清砂和水爆清砂等。水力清砂是用高压水枪喷射铸件表面及型腔内部,将型砂冲刷掉。水爆清砂是将仍保留一定温度的铸件浸入水中,利用水急剧汽化和增压而发生爆裂将型砂震落。

(3)表面精整:表面精整是铸件清理的最后阶段。小型铸件广泛采用清理滚筒式或抛丸清理滚筒进行。中、大型铸件可采用抛丸室或抛丸转台等进行清理。对铸件的接缝、毛刺和浇冒口根部可用手提砂轮机、固定砂轮机或风铲等去除。

四、铸件的缺陷分析

铸件清理后,应进行质量检验。检验铸件质量最常用的方法是宏观法。它是通过肉眼观察(或借助工具)找出铸件的表面缺陷和皮下缺陷,如气孔、砂眼、黏砂、缩孔、浇不足、冷隔等。对于铸件内部缺陷可用耐压试验、磁粉探伤、超声波探伤等方法检测。必要时,还可进行解剖检验、金相检验、力学性能检验和化学成分分析等。

由于铸造生产过程工序多,工艺复杂,生产的铸件常常会有一些缺陷,其特征和主要原因如表3-1所述。

表 3-1　铸件常见缺陷及产生原因

缺陷名称	缺陷形态图例	特　征	产生的主要原因
气孔		出现在铸件内部,孔壁圆而亮	1. 铸型透气性差,紧实度过高 2. 起模刷水过多,型砂过湿 3. 浇注温度偏低 4. 型芯、浇包未烘干
缩孔		出现在铸件厚大部位,孔壁粗糙	1. 结构设计不合理,壁厚不均匀 2. 浇、冒口设计不合理,冒口尺寸太小 3. 浇注温度太高
砂眼		出现在铸件表面或内部,孔内带有砂粒	1. 型砂强度不够或局部掉砂、冲砂 2. 型腔、浇注系统内散砂未吹净 3. 浇注系统不合理,冲坏砂型、砂芯
错型		铸件在分型面处相互错开	1. 合型时上、下型错位 2. 造型时上、下模有错移 3. 上、下砂箱未夹紧 4. 定位销或泥号不准
偏芯		铸铁内腔和局部形状偏斜	1. 下芯时偏斜 2. 型芯变形 3. 型芯未固定好,被碰歪或冲偏
变形		铸件向上、向下或向其他方向弯曲	1. 铸件结构设计不合理,壁厚不均匀 2. 铸件冷却时,收缩不均匀 3. 落砂过早
黏砂	黏砂	铸件表面黏附着一层砂粒	1. 浇注温度太高 2. 型砂选用不当,耐火性差 3. 砂型紧实度太低,型腔表面不致密

续 表

缺陷名称	缺陷形态图例	特 征	产生的主要原因
浇不足		铸件形状不完整，金属液未充满足铸型	1. 合金流动性差或浇注温度太低 2. 浇注速度过慢或断流 3. 浇注系统尺寸太小或铸件壁太薄
冷隔		铸件上有未完全熔合的接缝	1. 铸件结构设计不合理,壁较薄 2. 合金流动性较差 3. 浇注温度低,浇注速度慢
裂纹	裂纹	在铸件夹角或薄厚交接处的表面或内部产生裂纹	1. 型(芯)砂的退让性差 2. 铸件壁厚不均匀,收缩不一致 3. 浇注温度太高 4. 合金含磷、硫量较高

第四节　压力铸造

压力铸造是使金属液体在高压、高速下充填压铸模型腔,并在压力下成形和凝固而获得铸件的方法。高压力和高速度是压铸时熔融合金充填成形过程的两大特点,也是压铸与其他铸造方法最根本的区别所在。压铸时,常用的压射比压在几兆帕至几十兆帕范围内,但也有的高达 500 MPa;充填速度在 0.5～120 m/s 范围内;充填时间很短,一般为 0.01～0.03 s,最短仅有千分之几秒。

压力铸造的特点是液体金属在压力下充满金属型腔,大大地提高了金属的流动性和冷却速度,因此可以获得形状复杂、壁薄且精度高、表面粗糙度值低的铸件,一般不需要机械加工就能装配使用。铸件的组织致密,强度较砂型铸造提高 25％～40％。压铸的生产率也比其他铸造方法高得多。但是由于金属充满铸型的速度和冷却速度快,压铸件容易产生气孔,壁厚处容易形成缩孔和缩松等缺陷,所以压铸件应避免切削加工和热处理,壁厚也不宜超过 6～8 mm。由于压铸机和压铸模的结构比较复杂、价格贵,单件小批生产时,使用压力铸造并不经济。目前压力铸造主要用于大量生产中制造壁厚小而均匀、形状复杂的小型有色金属铸件。

一、压铸机与压铸模

合金材料、压铸机以及压铸模是压力铸造的三要素。压铸机是压铸生产的主要设备。压铸机分为热压室压铸机和冷压室压铸机两大类。冷压室压铸机按其压室结构和布置方式又分为卧式和立式两种形式。实际生产中以卧式冷压室压铸机应用最多。

1. 热压室压铸机

热压室压铸机的压室与坩埚连成一体,压室浸于液体金属中。其压射机构安置在保温坩埚上方。工作过程如图 3−21 所示。当压射冲头 3 上升时,金属液 1 通过进口 5 进入压室 4 内;合模后,在压射冲头下压时,金属液沿着通道 6 经喷嘴 7 填充压铸模 8,冷却凝固成形,压射冲头回升。然后开模取件。这样,就完成了一个压铸循环。

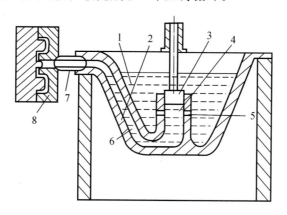

图 3−21　热压室压铸机压铸过程示意图
1—金属液;2—坩埚;3—压射冲头;4—压室;
5—进口;6—通道;7—喷嘴;8—压铸模

热压室压铸机的特点是生产工序简单,生产效率高,容易实现自动化;金属消耗少,工艺稳定,压入型腔的液体金属干净、无氧化夹杂,铸件质量好。但由于热压室压铸机的压室长时间浸在金属液中,影响使用寿命,因此,大多用于低熔点合金(如 Zn,Mg,Pb 等)的压铸。

2. 冷压室压铸机

冷压室压铸机的压室与保温坩埚是分开的,压铸时从保温坩埚中舀出液体金属倒入压铸机上的压室然后进行压射。如图 3−22 所示,合模后金属液浇入压室 2,压射冲头 1 向前推进,将金属液经浇道 7 压入型腔 6;开型时,余料 8 借助压射冲头前伸的动作离开压室,同压铸件一起取出,完成一个压铸循环。

图 3−23 为卧式冷压室压铸机总体结构示意图。冷压室压铸的压室工作条件比热压室好,同时可以采用大压力的卧式压射缸,适合中大型压铸机,许多全自动的压铸机已经应用于实际生产中,不仅大大提高了生产率,而且使卧式冷室压铸机的应用也更加广泛。由于压铸用模具钢材料性能的提高,使卧式冷压室压铸机不仅普遍应用于压铸铝合金、镁合金和铜合金,而且也可用于压铸高熔点的黑色金属。

3. 压铸模

压铸模是压铸生产的主体,是保证压铸件质量的重要的工艺装备,它直接影响着压铸件的形状、尺寸、精度、表面质量等。压铸模由定模和动模两大部分组成(如图 3−22 所示)。定模固定在压铸机的定模安装板上,浇注系统与压室相通。动模固定在压铸机的动模安装板上,随动模安装板移动而与定模合模、开模。合模时,动模与定模闭合形成型腔,金属液通过浇注系统在高压作用下高速充填型腔;开模时,动模与定模分开,推出机构将压铸件从型腔中推出。

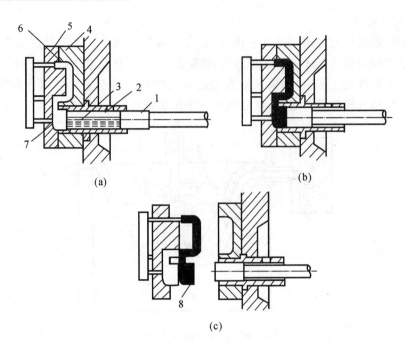

图 3-22 卧式压铸机压铸过程示意图

(a)合模;(b)压铸;(c)开模

1—压射冲头;2—压室;3—金属液;4—定模;5—动模;6—型腔;7—浇道;8—余料

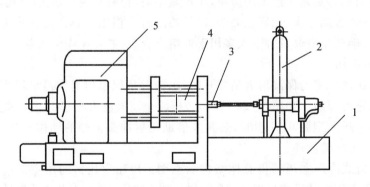

图 3-23 卧式冷压室压铸机总体结构示意图

1—机座;2—蓄压器;3—注射机构;4—压铸型;5—合型机构

压铸模主要由以下七个部分组成。

(1)成形部分。成形部分由镶块及型芯组成,装在动、定模上,模具在合模后,构成铸件的成形空腔,通常称为型腔,是决定铸件几何形状和尺寸公差等级的部分。

(2)浇注系统。浇注系统是沟通模具型腔与压铸机压射室的部分,亦即熔融金属进入型腔的通道。该系统在定模和动模合拢后形成,对填充和压铸工艺的制定十分重要。

(3)溢流系统。溢流系统是排除压室、浇道和型腔中气体的通道。该系统一般包括排气道和溢流槽,而溢流槽又是储存冷金属和涂料余烬的处所,一般设在模具的成形镶块上。

(4)抽芯机构。铸件在取出时受型芯或型腔的阻碍,必须把这些型芯或型腔做成活动的(型腔做成活块),并在铸件取出前将这些活动的型芯或型腔活块抽出后,才能顺利取出铸件。

带动这些活动型芯或型腔活块抽动的机构称为抽芯机构。

(5)推出机构。推出机构是将铸件从模具中推出的机构。它由推出元件(推管、推杆、推板)、复位杆、推杆固定板、导向零件等组成。在开、合模的过程中完成推出和复位动作。

(6)导向部分。导向部分是引导定模和动模在开模与合模时可靠地按照一定方向进行运动的导准部分,一般由导套和导柱组成。

(7)模架。模架是将模具各部分按一定的规律和位置加以组合和固定,并使模具能够安装到机器上。一般包括各种模板、座架等构架零件。

压铸模在工作时要承受高温、高速金属液的冲击,必须使用专用合金工具钢制造,并进行严格的热处理,常用材料3Cr2W8V。

二、压铸工艺

以普通压铸为例,压铸生产工艺过程如图3-24所示。

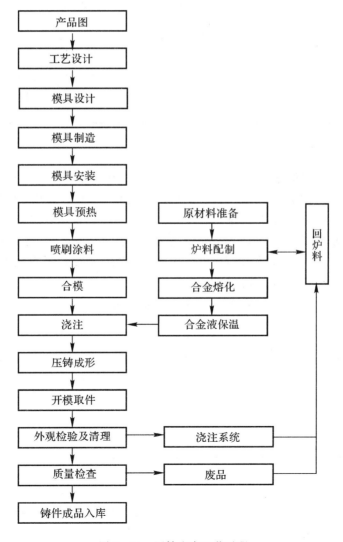

图3-24 压铸生产工艺过程

合金液充填型腔并压铸成形的过程,是许多相互矛盾的因素得以统一的过程。最主要的因素是压力、充填速度、温度、时间等。

1. 压铸压力

压力是使得压铸件组织致密和轮廓清晰的重要因素,又是压铸区别于其他铸造方法的主要待征,其大小取决于压铸机的结构及功率。增大压射比压会提高铸件的致密性。但过高的比压会使压铸模受熔融合金流的强烈冲刷和增加合金黏模的可能性,降低压铸模的使用寿命。在当前压铸生产条件下,压射比压的选择应根据压铸件的形状、尺寸、复杂程度、壁厚、合金的特性、温度及排溢系统等确定,一般在保证压铸件成形和使用要求的前提下选用较低的比压。各种压铸合金选用的压射比压经验数值见表3-2。

表 3 - 2　常用的压铸合金压射比压推荐值

单位:MPa

压铸件 \ 合金	锌合金	铝合金	镁合金	铜合金
一般件	13～20	30～50	30～50	40～50
承载件	20～30	50～80	50～80	50～80
耐气密性件	25～40	80～100	80～100	60～100
电镀件	20～30			

2. 压铸速度

充填速度是压铸件获得光洁表面及清晰轮廓的主要因素,其大小决定于比压、金属液密度及压射速度。充填速度过小会使铸件的轮廓不清,甚至不能成形。充填速度过大,会引起铸件黏模并使铸件内部气孔率增加,使力学性能下降。充填速度的选择,一般应遵循的原则:对于厚壁或内部质量要求较高的铸件,应选择较低的充填速度和高的比压;对于薄壁或表面质量要求高的铸件以及复杂的铸件,应选择较高的比压和高的充填速度。根据我国实际设备和工艺条件,常用充填速度可参照表3-3选取。

表 3 - 3　常用的充填速度

单位:m/s

压铸件 \ 合金	锌合金、铜合金	镁合金	铝合金
简单壁厚铸件	10～15	20～25	10～15
一般铸件	15	25～35	15～25
复杂壁厚铸件	15～20	35～40	25～30

3. 温度

温度是压铸过程的热因素。为了提供良好的填充条件,能够控制和保持热因素的稳定性,必须有一个相应的温度规范。这个温度规范包括浇注温度和模具的工作温度。

（1）浇注温度。浇注温度是指从压室进入型腔时液体金属的平均温度。浇注温度过高,合金收缩大,容易使铸件产生裂纹,铸件晶粒粗大;浇注温度过低,易产生冷隔、表面流纹和浇不足等缺陷。因此,浇注温度应与压力、铸模温度及充填速度同时考虑。各种压铸合金的浇注温度,因其壁厚和结构的复杂程度而不同,其值可参考表3-4选用。

表 3-4　压铸合金浇注温度推荐值

合金	锌合金	铝合金	镁合金	铜合金
浇注温度/℃	410～450	610～700	640～700	900～960

（2）模具的工作温度。压铸模在使用前要预热到一定的温度。预热的作用有两个方面:其一是避免高温液体金属对冷压铸模的"热冲击",以延长压铸模使用寿命。其二是避免液体金属在模具中因激冷而很快失去流动性,使铸件不能顺利充型,造成浇不足、冷隔等缺陷,或引起铸件产生裂纹或表面粗糙度增加等缺陷。压铸模预热方法很多,一般多用煤气喷烧、喷灯、电热器或感应加热。

在连续生产中压铸模温度往往升高,尤其是压铸高熔点合金时,温度升高很快。温度过高除产生液体金属黏模外,还可能出现铸件因来不及完全凝固、推出温度过高而导致变形、模具运动部件卡死等问题。同时过高的压铸模温度会使铸件冷却缓慢,造成晶粒粗大而影响其力学性能。因此在压铸模温度过高时,应采取冷却措施。通常用压缩空气、水或其他液体进行冷却。压铸模工作温度一般可根据表3-5查得。

表 3-5　压铸模工作温度

合金	锌合金	铝合金	镁合金	铜合金
工作温度/℃	150～200	200～300	220～300	300～380

4. 充填、持压和开模时间

自液体金属开始进入型腔起到充满型腔为止,所需的时间称为充填时间;从液态金属充填型腔到内浇道完全凝固时,继续在压射冲头下持续的时间称为持压时间;从压射终了到压铸模打开的时间,称为铸件在铸型中的停留时间。时间参数的长短主要与铸件的壁厚、材料以及模具结构等因素有关,其推荐值见表3-6,3-7,3-8。

表 3-6　铸件的平均壁厚与充填时间的推荐值

铸件平均壁厚 b/mm	填充时间 t/s	铸件平均壁厚 b/mm	填充时间 t/s
1	0.010～0.014	5	0.048～0.072
1.5	0.014～0.020	6	0.056～0.064
2	0.018～0.026	7	0.066～0.100
2.5	0.022～0.032	8	0.076～0.116
3	0.028～0.040	9	0.088～0.138
3.5	0.034～0.050	10	0.100～0.160
4	0.040～0.060		

表 3 - 7　生产中常用的持压时间

单位：s

合金＼铸件壁厚	<2.5 mm	2.5～6 mm
锌合金	1～2	3～7
铝合金	1～2	3～8
镁合金	1～2	3～8
铜合金	2～3	5～10

表 3 - 8　各种压铸合金常用停留时间

单位：s

合金＼铸件壁厚	<3 mm	3～4 mm	>5 mm
锌合金	5～10	7～12	20～25
铝合金	7～12	10～15	25～30
镁合金	7～12	10～15	15～25
铜合金	8～15	15～20	25～30

在压铸过程中，为了避免压铸模与铸件黏合、减少顶出铸件时的摩擦阻力和避免压铸模过分受热，对型腔壁面、型芯表面、模具和机器的摩擦部分（滑块、推出元件、冲头和压室）等所喷涂的润滑材料和稀释剂的混合物，通称为压铸涂料。对压铸涂料的谨慎选用与合理的喷涂操作是保证铸件质量、提高压铸模寿命的一个重要因素。

涂料的种类很多，可以根据不同的铸件材料，不同的模具部位进行调配。使用涂料时应特别注意用量，不论是涂刷还是喷涂要避免厚薄不均或者太厚。因此，当采用喷涂时，涂料浓度要加以控制。用毛刷涂刷时，在刷后应用压缩空气吹匀。喷涂时模具温度控制在 180～200℃ 为宜，喷涂或涂刷后，应待涂料中稀释剂挥发后才能合模浇注，否则，将使型腔或压室内增加大量气体，增加铸件产生气孔可能性，甚至由于这些气体而形成高的反压力，导致成形困难。此外，喷涂涂料后，应特别注意模具排气道的清理，避免因被涂料堵塞而不起排气作用。对于转折、四角部位应避免涂料沉积，以免造成铸件的轮廓不清晰。

三、压铸件清理、浸渗及热处理

1. 压铸件的清理

清理工作包括去除压铸件的浇注系统、排气系统、溢流槽的飞边与毛刺，并修理去除后的残留痕迹。

由于在压铸模设计中就考虑了浇注系统的清理问题,即采用减少内浇口根部的厚度,以利于浇注系统的清除,因此一般可在操作者取出压铸件并自检后用手工敲击去除即可。大批量生产时,可设计专用的工装夹具。其中工具在冲床上连同飞边、毛刺及溢流系统一次清理。而手工不能去除的浇口可用锯床、铣床等机加工方式去除。

对于去除浇口、排气、溢流系统中的飞边、毛刺时所留下的痕迹的清理,可用抛光滚筒或磨砂棒抛光,也可用砂轮、砂带或自制清理设备。

2.浸渗处理

由于压铸件在压铸中存在着氧化夹杂或疏松等缺陷,从而降低了铸件的致密性。对于有气密性要求的压铸件可通过浸渗处理填堵这些微隙。

浸渗处理是将压铸件浸在装有渗透、填补作用的浸渗液中,使浸渗液透入压铸件内部的疏松处,从而提高了压铸件的气密性能。

3.压铸件的热处理

大多数压铸件是无需进行热处理的。由于以极高的速度充填的金属液使型腔中的空气来不及完全排除,而被高的压力压缩于壁内,在高温下这种气体将剧烈地膨胀致使铸件表皮形成气泡,故无论什么合金的压铸件除采取特殊的除气措施外,均不宜淬火处理。

第五节　其他特种铸造方法

随着科学技术的发展和生产力水平的提高,对铸件质量、劳动生产率、劳动条件和生产成本有了进一步的要求,砂型铸造已经远远不能满足要求,因而铸造方法已发展到几十种。常用的有熔模铸造、金属型铸造、离心铸造、压力铸造、石膏型铸造、差压铸造、低压铸造、陶瓷型铸造、实型铸造、连接铸造、挤压铸造等。

特种铸造能获得如此迅速的发展,主要是由于这些方法一般都能提高铸件的尺寸精度和表面质量,或能提高铸件的物理及化学性能;此外,大多都提高金属的利用率,减少原材料的消耗量;并且更适宜于高熔点、低流动性、易氧化合金铸件的铸造;明显改善劳动条件,便于实现机械化和自动化生产;等等。

一、熔模铸造

熔模铸造是从古代失蜡铸造发展而成的一种精密铸造方法。它的工艺过程是:根据图纸设计、制造精确的压型;用易熔材料(蜡或塑料)在压型中制成精确的可熔性模样;在可熔性模样上涂以若干层耐火材料,经干燥、硬化成整体型壳;加热型壳熔化模样,经高温焙烧而成耐火型壳;熔化金属浇入型壳,冷凝后敲碎型壳即可取出铸件,如图 3-25 所示。

用此法生产的铸件精度较高,可达 CT4 级,表面粗糙度 R_a 可达 $12.6 \sim 1.6 \ \mu m$,适于加工制造高熔点合金,难于机械加工的零件以及任何复杂形状的零件。

熔模铸造广泛应用于航空航天、动力、电子、仪表、机械等工业部门。

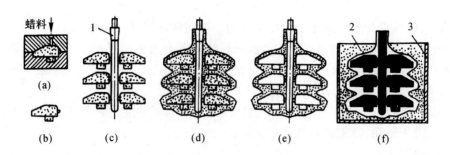

图 3-25　熔模铸造过程

(a)在压型中制蜡模；(b)取出的蜡模；(c)焊合成的蜡模组；(d)制耐火壳；(e)熔失蜡模；(f)造型、浇注

1—涂有蜡料的浇口棒；2—砂子；3—砂箱

二、金属型铸造

将液态金属浇入到用铸铁、碳钢或低合金钢等材料制成的铸型,冷凝后获得铸件的方法叫金属型铸造。

为了方便地从金属铸型中取出铸件,铸型常做成可分式的,如图 3-26 中的左半型和右半型。

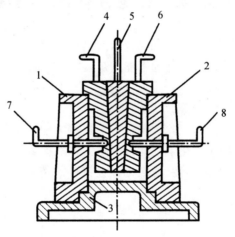

图 3-26　金属型铸造

1,2—左右半型；3—底型；

4,5,6—分块金属型芯；7,8—销孔金属型芯

金属型铸造的基本特点是实现了一型多铸,生产率高；由于冷凝很快,所得铸件的组织致密,力学性能良好；尺寸精度和表面质量较好(CT6 级),液态金属耗用量较少。金属型铸造适用于大批生产有色合金铸件。例如：铝合金的活塞、气缸体、油泵壳体,铜合金的轴瓦、轴套,等等。

三、离心铸造

将液态合金浇入高速旋转(250～1 500 r/min)的铸型,使金属液在离心力作用下充填铸型并结晶,这种铸造方法称做离心铸造。

1. 离心铸造的基本方式

离心铸造必须在离心铸造机上进行。根据铸型旋转轴空间位置的不同,离心铸造机可分为立式和卧式两大类。

立式离心铸造机上的铸型是绕垂直轴旋转的。当其浇注圆筒形铸件时(见图3-27(a)),金属液并不填满型腔,这样便于自动形成内腔,而铸件的壁厚则取决于浇入的金属量。在立式离心铸造机上进行离心铸造的优点是便于铸型的固定和金属的浇注,但其自由表面(即内表面)呈抛物线状,使铸件上薄下厚。显然,在其他条件不变的前提下,铸件的高度愈大,立壁的壁厚差别也愈大。因此,立式离心铸造机主要用于制造高度小于直径的圆环类铸件。

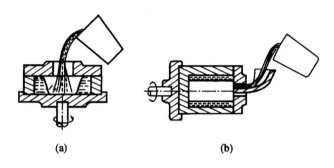

(a)   **(b)**

图3-27 立式与卧式离心铸造原理

在卧式离心铸造机上铸型是绕水平轴旋转的。由于铸件各部分的冷却条件相近,故铸出的圆筒形铸件无论在轴向和径向的壁厚都是均匀的(见图3-27(b)),因此适于浇注长度较大的套筒、管类铸件,这也是最常用的离心铸造方法。

离心铸造也可用于生产成形铸件。成形铸件的离心铸造通常在立式离心铸造机上进行,但浇注时金属液填满铸型型腔,故不存在自由表面。此时,离心力的作用主要是提高金属液的充型能力,并有利于补缩,使铸件组织致密。

2. 离心铸造的特点和适用范围

离心铸造具有如下优点:

(1)利用自由表面生产圆筒形或环形铸件时,可省去型芯和浇注系统,因而省工、省料,降低了铸件成本。

(2)在离心力的作用下,铸件呈由外向内的定向凝固,而气体和熔渣由于密度较金属小,向铸件内腔(即自由表面)移动而排除,故铸件极少有缩孔、缩松、气孔、夹渣等缺陷。

(3)便于制造双金属铸件。如可在钢套上镶铸薄层铜材,用这种方法制出的滑动轴承较整体铜轴承节省铜料,降低了成本。

离心铸造的不足之处如下:

(1)依靠自由表面所形成的内孔尺寸偏差大,而且内表面粗糙,若需切削加工,必须加大余量。

(2)不适于密度偏析大的合金及轻合金铸件,如铅青铜、铝合金、镁合金等。此外,因需要专用设备的投资,故不适于单件、小批量生产。

离心铸造是大口径铸铁管、汽缸套、铜套、双金属轴承的主要生产方法,铸件的最大质量可达 10 多吨。在耐热钢辊道、特殊钢的无缝管坯、造纸烘缸等铸件生产中,离心铸造已被采用。

第六节 铸造新工艺、新技术简介

随着机械制造水平的不断提高,机械制造对铸造技术也提出了更高的要求。目前,铸造技术正朝着优质、高效、自动化、节能、低耗和低污染的方向发展,而且一些新的科技成果正逐步走出实验室,以不断满足机械制造方面新的特殊需要。下面介绍部分成熟的铸造新技术。

一、真空密封造型

真空密封造型又称真空薄膜造型、减压造型、负压造型或 V 法。该方法是利用真空使密封在砂箱和上、下塑料薄膜之间的无水、无黏合剂的干石英砂紧实并成形。在真空的状态下,下芯、合型、浇注和凝固,然后在失去真空的状态下型砂自行溃散,取出铸件。其造型过程如图 3 - 28 所示。

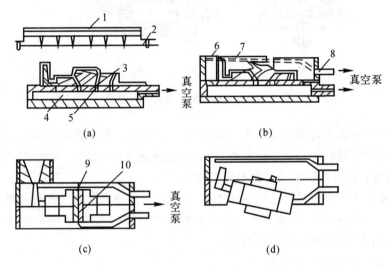

图 3 - 28 真空密封造型过程示意图
(a)覆膜成形;(b)填砂、抽真空、紧实;(c)下芯、合型、浇注;(d)去真空、落砂
1—发热元件;2—塑料薄膜;3—覆膜成形;4—抽气箱;5—抽气孔;6—砂箱;
7—密封塑料薄膜;8—过滤抽气管;9—通气道;10—型芯

该方法优点是铸件质量高,与机器造型比较,设备简单,初期投资及运行和维修费用低,模板和砂箱使用寿命长,金属利用率高,可铸出 3 mm 厚的薄壁件。其主要缺点是造型操作比较复杂,对于小铸件的生产,其生产率不易提高。它主要适用于生产薄壁、面积大、形状不太复杂的扁平铸件。

二、气流冲击造型

气流冲击造型简称气冲造型,其原理是利用气流冲击,使预填在砂箱内的型砂在极短的时间内完成冲击紧实过程。

气冲造型是通过一种特殊的快开阀将低压空气($p \leqslant 0.5 \sim 0.6$ MPa)迅速引入填满型砂

的砂箱上部,使型砂获得冲击紧实。其优点是砂型紧实度高且分布合理,透气性好、铸件精度高、表面光洁、工作噪声低、粉尘少、生产率高。图 3-29 所示为气冲造型机工作过程。

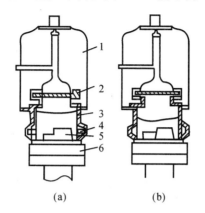

图 3-29 气流冲击造型机工作过程示意图
(a)加砂后的砂箱、填砂框升至阀口处;(b)打开阀门,冲击紧实
1—压力罐;2—圆盘阀;3—填砂框;4—砂箱;5—模板;6—工作台

三、实型铸造

实型铸造又称气化模铸造、消失模铸造、无型腔铸造或泡沫塑料模铸造等。该方法与砂型铸造的主要区别是它不用木模,而用一种热塑性高分子材料(聚苯乙烯泡沫塑料)制成模样和浇注系统。造型后不取出模样,浇注时模样和浇注系统受热后气化并蒸发,于是金属液占据其空间,冷却后形成铸件(见图 3-30)。

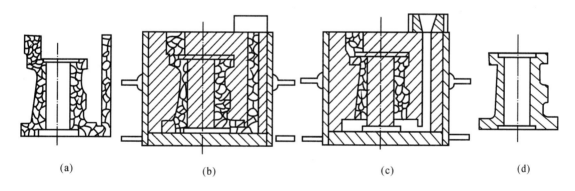

图 3-30 实型铸造原理
(a)泡沫塑料模;(b)造型;(c)浇注;(d)铸件

实型铸造与普通铸造根本差异在于没有型腔和分型面,使铸造工艺发生了重大变革。其主要特点如下:

(1)由于突破了分型、起模的铸造工艺界限,使模样可以按照铸件使用要求设计,制造出理想结构的铸件,极大地扩充了铸造的工艺可行性和设计自由度。

(2)大大简化了造型工序,取消了复杂的造型材料准备过程以及混砂、分型、起模、造芯、下芯、合型、配箱等繁杂工序,使造型效率提高 2～5 倍。

（3）造型材料废弃少，混砂、砂处理、造型及清理设备的投资大为削减，生产效率高，劳动环境好。实型铸造主要适用于高精度、少余量、复杂铸件的批量及单件生产。

四、磁型铸造

磁型铸造是一种以铁丸代替型砂的实型铸造工艺。

磁型铸造的原理如图3-31所示，用聚苯乙烯泡沫塑料制成带有浇注系统的气化模样，并在模样上涂抹涂料，置于不导磁的铝制砂箱中，往铝制砂箱中充填铁丸或钢丸，经振动紧实后，移入强大的磁场中。在强磁场的作用下，铁丸或钢丸相互吸引，形成一个牢固的、透气性能良好的整体铸型，然后浇注。待金属液冷却凝固后，将铝制箱移出磁场，铁丸或钢丸散落，此时即可取出铸件。

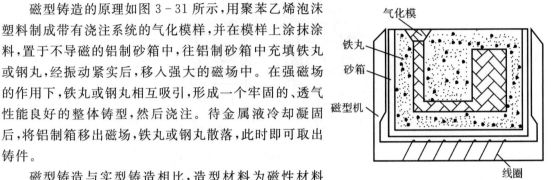

图3-31 磁型铸造原理图

磁型铸造与实型铸造相比，造型材料为磁性材料（铁丸或钢丸）而非砂子，故铸型流动性、透气性好，不用黏合剂，造型、清理方便；磁性材料冷速快，铸件晶粒更细小，力学性能更高。

但磁型铸造不宜铸造厚大、复杂的铸件，主要用于铸造形状不十分复杂的中、小型铸件，以浇注黑色金属为主，已在机车车辆、拖拉机、兵器、农业机械、化工机械等制造业得到成功的应用。

五、冷冻造型

冷冻造型又称低温硬化造型，采用普通硅砂加入少量的水，必要时还加入少量的黏土，按普通造型法制好铸型后送入冷冻室，使铸型冷冻，借助于包覆在砂粒表面的冰冻水分而实现砂粒的结合，使铸型具有很高的强度及硬度。浇注时，铸型温度升高，水分蒸发，铸型逐步解冻，稍加震动立即溃散，可方便地取出铸件。

思 考 题

1. 零件图、铸件图和模样图的形状、尺寸是否一样？为什么？

2. 为什么要在型砂中加入锯木屑？

3. 整模造型用于哪类零件？

4. 工人常用哪些方法来加强型砂的透气性？透气性对铸件的质量有什么影响？

5. 在什么情况下选择垂直分型无箱造型的工艺方法可以提高产品质量及劳动生产率？

6. 特种铸造和砂型铸造有哪些区别？请列出常用的几种工艺方法。

7. 压力铸造、熔模铸造的适用范围有何显著不同？

8. 金属型生产铸件有何优越性和局限性？

9. 检验出来的铸件缺陷应该怎样处理？这些铸件是否都报废？为什么？

10. 通过实习谈谈你对铸造生产的认识及它的优缺点。

第四章

锻　压

安全常识

1. 车间所有机械及电气设备,未经允许一律不得乱动。

2. 要穿戴好工作服、帽、手套等防护用品。

3. 操作前,应检查锤头、砧子及其他工具是否有裂纹或其他损坏现象,并随时检查手柄是否有松动。

4. 机锻时,放置及取出工件以及清除氧化皮时必须使用扫帚、手钳等工具。注意不可直接用手或脚去接触金属材料,以防烫伤。

5. 清理炉子、取放工件应先关闭风门后再进行。

6. 手锻时,严禁带手套打大锤。打锤者应站在与掌钳者成 90° 的位置,抡锤前应观察周围有无障碍及行人。切断料头时,在飞出方向不准站人,快切断时应轻打。

7. 冲压操作时,手不得伸入上、下模之间的工作区间。

8. 从冲模内取出卡住的制件及废料时,要用工具,严禁用手抠,而且要把脚从脚踏板上移开。必要时,应在飞轮停止后再进行。

第一节　概　述

锻压是对金属材料施加外力,使之产生塑性变形,改变其尺寸、形状并改善性能,用以制造机械零件、工具或其毛坯的一种加工方法。锻压是锻造和冲压的总称。它们是属于金属压力加工的一部分。

按照锻造时金属变形方式的不同,锻造可以分为自由锻和模锻两大类。自由锻按其设备和操作方式的不同,又分为手工自由锻和机器自由锻。在现代工业生产中,手工自由锻已为机器自由锻所取代。锻造用的原料一般为圆钢、方钢等型材,大型锻件则用钢坯或钢锭。锻造是在加热的状态下进行的。冲压则多以板料为原材料,在室温下进行。

用于锻压的金属材料应具有良好的塑性和较小的变形抗力。一般来说,随着钢的含碳量及合金元素含量的增高,材料的塑性会降低且变形抗力增加。所以,锻件通常采用中碳钢和低合金钢,它们大都具有良好的锻造性能。冲压件一般采用低碳钢或铜、铝等具有良好塑性的材料制造。脆性材料,如铸铁,则不宜锻造。

金属材料经过锻造后,不仅尺寸、形状发生改变,其内部组织也更致密、均匀,同时,晶粒得到细化,强度及冲击韧性都有所提高,因而具有更好的机械性能。所以承受重载和冲击载荷的重要机器零件,如机床主轴、传动轴、齿轮、凸轮、曲轴、连杆等,大都采用锻件为毛坯。冲压件具有强度大、结构轻、刚度好等优点,在一般机器制造及汽车、仪表、电力、航空、航天等工业部门和家用电器、生活用品的制造中,占有重要的地位。

第二节　自 由 锻 造

一、金属的加热与锻件的冷却

加热的目的是提高坯料的塑性并降低其变形抗力,以改善锻造性能。一般地说,随着温度的升高,坯料的强度、硬度将降低,而其塑性将提高。所以,加热后锻造,可以用较小的锻打力量使坯料产生较大的塑性变形而不破裂,锻后可以获得良好的组织。

在加热过程中,金属表面会被氧化而形成氧化皮,不仅造成金属损耗,而且在锻造时易被压入锻件表面,影响表面质量;同时,还会造成表层的脱碳现象,使零件表面的机械性能降低。钢的加热温度愈高,加热时间愈长,则氧化皮愈多,脱碳层愈深。因此,对坯料加热的要求是在保证坯料均匀热透的前提下,用最短的时间加热到所需的温度,以减少氧化皮的产生,减轻脱碳现象并降低燃料的消耗。

金属坯料的锻造是在一定的温度范围内进行的。各种金属材料在锻造时所允许的最高加热温度叫做该材料的始锻温度。始锻温度的确定主要受到坯料在加热过程中不产生过热和过烧的限制。不同成分的金属其始锻温度是不同的,碳钢的始锻温度随含碳量的增加而有所降低,如低碳钢为 1 250℃左右,而碳素工具钢则为 1 150℃。合金钢的始锻温度随含碳量的增加比碳钢要低得多。

金属坯料在锻造过程中随着热量的散失,温度的下降,其塑性变差,变形抗力不断增大。当温度降到一定程度后,不仅会使加工难于进行,而且将导致锻件的破裂,这时必须停止锻造,重新加热。各种金属材料停止锻造的温度叫做该材料的终锻温度。金属坯料的终锻温度也必须限制。终锻温度的确定主要应保证坯料在停锻前具有足够的塑性,停锻后能获得细小的晶粒组织。终锻温度过高,停锻后金属在冷却过程中晶粒仍会继续长大,降低了锻件的机械性能,尤其是冲击韧性;终锻温度过低,塑性差、变形抗力大,难于继续成形,容易断裂,且会损坏锻造设备。碳素钢的终锻温度都在 800℃左右。锻件的修光可在略低于终锻温度下进行。

锻造温度范围是指锻件由始锻温度到终锻温度的间隔。确定锻造温度范围时,一方面应保证金属坯料在锻造过程中具有良好的锻造性能,另一方面为减少加热次数,降低材料消耗,提高生产率,锻造温度范围应尽量放宽。几种常用金属材料的锻造温度范围如表 4-1 所示。

表 4-1　常用材料的锻造温度范围

材料种类	始锻温度/℃	终锻温度/℃
低碳钢	1 200～1 250	800
中碳钢	1 150～1 200	800
合金结构钢	1 100～1 180	850
铝合金	450～500	350～380
铜合金	800～900	650～700

锻造时金属的温度可以用仪表来测量,也可以用观察火色的方法来判断。碳钢温度与坯料火色的关系如表 4-2 所示。

表 4-2 碳钢坯料的火色与温度的关系

火色	亮白	淡黄	橙黄	橘黄	淡红	樱红	暗红	黑色
温度/℃	1 300 以上	1 200	1 100	1 000	900	800	700	600 以下

较小的锻件可直接装入高炉膛内进行快速加热,对于大的锻件或高碳钢、高合金钢,由于导热性差或塑性差,过快的加热速度会造成表层与芯部的温度差过大,可能导致坯料的开裂。对于这类锻件的加热,一般是先将坯料随炉膛一起缓慢升温,到 900℃ 左右保温,使内外层温度一致,再适当提高升温速度,把坯料加热到始锻温度。

金属坯料的加热,按所采用的热源,分为火焰加热和电加热两大类。

1. 火焰加热

采用烟煤、柴油、重油、煤气作为燃料。当燃料燃烧时,产生含有大量热能的高温火焰将金属加热。

(1)明火炉:将金属坯料置于以煤为燃料的火焰中加热的炉子,称为明火炉,又称为手锻炉,其结构如图 4-1 所示。燃料放在炉篦上,燃烧所需的空气由鼓风机经风管从炉篦下方进入煤层。堆料平台可放置金属坯料或备用燃料;后炉门用于出渣及加热长杆件时外伸之用。明火炉结构简单,操作方便,但加热温度不均匀、速度慢,加热质量不易控制,劳动生产率低。锻工实习操作常使用这种炉子。它常用于加热手工锻造及小型空气锤自由锻的坯料,也可用于杆形坯料的局部加热。

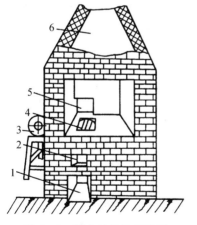

图 4-1 明火炉结构示意图
1—灰坑;2—火钩槽;3—鼓风机;4—炉箅;
5—后炉门;6—烟囱

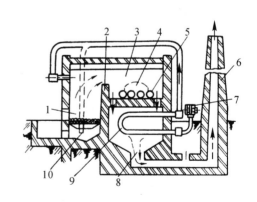

图 4-2 反射炉结构示意图
1—燃烧室;2—火墙;3—加热室;4—炉门;5—坯料;
6—烟囱;7—鼓风机;8—烟道;9—换热器;10—送风管

(2)反射炉:燃料在燃烧室中燃烧,高温炉气及火焰通过炉顶反射到加热室中加热金属坯料的炉子,称为反射炉。其结构如图 4-2 所示。反射炉以烟煤为燃料,煤燃烧所需的空气经换热器预热后进入燃烧室。高温炉气经火焰越过火墙从炉子拱顶反射到加热室内,对坯料加热。加热室的温度可达1 350℃左右。废气经烟道、烟囱排出。坯料从炉门装入和取出。反射炉多在一般锻造车间使用。

(3)室式炉:炉膛三面为墙,一面有门的炉子称为室式炉,多以重油及煤气为燃料,其结构如图4-3所示。工作时由喷嘴将重油或煤气与空气直接喷射到加热室进行燃烧加热。燃烧后的废气经排烟道排出。燃油和燃煤气的室式炉在喷嘴结构上有所不同。

室式炉用于自由锻造,尤其是大型坯料和钢锭的加热。室式炉的炉体结构比反射炉简单、紧凑,热效率高。

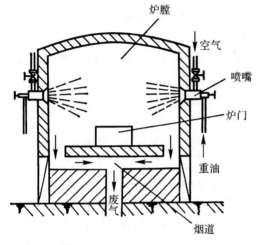

图4-3 室式重油炉示意图

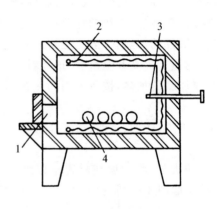

图4-4 箱式电阻炉示意图
1—炉门;2—电阻体;3—热电偶;4—工件

2. 电加热

电加热是利用电流通过特种材料制成的电阻体产生热量,再以辐射传热方式将金属坯料加热。电加热的方法主要有电阻加热、感应加热、电接触加热和盐浴加热等。

(1)电阻炉:电阻炉是利用电阻发热体,将电能转变为热能,以辐射和对流的方式对坯料加热的。坯料从炉口装入炉膛,关闭炉门即可送电加热。电阻炉可分为中温箱式电阻炉和高温箱式电阻炉。前者的发热体为电阻丝(见图4-4),最高工作温度950℃,一般用来加热有色金属及其合金的小型锻件;后者的发热体为硅碳棒,最高工作温度为1 300~1 350℃,可用来加热高温合金的小型锻件。

电阻炉操作简便,可精确控制炉温,可通入保护性气体,以防止或减少坯料加热时的氧化,加热质量高,无污染,但耗电,成本较高。

(2)中频感应加热:中频感应加热是利用交变电流通过感应线圈产生的交变磁场,使置于其中的坯料内部产生交变涡流来升温加热工件。这种方法速度快、温控准、质量高,但其设备复杂,投资大。目前,普遍用于现代化的锻造车间。

1. 氧化

金属加热时,坯料的表层金属与炉气中的氧化性气体(氧、二氧化碳、水蒸气及二氧化硫等)发生剧烈氧化,生成氧化皮,并造成金属烧损。每加热一次,氧化烧损量约占坯料质量的

$2\%\sim3\%$。氧化的产生不仅造成金属的损耗,而且还影响锻件的质量,加剧锻模的磨损。减少氧化的措施是在保证加热质量的前提下,尽量采用快速加热和避免金属在高温下停留时间过长;在使燃料完全燃烧的条件下,严格控制送风量,以免炉内剩余氧气过多。此外,还可以采用少氧化或无氧化的加热方法。

2. 脱碳

在加热过程中,金属表层的碳在高温下与炉气中的氧气、水蒸气、一氧化碳等发生化学反应,造成表层含碳量减少的现象称为脱碳。脱碳使金属表层的硬度、强度和耐磨性降低。若脱碳层厚度小于锻件的加工余量,对零件没有什么危害;若脱碳层厚度大于加工余量时,就会严重影响零件的使用性能。一般减少氧化的措施也可以同时减轻脱碳现象。

3. 过热

当坯料加热温度过高或高温下保持时间过长时,内部晶粒会迅速长大成为粗晶组织,这种现象称为过热。过热坯料的塑性会降低,故在锻造时容易产生裂纹。若锻后晶粒粗大,则锻件的力学性能变差。过热所造成的粗晶组织可以通过增加锻打次数或锻后热处理的方法细化。这样一来,会增加工序,降低生产率,提高加工成本,所以应当尽量避免产生过热。

4. 过烧

如果加热温度超过始锻温度过多到接近金属的熔化温度,会造成晶粒边界的氧化及熔化,称为过烧。这时,晶粒之间失去连接力,一经锻打便会碎裂。过烧缺陷是无法挽救的,故加热要严格防止出现过烧现象。避免金属过烧的措施是注意加热温度、保温时间和控制炉气成分。

5. 裂纹

金属受热后体积会发生膨胀,对于尺寸较大的坯料,尤其是高碳钢坯料和合金钢锭料,如加热速度过快和炉内温度过高,则坯料内外温差大,膨胀不一致,就可能导致裂纹产生。为了防止裂纹的产生,对这些坯料要严格遵守有关的加热规范。

锻件的冷却是保证锻件质量的重要环节,应注意防止产生硬化、变形或裂纹。冷却的方式主要有以下几种:

1. 空冷

空冷是指热态锻件在无风的空气中,放在干燥的地上的冷却方法。它是冷却速度较快的一种冷却方法。

2. 坑冷

坑冷是指将热态锻件放在充填有石棉布、砂子或炉灰的地坑或铁箱中缓慢冷却的方法。

3. 炉冷

炉冷是指将锻后的锻件放入 $500\sim700℃$ 的加热炉中随炉缓慢冷却的方法。

通常情况下,对于碳素结构钢和低碳合金钢的中小型锻件,锻后均采用空冷的方式;对合金工具钢和碳素工具钢锻件应空冷到 $650\sim700℃$ 后进行坑冷;而对成分复杂的合金钢锻件或厚截面的大型锻件则大多采用炉冷。冷却速度过快会造成表层硬化,难以进行后续的切削加工。

二、自由锻设备与工具

1. 手工锻工具

手工锻工具较多,按其用途可分为以下几类:

(1)支持工具:是锻造过程中用来支持坯料承受打击及安放其他用具的工具,如铁砧,由铸钢或铸铁制成(见图4-5),其形式有羊角砧、双角砧、球面砧和花砧等。

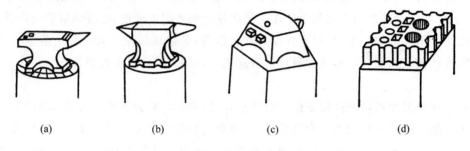

(a)　　　　　(b)　　　　　(c)　　　　　(d)

图 4-5　铁砧

(a)羊角砧;(b)双角砧;(c)球面砧;(d)花砧

(2)打击工具:是锻造过程中产生打击力并作用于坯料使之变形的工具,包括大锤、手锤等。大锤可分直头、横头和平头三种,如图4-6所示。手锤有圆头、直头和横头三种,如图4-7所示,其中圆头用得最多。

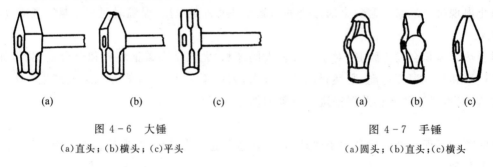

(a)　　　　(b)　　　　(c)　　　　　　　(a)　　　(b)　　　(c)

图 4-6　大锤　　　　　　　　　　图 4-7　手锤

(a)直头;(b)横头;(c)平头　　　　　　(a)圆头;(b)直头;(c)横头

(3)成形工具:是锻造过程中直接与坯料接触并使之变形而达到所要求形状的工具,如冲子、平锤、摔锤等,如图4-8所示。摔锤用于摔圆和修光锻件的外圆面。摔锤分上、下两个部分,如图4-8(a)所示。上摔锤装有木柄,供握持用,下摔锤带有方形尾部,用以插入砧面上的方孔内固定之。平锤主要用于修整锻件的平面。图4-8(b)为其中的方平锤。冲子用于冲孔,根据孔的形状,可将冲子的头部做成各种截面。为了冲孔后便于从孔内取出冲子,任何冲子都必须做成锥形。图4-8(c)所示为常用的圆冲子。

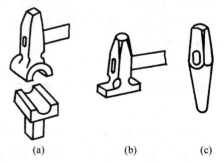

(a)　　　(b)　　　(c)

图 4-8　成形工具

(a)摔锤;(b)方平锤;(c)圆冲子

(4)铺助工具:用来夹持、翻转和移动坯料的工具。如钳子是由钳口和钳把两部分组成。钳口的形式根据被夹持的工件形状而定,要求两者形状吻合,夹持牢靠。常用的手钳如图4-9所示。

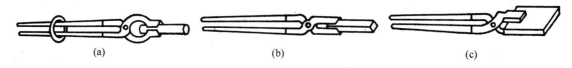

图 4-9 手钳
(a)圆口钳；(b)方口钳；(c)扁口钳

在手工锻操作时,掌钳工左手握钳,用以夹持、移动和翻转工件;右手握手锤,用以指挥打锤工锻打的落点和轻重。打锤工要听从掌钳工的指挥,互相配合,以免打不准、错打等。

2. 空气锤

(1)空气锤的结构:空气锤是由锤身、压缩缸、工作缸、传动机构、操纵机构、落下部分及砧座等几个部分组成,其外形及工作原理如图 4-10 所示。

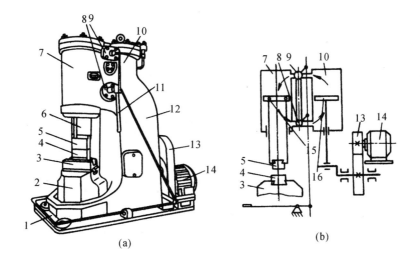

图 4-10 空气锤结构示意图
(a)空气锤外观图;(b)空气锤传动图
1—踏杆;2—砧座;3—砧垫;4—下砥铁;5—上砥铁;6—锤头;7—工作缸;8—下旋阀;
9—上旋阀;10—压缩缸;11—手柄;12—锤身;13—减速机构;15—工作活塞;16—压缩活塞

锤身和压缩缸及工作缸铸成一体。传动机构包括减速装置、曲柄和连杆等,其作用是把电动机的旋转运动经减速后传给曲柄,曲柄再通过连杆驱动压缩缸内活塞做上下往复运动。操纵机构包括踏杆(或手柄)、旋阀及其连接杠杆,其作用是使锤实现各种动作。落下部分包括工作活塞、锤杆和上砥铁。空气锤的规格就是以落下部分的质量来表示的。例如,75 kg 空气锤,就是指锤的落下部分质量为 75 kg。

(2)空气锤的工作原理及基本动作:电动机通过减速装置带动曲柄连杆机构运动,使压缩缸中的压缩活塞做上下往复运动,产生压缩空气。当用手柄或踏杆操纵上、下旋阀使其处于不同位置时,可使压缩空气进入工作缸中的上部或下部,推动落下部分下降或上升,完成各种打击动作。工件置于下砥铁上,下砥铁由砧垫及砧座支承。

为满足锻造工艺的要求,通过操纵机构(踏杆或操纵手柄)控制旋阀的位置,可以得到连续打击、单次打击、下压、上旋及空转等各种动作(见图 4-11)。而锤头行程锤击力的大小则可以通过旋阀的转角大小来调节。

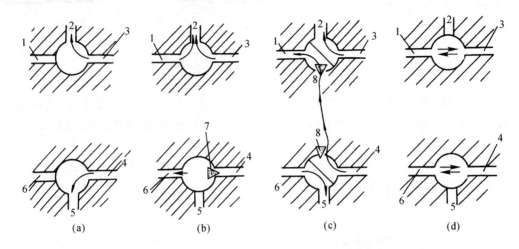

图 4-11 空气锤压缩空气气路示意
(a) 空转;(b) 悬空;(c) 压紧;(d) 连续打击
1,3—接通压缩缸和工作缸的上气道;4,6—接通压缩缸和工作缸的下气道;2,5—接通大气的气道;7,8—逆止阀

1)空转:压缩缸的上、下气道都与大气相通,压缩空气排入大气中,落下部分靠自重停在下砧铁上,此时电动机及减速装置空转,锻锤不工作。

2)上悬:工作缸及压缩缸上部都经上旋阀与大气连通,压缩空气只能经下旋阀进入工作缸的下部。下旋阀内有一个逆止阀,可防止压缩空气倒流,使落下部分保持在上悬的位置。此时,可在锤上进行各种辅助操作,例如,摆放锻件及工具,检查锻件尺寸等。

3)下压:压缩缸上部及工作缸下部与大气相通,压缩空气由压缩缸下部经逆止阀及中间通道进入工作缸上部,使落下部分向下压紧锻件。此时,可进行弯曲或扭转等操作。

4)连打:上、下旋阀将与大气连通的气道全部隔断,把气缸的上、下气道分别连通。压缩空气交替地进入和流出工作缸的上、下部分,使落下部分上下往复运动(此时逆止阀不起作用),进行连续锻打。

5)单次打击:将踏杆踩下后立即抬起,或将手柄由锤头上悬位置快速推到连打位置,再立即退回到上悬位置,即成为单次打击。此时,压缩缸及工作缸内气体流动路线与连打时相同。所不同的只是由于手柄迅速返回,使锤头迅速打击后又迅速回到上悬位置。

单次打击和连续打击的力量大小是通过下旋阀中气道孔开启的大小来调节的。手柄(或脚踏杆)扳转角度小,打击力量就小,反之,打击力量就大。

三、基本工序及操作

自由锻的生产工序分为基本工序、辅助工序及精整工序三大类,其基本工序有镦粗、拔长、冲孔、弯曲、扭转、错移、切割等,以前三种工序应用最多。

1. 镦粗

镦粗是使坯料横截面积增大而高度减小的工序。根据坯料的镦粗范围和所在部位的不同,镦粗可分为全镦粗和局部镦粗两种形式。全镦粗沿坯料整个高度镦粗,局部镦粗是把坯料部分长度镦粗,如图 4-12 所示。镦粗常用来锻造齿轮坯、凸缘、圆盘等高度小、截面积大的锻件,在锻造环、套筒等空心类锻件时,作为冲孔前的预备工序,以减小冲孔深度,也可作为提高锻件力学性能的预备工序。

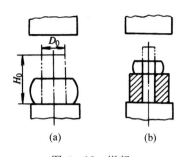

图 4-12 镦粗

(a)完全镦粗;(b)局部镦粗

镦粗时的注意事项如下:

(1)镦粗部分的原始高度与直径之比应小于 2.5～3,否则会镦弯或形成双鼓形。

(2)镦粗前应使坯料的端面平整并与轴线垂直,镦粗时还要绕其轴线转动,以免镦歪。

(3)镦粗时应加热到坯料的始锻温度,而且加热必须均匀,镦粗时还要不断地翻转坯料,否则变形不均匀。

(4)终锻温度不能太低,镦粗时锤打力要重。否则工件会锻成细腰形,若不及时纠正,会镦出夹层。

图 4-13 给出了几种常见的镦粗不当时容易产生的缺陷。

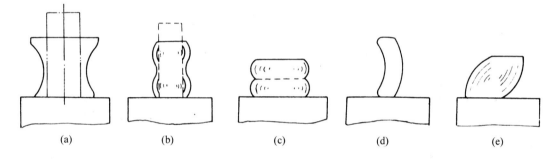

图 4-13 镦粗缺陷

(a)细腰;(b)双鼓形;(c)折叠;(d)纵向弯曲;(e)镦歪

2. 拔长

拔长是使坯料的横截面积减小而长度增加的工序。拔长用于锻制长度较大的轴和杆类锻件。如果是锻制空心轴、套筒等锻件,坯料应先镦粗、冲孔,再套上芯轴进行拔长,如图 4-14 所示。

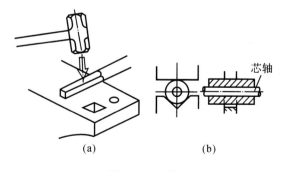

图 4-14 拔长

(a)拔长;(b)套上芯轴拔长

拔长时的注意事项如下：

(1)拔长时,工件应沿砧铁的宽度方向送进,每次送进量应为0.3～0.7倍的砧铁宽度。送进量大,坯料主要向宽度方向流动,反而降低了拔长效率,送进量太小若小于单面压下量,会产生夹层,如图4-15所示。每次压下量也不宜过大,否则也会产生夹层。

(2)坯料在拔长过程中要来回90°翻转坯料。翻转的方法有两种(见图4-16),大型的锻件常采用打完一面后翻转90°,再打另一面的拔长方法。采用这种方法,应注意工件的宽度与厚度之比不要超过2.5,否则工件锻得太扁,翻转后再继续拔长,将会产生夹层。对于质量较小的一般钢件常采用来回翻转90°锻打的拔长方法。

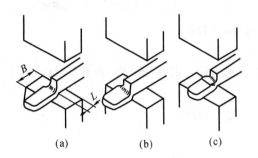

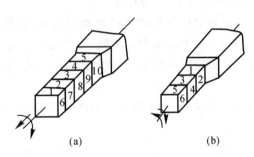

图4-15 拔长时的送进量
(a)送进量合适;(b)送进量太大;(c)送进量太小

图4-16 拔长时的坯料翻转方法
(a)打完一面后翻转90°;(b)来回翻转90°锻打

(3)圆形截面的坯料拔长时,应先锻成方形截面,在拔长到方形的边长接近工件所要求的直径时,将方形锻成八角形,最后倒棱滚打成圆形,如图4-17所示。这样能避免引起中心裂纹,而且拔长效率也较高。

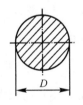

图4-17 圆形坯料的拔长方法

(4)锻制带有台阶的轴类件时,先要在截面分界处进行压肩。方形截面与圆形截面的压肩方法如图4-18所示。压肩后将一端拔长,即可把台阶锻出。

3. 冲孔

冲孔是在坯料上锻出通孔或不通孔的锻造工序。冲通孔的步骤如图4-19所示,冲孔前一般需先将坯料镦粗,并使端面平整。为了保证冲出孔的位置准确,应先在孔的位置上轻轻冲孔的痕迹,如果位置不准确,可作修正。然后冲出浅坑,并在坑内撒些煤粉,以便冲子容易从深坑中拔出。再将孔冲深到工件厚度约2/3深度,拔出冲子。将工件翻转,找正中心(可根据暗影找出),从反面把孔冲通。对于厚度较小的坯料或板料,可在垫环上进行单面冲孔。

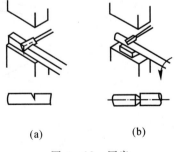

图4-18 压肩
(a)方料的压肩;(b)圆料的压肩

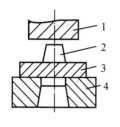 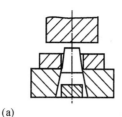 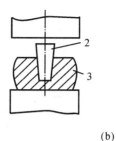 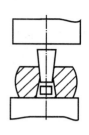

(a)　　　　　　　　　　　　　　　　　　　　(b)

图 4-19　冲孔

(a)单面冲孔;(b)双面冲孔

1—冲头;2—冲子;3—锻件;4—垫环

冲孔时应注意的事项如下:

(1)由于冲孔时锻件的局部变形量很大,为了提高塑性,防止冲裂和损坏冲子,应将坯料加热到允许的最高温度,而且均匀热透。

(2)冲子头部要经常浸水冷却,以免受热变形。

(3)当孔快要冲通时,应将工件移到砧面的圆孔上,以便将余料冲出。

(4)冲子必须与冲孔端面相垂直。

4. 弯曲

弯曲是将坯料弯成一定形状的锻造工序。用于锻造吊钩、链环、U形叉等各种弯曲形状的锻件。当锻件所要求的弯曲程度较小或尺寸精度要求不高时,可采用锤头压紧锻件一端,另一端用大锤打弯的方法,称角度弯曲;当锻件的形状复杂尺寸精度要求较高时,可采用垫模进行弯曲,称垫模弯曲。如图 4-20 所示。

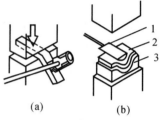

(a)　　　(b)

图 4-20　弯曲

(a)角度弯曲;(b)成形弯曲

1—成形压铁;2—坯料;

3—成形垫铁

5. 切割

切割是分割坯料或切除锻件余料的工序。最常用的是单面切割,如图 4-21 所示,多用于小截面的方形或矩形截面毛坯。

6. 扭转

扭转是将坯料的一部分相对于另一部分绕其轴线旋转一定角度的锻造工序,如图 4-22 所示。扭转过程中,金属变形剧烈,很容易产生裂纹。因此,扭转前应将锻件加热到始锻温度,受扭转变形的部分必须表面光滑,面与面相交处有过渡圆角,不允许存在裂纹、伤痕等缺陷。

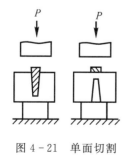

图 4-21　单面切割

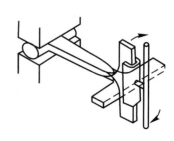

图 4-22　扭转

7. 错移

错移是将坯料的一部分相对于另一部分错开,但仍保持轴心平行的锻造工序,如图 4-23 所示,先在错移部位压肩,然后加垫板及支撑,锻打错开,最后修整。

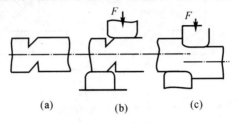

图 4-23 错移

(a) 压肩;(b) 锻打;(c) 修整后

四、典型锻件自由锻工艺过程

自由锻造是由一些基本工序使坯料逐步变形而获得锻件的锻造方法。选择和安排自由锻造基本工序比较灵活,应从优质、高效、低耗的基本原则出发,尽量减少工序次数,缩短工时,提高质量,节约燃料和材料,以制定出一个比较合理的锻造工艺。如表 4-3 所示为一齿轮轴的自由锻工艺过程,其主要工序是在漏盘内局部镦粗和双面冲孔。

表 4-3　齿轮坯自由锻工艺过程

锻件名称	齿轮坯	工艺类型	自由锻
材　料	45 号钢	设备	65 kg 空气锤
加热火次数	1 次	锻造温度范围	850～1 200℃

锻件图	坯料图
φ28±1, 29±1, 44±1, φ58±1, φ92±1	φ50, 125

序　号	工序名称	工序简图	使用工具	操作简图
1	镦　粗	45	火钳 镦粗漏盘	控制镦粗后的高度为镦粗漏盘的 45 mm

续表

序号	工序名称	工序简图	使用工具	操作简图
2	冲孔	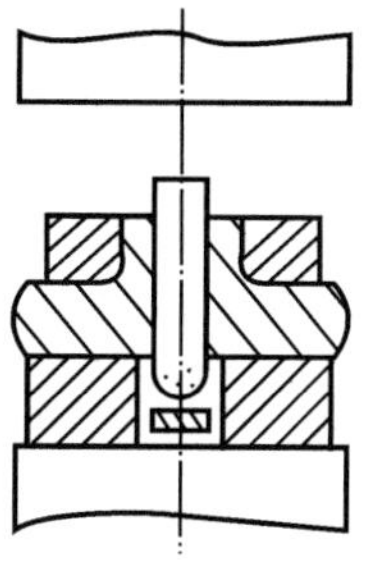	火钳 镦粗漏盘 冲子 冲孔漏盘	1. 注意冲子对中 2. 采用双面冲孔,左图为工件翻转后将孔冲透的情况
3	修正外圆	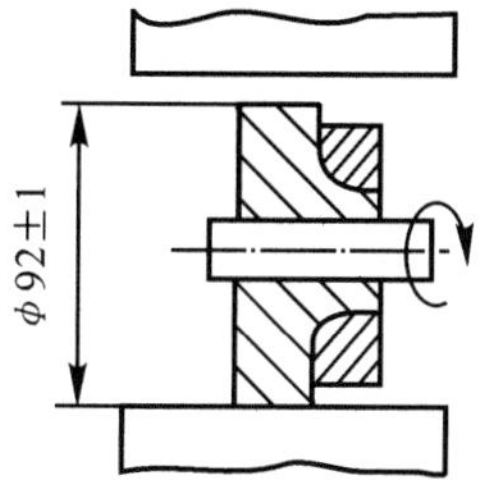 $\phi 92\pm 1$	火钳 冲子	边轻打边旋转锻件,使外圆清除鼓形并达到$\phi(92\pm1)$mm
4	修整平面	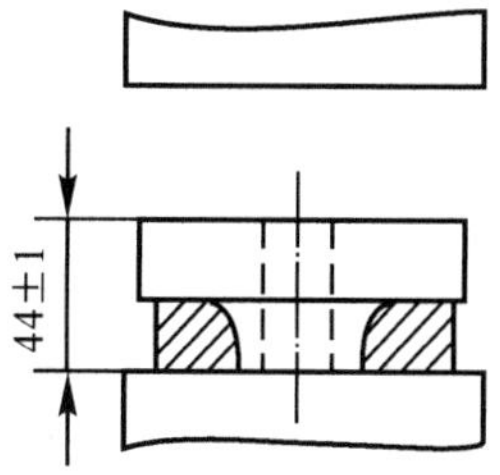 44 ± 1	火钳	轻打(如端面不平还要边打边转动锻件),使锻件厚度达到(44 ± 1)mm

表4-3中的锻件图是根据零件图并考虑锻件加工余量等因素绘制的,图中用双点划线画出零件图的轮廓形状,并在尺寸线上标出零件的尺寸作为参考。锻件各部分的加工余量和锻造公差以及空气锤的质量等工艺参数,都是根据有关技术资料确定的。

五、自由锻锻件常见缺陷

如果锻造工艺制定不合理,或没有按照正确规范进行等,都会引起锻件的各种质量问题。这不仅影响锻件的成形,而且影响锻件的组织和性能。自由锻件的缺陷及产生原因见表4-4。

表4-4 自由锻件缺陷及产生原因

缺陷名称	产生原因
过热或过烧	1. 加热温度过高,保温时间过长 2. 变形不均匀,局部变形度过小
裂纹 (横向和纵向裂纹,表面和内部裂纹)	1. 坯料芯部没有热透或温度较低 2. 坯料本身有皮下气孔、冶炼质量不合要求等缺陷 3. 坯料加热速度过快,锻后冷却速度过快 4. 变形量过大

续表

缺陷名称	产生原因
折叠	1. 砧子圆角半径过小 2. 送进量小于压下量
歪斜偏心	1. 加热不均匀,变形度不均匀 2. 操作不当
弯曲和变形	1. 锻造后修整、矫直不够 2. 冷却、热处理操作不当
力学性能偏低 (锻件强度不够,硬度偏低,塑性和冲击韧度偏低)	1. 坯料冶炼成分不合要求 2. 锻后热处理不当 3. 原材料冶炼时杂质过多,偏析严重 4. 锻造比过小

第三节　板料冲压

一、冲压设备

板料冲压设备主要是剪床和冲床。

剪床用于把板料剪切成需要宽度的条料,以供冲压工序使用。剪床的外形和工作原理如图 4-24 所示。电动机 1 通过带轮 2 使轴转动,再通过齿轮 6 传动及离合器 7 使曲轴 4 转动,于是带有刀片的滑块 5 便上下运动,进行剪切工作。12 为工作台,其上装有下刀片。制动器 3 与离合器配合,可使滑块停在最高位置,为下次剪切做好准备。

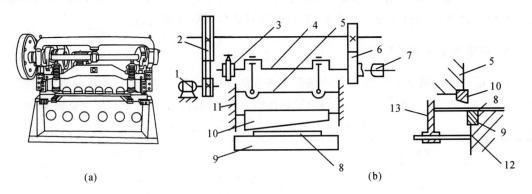

(a)　　　　　　　　　　　　　　　　(b)

图 4-24　剪床

(a)外形图;(b)传动原理图

1—电动机;2—带轮;3—制动器;4—曲柄;5—滑块;6—齿轮;7—离合器;

8—板料;9—下刀片;10—上刀片;11—导轨;12—工作台;13—挡铁

冲床是进行冲压的最常用的基本设备。冲床的类型很多,按结构可分为开式冲床和闭式冲床两种。图4-25为常用的开式冲床的外观图和传动图。冲模的上、下模分别装在滑块的下端和工作台上。电动机通过胶带减速系统带动大带轮转动,大带轮借助离合器与曲轴相连接,离合器则用踏板通过拉杆来控制。未工作时,离合器处于脱开位置,大带轮空转,此时滑块停止于行程最高位置。工作时,踩下踏板使离合器合上,大带轮便带动曲轴旋转,并通过连杆而使滑块沿导轨作上下往复运动,进行冲压。如果将踏板踩下后立即抬起,则离合器脱开,制动器能立即制止曲轴转动,并使滑块停止在最高位置。若踏板不抬起,滑块就进行连续冲压。这种冲床可在它的前、左、右三个方向装卸模具和操作,使用较方便,但吨位较小。

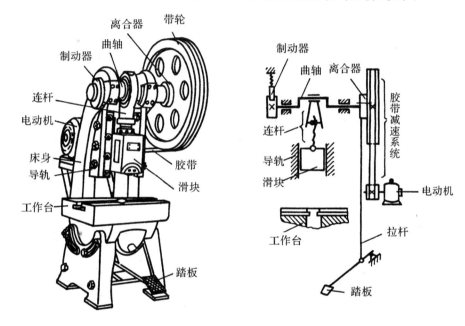

图4-25　冲床

(a)外观图;(b)传动简图

表示冲床性能的主要参数有公称压力、滑块行程、闭合高度等,可以作为选用冲床和设计模具的依据。

二、冲压的基本工序

板料冲压的工序分为分离工序和变形工序两大类。分离工序是使板料沿一定的线段分离的冲压工序,有冲裁、切口、切断等;变形工序是使板料产生局部或整体塑性变形的工序,有弯曲、拉深、成形等。各种形状的冲压件都是经过一个或几个冲压工序制成的。下面介绍几种常用的基本工序。

使板料沿封闭轮廓分离的工序称为冲裁,是落料和冲孔的统称。冲裁工具如图4-26所示。如果被冲下的部分是有用的工件,带孔的周边是废料,则称落料;如果是在工件上冲出所需要的孔,被冲下的部分是废料,则称冲孔。冲裁所用的模具叫冲裁模,冲裁模的凸模与凹模刃口必须锋利,而且凸模与凹模之间要有合适的间隙,如果间隙不合适,则边缘会带有较大的毛刺。

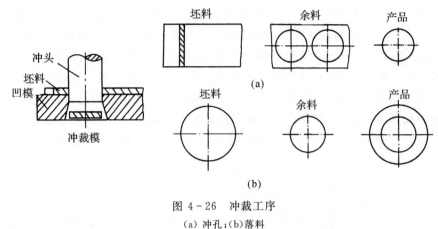

图 4-26　冲裁工序
(a)冲孔;(b)落料

　　弯曲是将坯料的一部分相对于另一部分弯转成一定角度的冲压工序,如图 4-27 所示。弯曲时,板料内层的金属被压缩,容易起皱,外层受拉伸,容易拉裂。弯曲模的工作部分应有一定的圆角,以防止工件外表面弯裂。并且由于弯曲过程中,凸模回程后,板料有回弹现象,故弯曲模设计时,应使模具角度较工件要求角度小一个回弹角。

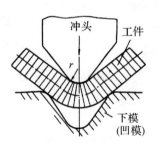

图 4-27　弯曲

　　拉深是将平板状的坯料加工成中空零件的成形工序。如图4-28所示,平板坯料在拉深模作用下,成为杯形或盒形工件。拉深用的坯料通常由落料工序获得。

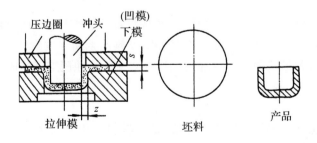

图 4-28　拉深

为避免拉裂,拉深凸模和凹模的工作部分应加工成圆角;而且板料每次的变形程度应受到限制,深度大的拉深件,可经多次拉深完成。凸模与凹模之间应有比板料厚度稍大的间隙,以保证拉深时板料顺利通过。为预防拉深时板料边缘缩小而起皱,常用压边圈将板料压住。

成形是使板料或半成品改变局部形状的工序,包括压肋、压坑、胀形、翻边等。

1. 压肋和压坑

压肋和压坑(包括压字,压花)是压制出各种形状的凸起和凹陷的工序。采用的模具有刚模和软模两种。图4-29所示是用刚模压坑。与拉深不同,此时只有冲头下的这一小部分金属在拉应力作用下产生塑性变形,其余部分的金属并不发生变形。图4-30所示是用软模压肋,软模是用橡胶等柔性物体代替一般模具。这样,可以简化模具制造,冲制形状复杂的零件。但软模块使用寿命低,需经常更换。此外,也可采用气压或液压成形。

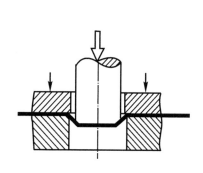

图4-29　刚模压坑图

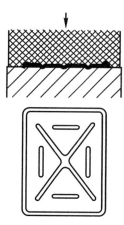

图4-30　软模压肋

2. 胀形

胀形是将拉深件轴线方向上局部区段的直径胀大,也可采用刚模(见图4-31)或软模(见图4-32)进行。刚模胀形时,由于芯子2的锥面作用,分瓣凸模1在压下的同时沿径向扩张,使工件3胀形。顶杆4将分瓣凸模顶回到起始位置后,即可将工件取出。显然,刚模的结构和冲压工艺都比较复杂,而采用软模则简便得多。因此,软模胀形得到广泛应用。

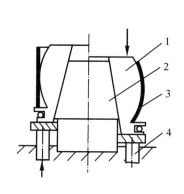

图4-31　刚模胀形

1—分瓣凸模;2—芯子;3—工件;4—顶杆图

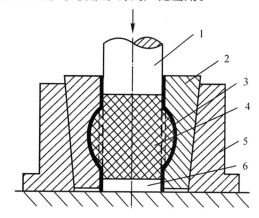

图4-32　软模胀形

1—凸模;2—凹模;3—工件;4—橡胶;5—外套;6—垫块

3. 翻边

翻边是在板料或半成品上沿一定的曲线翻起竖立边缘的冲压工序。按变形的性质,翻边可分为伸长翻边和压缩翻边。当翻边在平面上进行时,称平面翻边;当翻边在曲面上进行时,又称曲面翻边,如图 4-33 所示。孔的翻边是伸长类平面翻边的一种特定形式,又称翻孔,其过程如图 4-34 所示。

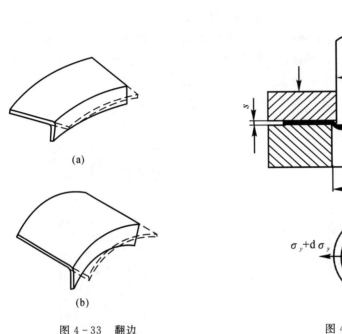

图 4-33 翻边

(a)平面伸长翻边;(b)曲面压缩翻边

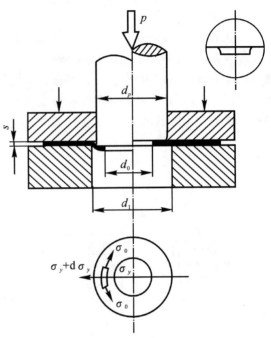

图 4-34 翻孔过程

成形工序使冲压件具有更好的刚度和更加合理的空间形状。

三、冲压模具

冲压模具(简称冲模)是使坯料分离或变形的工艺装备。所有的冲压工序均在模具内完成,冲模的结构随工序的不同而不同。冲模一般分为上模和下模两部分。上模用模柄固定在冲床滑块上随滑块上下运动,下模用螺栓紧固在工作台上。冲模有简单冲模、连续冲模和复合冲模三类。

在滑块一次行程中只完成一个冲压工序的冲模称为简单冲模。图 4-35 所示为简单冲裁模。它的组成和各部分的作用如下:

1. 模架

模架包括上、下模板和导柱、导套。上模板用以固定凸模、模柄、导套等零件,下模板用以固定凹模、导柱、送料和卸料零件。导套和导柱用来使上、下模对准。

2. 凸模与凹模

凸模与凹模是冲模的核心部分,凸模又称冲头。凸模与凹模共同作用,使板料分离或变形。它们分别通过凸模固定板和凹模固定板固定在上、下模板上。

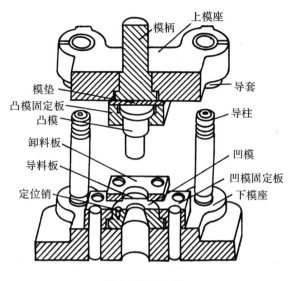

图 4 - 35 冲模

3. 导料板与定位销

导料板和定位销是用来控制坯料的送进方向和送进量的。

4. 卸料板

卸料板的作用是在冲压后使工件或坯料从凸模上脱开。

在滑块的一次行程中,在模具的不同部位同时完成两个或多个冲压工序的冲模称为连续冲模。图 4 - 36 所示为冲孔-落料连续冲模(连续冲裁模)。冲孔凸模和落料凸模、冲孔凹模和落料凹模分别做在同一个模体上。导板起导向和卸料作用。定位销使条料大致定位。导正销与已冲孔配合使落料时准确定位。

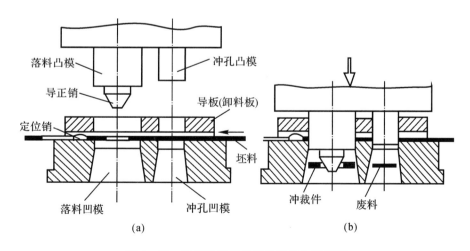

图 4 - 36 连续冲裁模的结构及工作示意图
(a)板料送进;(b)冲裁

71

连续冲模生产效率高,易于实现自动化,但定位精度要求高,制造成本较高。

在滑块的一次行程中,在模具的同一位置完成两个或多个工序的冲模称为复合冲模。图4-37所示为落料-拉深复合模。这种模具结构上的主要特点是有一个凸凹模,其外缘为落料凸模,内孔为拉深凹模。板料入位后,凸凹模下降时,首先落料(见图4-37(a)),然后拉深凸模将坯料顶入凸凹模内,进行拉深(见图4-37(b))。顶出器在滑块回程时将拉深件顶出。

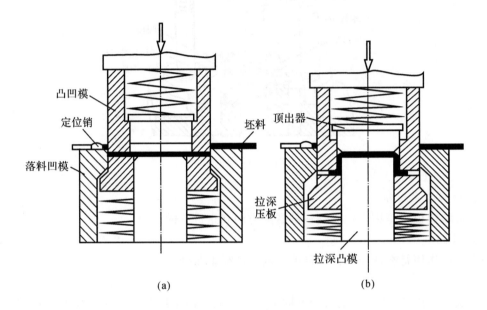

(a)   (b)

图4-37　落料-拉深复合模的结构和工作示意图
(a)落料;(b)拉深

复合冲模具有较高的加工精度及生产率,但制造复杂,适用于大批量生产的条件。

四、典型冲压件的工艺过程及质量分析

易拉罐生产工艺过程如表4-5所示。

冲压件常见的缺陷有冲裁件的变形、毛刺等,弯曲件的裂口、翘曲、表面擦伤、角变形等,拉深件的凸缘皱折、拉深壁起皱、拉深壁损伤、拉破等,翻边裂纹、胀形不匀等。

防止和消除缺陷的方法包括模具设计要有合理的凸凹模间隙值、圆角半径和加工精度等。设计弯曲模时,要采取有效措施减小回弹,并在模具上减去回弹量;设计合理的圆角,防止弯裂。拉深时采用压边圈防止起皱,且压力要适中;用适当润滑减小拉深阻力,以防止模具黏着或使工件拉穿。

表4-5 易拉罐生产工艺过程

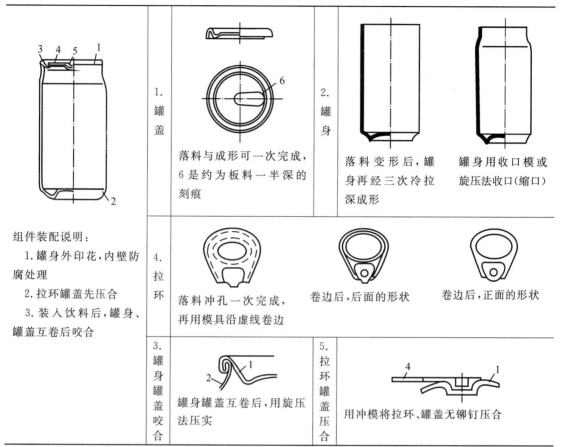

组件装配说明:
1. 罐身外印花,内壁防腐处理
2. 拉环罐盖先压合
3. 装入饮料后,罐身、罐盖互卷后咬合

1.罐盖	落料与成形可一次完成,6是约为板料一半深的刻痕	2.罐身	落料变形后,罐身再经三次冷拉深成形	罐身用收口模或旋压法收口(缩口)
4.拉环	落料冲孔一次完成,再用模具沿虚线卷边		卷边后,后面的形状	卷边后,正面的形状
3.罐身罐盖咬合	罐身罐盖互卷后,用旋压法压实	5.拉环罐盖压合	用冲模将拉环、罐盖无铆钉压合	

第四节 锻造新工艺、新技术简介

随着工业生产的发展和科学技术的进步,古老的锻造加工方法也有了突破性的进展,涌现出许多新工艺、新技术,如超塑性成形、粉末锻造、液态模锻、高能率成形等,一方面极大地提高了制件的精度和复杂度,突破了传统锻压只能成形毛坯的局限,而直接锻压成形各种复杂形状的精密零件,实现了少、无切削加工;另一方面,又使过去难以锻压或不能锻压的材料以及新型复合材料的塑性成形加工成为现实,从而为塑性成形提供了更为宽广的应用前景。

一、超塑性模锻

超塑性(微细晶粒超塑性)是指当材料具有晶粒度为 $0.5 \sim 5~\mu m$ 的超细等轴晶粒,并在 $T=(0.5 \sim 0.7)T_{熔}$ 的成形温度范围和 $\varepsilon=(10^{-2} \sim 10^{-4})$m/s 的低应变速率下变形时,某些金属或合金呈现出超高的塑性和极低的变形抗力的现象。利用金属材料在特定条件下所具有的超塑性来进行塑性加工的方法,称为超塑性成形。常用的超塑性成形方法有超塑性模锻和超塑性挤压等。

超塑性模锻是将已具备超塑性的毛坯加热到超塑性变形温度,以超塑变形允许的应变速率,在液压机上进行等温模锻,最后对锻件进行热处理以恢复强度的方法。超塑性模锻需要在成形过程中保持模具和坯料恒温,因而在其锻模中设置有加热和隔热装置(如图 4 - 38 中的感应加热圈、隔热板等),这是与普通锻模最大的不同之处。

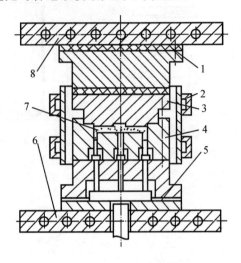

图 4 - 38 超塑性模锻

1—隔热垫;2—感应加热圈;3—凸模;4—凹模;5—隔热板;6,8—水冷板;7—工件

金属在超塑性状态下不产生缩颈现象,变形抗力很小,金属填充模腔性能好,因此利用超塑性成形方法,可以加工出复杂的零件。超塑性成形加工具有锻件尺寸精度高、机械加工余量小、锻件组织细小均匀等特点。

二、粉末锻造

粉末锻造是将各种粉末压制成的预成形坯加热烧结后再进行模锻,从而得到尺寸精度高、表面质量好、内部组织致密的锻件。它是传统的粉末冶金与精密模锻相结合的一种新工艺。它既保持了粉末冶金少、无切削工艺的优点,又发挥了锻造成形的特点,使粉末冶金件的力学性能达到甚至超过普通锻件的水平,因此在现代工业尤其是汽车制造中得到了广泛的应用。

粉末锻造的工艺流程为制粉→混粉→冷压制坯→烧结加热→模锻→机加工→热处理→成品,如图 4 - 39 所示。

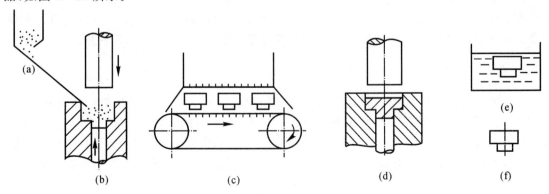

图 4 - 39 粉末锻造的流程图

(a)粉末;(b)液压制坯;(c)烧结加热;(d)模锻;(e)热处理;(f)成品

三、液态模锻

将熔融金属直接浇注进金属模腔内,然后以一定的压力作用于液态或半固态的金属上,使之在压力下流动充型和结晶产生一定程度的塑性变形,从而获得锻件的方法称为液态模锻。其工艺流程如图 4-40 所示。

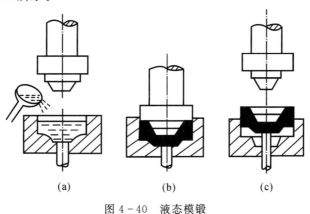

图 4-40　液态模锻
(a)浇注;(b)加压;(c)脱模锻

液态模锻是一种介于铸造和锻造之间的新工艺,并兼有铸造和锻造的优点,也称为"挤压铸造"。由于结晶过程是在压力下进行的,改变了结晶条件,可以获得细小的等轴晶粒,提高产品性能。液态模锻工艺过程简单,容易实现自动化,锻件尺寸精度高、力学性能好,适用于大批量生产各种金属、非金属以及复合材料的形状复杂且要求强度高、致密性好的中小型零件,如油泵壳、仪表壳、衬套、柴油机活塞等。

四、铸轧

铸轧是使金属液通过铸轧辊的辊缝,使之凝固并产生塑性变形,从而获得所需产品的加工方法,如图 4-41 所示。铸轧主要用于生产各种金属板带坯。

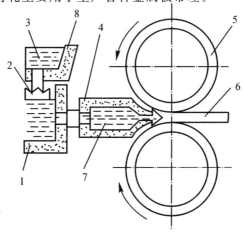

图 4-41　铸轧示意图
1—前箱;2—浮漂;3,7—金属液;4—铸造轧嘴;6—工作线圈;7—毛坯;5—铸轧辊;6—铸轧带坯;8—流槽

五、数控冲压

数控冲压是通过编制程序而由数字和符号实施控制的自动冲压工艺。实施数控冲压的机床称为数控冲床,其中目前应用较多的是数控步冲压力机。它可对金属板料进行冲孔、步冲轮廓、切槽和冲压成形等多种加工。

假如某金属板料上要冲出如图 4-42 所示的 5 种孔形。如果采用普通冲床冲孔,则需要利用 5 副冲模,并经过 4 次更换模具才能完成,或在多台冲床上分别冲出。如采用数控冲孔,则只要制造一副横截面为圆形,工作直径为 $2R_0$ 的冲模就可完成。根据图中各孔的尺寸、形状及位置编制相关程序后,在工件的一次装夹中,即可把全部的孔自动冲出。其中矩阵孔系 1 的 8 个孔可以依次分别冲出。孔 3 和孔 5 则采用步冲的方式冲出。步冲的过程是,首先在孔的一端冲出直径为 $2R_0$ 的孔,然后依此为起点,由装在步冲压力机工作台下部的两台伺服电机,控制板料沿 X 方向和 Y 方向做合成运动,从而使板料沿孔的中心线作间歇的送进运动。每次的送进量很小($0.01\sim0.1$ mm 以下)。每次送进后,冲头向下冲压一次,切下少量金属。但冲头的冲压频率很高,每分钟可达 100 次以上。当板料根据预先编制好的程序完成一个孔的全部位移行程后,孔 3 或孔 5 即被冲成。利用同一副冲模,使板料沿图中孔 2 和孔 4 中双点划线的轨迹送进,即可采用步冲方式将这两个孔冲出。

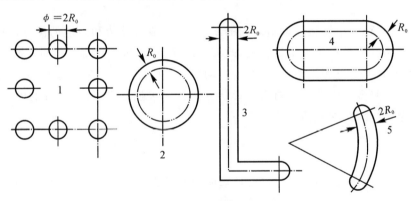

图 4-42 数控冲孔示意图

数控步冲压力机的结构如图 4-43 所示。金属板料通过气动系统 7 由夹钳 5 夹紧在工作台 13 上。为减少移动的摩擦阻力,板料是被放置在装有滚珠的工作台面上的。图中的 16 和 14 为分别控制板料做 X 方向和 Y 方向运动的伺服电机。伺服电机通过滚珠丝杠带动工作台移动,移动速度可达 6 m/min 以上。模具配接器 3 可以快速、准确地装夹和更换模具。一副模具通常由冲头、凹模和压边卸料圈三部分组成。

由以上介绍可知,数控冲压的主要特点如下:

(1)步进冲孔与一般冲孔的过程不同。它不是通过冲头与凹模间的一次冲压将板料切离,而是通过类似插削加工的切削过程完成孔加工的。冲头在每一次冲压行程中只切下少许金属。

(2)数控冲孔采用形状简单的小模具即可完成板料上复杂孔型的加工,而且,一种形状和尺寸的小模具可以完成多种孔型的加工,从而大大降低模具制造的费用,节省制造和更换模具的时间。

（3）对于需要大型模具和大型冲床才能冲出的大孔，在小型步冲压力机上即可方便地完成。当步冲压力机的工作台面尺寸不够时，还可通过翻转工件使加工范围扩大1倍。

（4）由于不需要针对冲孔的孔型和尺寸制造专用的模具，数控冲孔在中、小批量生产，甚至单件生产中更显示其优越性。

（5）数控冲孔的设备投资较大。

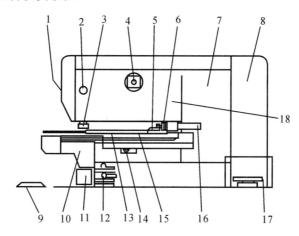

图 4-43　数控步冲压力机示意图

1—控制盘；2—传动头；3—冲压模具配接器；4—主电机；5—夹钳；6—坐标导轨；
7—气动系统；8—电器柜；9—踏板；10—托架；11—废屑箱；12—除屑泵；13—工作台；
14—Y轴电机；15—定位销；16—X轴电机；17—液压系统；18—机身

六、精密冲裁

精密冲裁是利用特殊结构的模具直接在板料上冲出断面质量好，尺寸精度高的零件。精密冲裁件的尺寸精度为IT7～IT9，表面粗糙度 R_a 为 $3.2\sim0.4\ \mu m$，因此，精密冲裁是一项技术经济效果较好的先进工艺，尤其在大批量生产中，例如钟表、照相机、精密仪表、家用电器等行业，已广泛应用精密冲裁工艺。精密冲裁应用最多的是采用强力压边精密冲裁，如图4-44所示。精密冲裁过程中，由于齿圈压板的强力压边作用，使毛坯变形区金属处于三向压应力状态，克服了普通冲裁过程中出现的弯曲-拉伸-撕裂现象的发生，使板料在不出现剪裂纹条件下以塑性变形方式实现板料的分离，从而获得高质量、高精度的冲裁件。

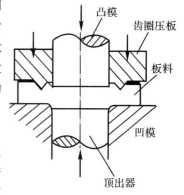

图 4-44　精密冲裁原理图

精密冲裁工艺的特点如下：

（1）精密冲裁较普通冲裁增加了 V 形齿圈压板和顶出器。冲裁过程中，压边圈的 V 形齿首先压入板料，在 V 形齿内侧产生向中心的侧压力，顶杆又从另一面施加反向顶力，当凸模下压时，使 V 形齿圈以内的坯料处于三向压应力状态。

（2）采用极小的冲裁间隙（单面间隙可取材料厚度的

0.5%)以减小变形金属在冲裁过程中的拉应力。

(3)凹模刃口做成0.01~0.03 mm的小圆角,消除了刃口处的应力集中,故不会产生由拉应力引起的宏观裂纹。

(4)精密冲裁的坯料应具有良好塑性,为提高板料的塑性,精冲前一般要进行软化退火处理。

思 考 题

1. 为什么锻件的机械性能比铸件好,而铸件的形状可以比锻件复杂?

2. 铸铁能否用来进行锻造? 为什么?

3. 锻造前坯料加热的目的是什么? 过热和过烧对锻件质量有何影响? 如何防止?

4. 镦粗时坯料加热温度不够高或加热不均匀会出现什么现象?

5. 锻件有哪些冷却方法? 冷却速度过快有哪些不良后果?

6. 拔长时,合适的送进量是多少? 是否送进量越大,效率越高?

7. 什么是始锻温度和终锻温度? 低碳钢和中碳钢的始锻温度和终锻温度各是多少? 为什么坯料温度低于终锻温度后不宜继续锻造?

8. 冲压的主要特点是什么? 试举出几种冲压制成的零件的实例。

9. 冲床由哪些部分组成? 各有何用途? 冲床的主要参数有哪些? 冲床的闭合高度如果不能调节,有什么问题?

10. 若在安装冲模时,滑块已下到下死点,连杆已调至最长,而滑块还未与上模接触,该怎么办?

11. 板料冲压的基本工序有哪些? 它们的特点及作用是什么?

12. 冲模的基本零件有哪些? 它们各起什么作用? 冲裁模和拉深模的工作部分有什么区别?

第五章

焊　接

安全常识

1. 操作前,应检查电焊机是否接地,电缆、焊钳绝缘是否完好。操作时应穿绝缘胶鞋或站在绝缘地板上,以防触电。

2. 操作时,必须戴手套和面罩,系好套袜等防护用具。特别要防止弧光照射眼睛。

3. 刚焊完的工件不许用手触及并须用手钳夹持,以免烫伤。敲渣时应注意焊渣飞出的方向,以防伤人。

4. 不得将焊钳放在工作台上,以免短路烧坏电焊机。

5. 乙炔瓶和氧气瓶要隔开一定距离放置,在其附近严禁烟火。注意不得撞击和高温烘晒氧气瓶。

6. 回火时,要立即关闭乙炔阀门,再检查原因。

7. 大多数黏合剂都有不同程度的毒性或刺激性,故黏接时,应带口罩及橡皮手套。

8. 储存溶剂的容器在使用后应及时密封,减少溶剂的挥发。

第一节　概　述

焊接是指通过加热、加压,或两者并用,并且使用或者不用填充材料,使焊件达到原子结合的一种加工方法。

焊接方法的种类繁多,分类方法也有很多,若按焊接过程的特点则分为熔化焊、压力焊和钎焊三大类,如图 5-1 所示。

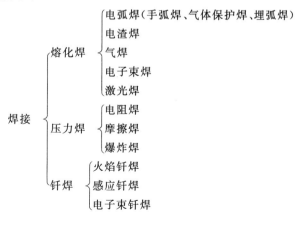

图 5-1　焊接分类

其中,电弧焊是目前应用最广的焊接方法。

焊接在现代工业生产中具有十分重要的作用,广泛用于化工、桥梁、锅炉、船舶、建筑结构、起重机构、运输车辆等场合。焊接已经普遍取代了先前的铆接,是金属不可拆卸连接的最主要的方法。此外,采用铸、锻、焊联合工艺,还可以解决大型机器设备制造的困难。焊接还可以用来修补铸、锻件的缺陷及磨损的机器零件。

第二节 手工电弧焊

手工电弧焊又称手弧焊、焊条电弧焊,是用手工操纵焊条进行焊接的一种电弧焊。

如图5-2所示,焊接前将焊件和焊条分别接到焊接电源的两极,并用焊钳夹持焊条,焊接时,使焊条与焊件瞬时接触(短路),随即提到一定距离(约2～4 mm)就引燃了电弧,于是焊条与焊件接头处在电弧热的作用下被熔化成熔池。随着电弧沿着焊缝向前移动不断产生新的熔池,而留在后面的熔池金属开始冷却结晶成焊缝,从而将两焊件牢固地连接在一起。

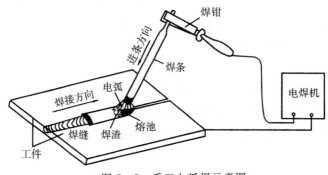

图5-2 手工电弧焊示意图

一、手工电弧焊设备及工具

手工电弧焊的主要设备是手弧焊机,它是产生焊接电弧的电源。

1. **手弧焊机的分类简介**

手弧焊机按其供给的电流种类不同分为交流弧焊机与直流弧焊机两类。

(1)交流弧焊机:交流弧焊机实际上是一种符合焊接要求的特殊的降压变压器,又称弧焊变压器,BX1-300型交流弧焊机外形如图5-3所示。

交流弧焊机的输出电压与普通变压器不同,由固定铁芯、可移动铁芯和绕在铁芯上的线圈组成。空载(不焊接)时,可将工业用电压(220 V或380 V)降至所要求的60～80 V,引弧以后(焊接时),电压会下降到正常工作所需的20～30 V。当引弧开始,焊条与工件接触形成短路时,电焊机的输出电压近于零,抑制了短路电流。它还可以根据焊接的需要调节电流的大小。调节电流一般分为两级:一级是粗调,通过改变线圈抽头的接法来实现电流大范围的调节;另一级是细调,用旋转调节手柄改变电焊机内

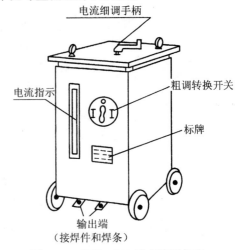

图5-3 BX1-300型交流弧焊机

可动铁芯或可动线圈的位置,使焊接电流作小范围调节。焊接电流的调节范围为40～400 A。

交流弧焊机具有结构简单、价格便宜、使用可靠、维护方便、工作噪声小等优点,但在电弧稳定性方面有些不足。BX1－330型弧焊机是目前国内使用较广的弧焊变压器。

(2)直流弧焊机:直流弧焊机按其结构不同分为旋转式直流弧焊机和硅整流弧焊机。

1)旋转式直流焊机,又称弧焊发电机,由一台三相感应电动机和一台直流弧焊发电机组成,电动机用来带动直流发电机供给焊接所需的直流电。图5-4所示是其常见的外形。

它的特点是能够得到稳定的直流电,因此,引弧容易,电弧稳定,焊接质量好。但这种直流焊机结构复杂,价格比交流焊机贵得多,维修较困难,使用时噪声大。现在,这种弧焊机在国外已经淘汰,我国也已经停止生产,正在淘汰中。常见的旋转式直流弧焊机型号为AX1－500,其含义如下:

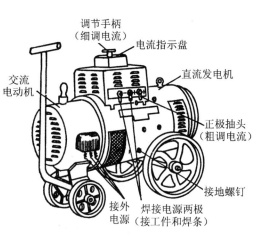

图 5－4 旋转式直流焊机

2)硅整流弧焊机,又称弧焊整流器,是近年发展起来的一种弧焊机。图5-5所示是其外形图。

它的结构相当于在交流焊机上加上大规模硅整流元件,从而把交流电变成直流电。与旋转式直流弧焊机比较,它没有旋转部分,具有结构简单,维修方便,噪声小等优点,又部分弥补了交流弧焊机稳弧等性能。它正逐步取代旋转式直流弧焊机,是一种很有发展前途的焊接电源。常见的硅整流弧焊机型号为ZXG－300,其含义如下:

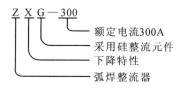

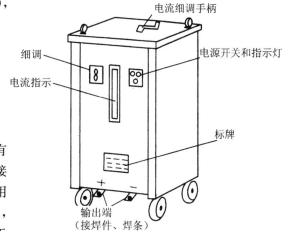

图 5－5 ZX3－400 型弧焊整流器

值得注意的是,直流弧焊机的输出端有正、负极之分,故有两种不同的接法:把工件接正极,焊条接负极,这种接法称为正接法,常用于较厚板的焊接;把焊件接负极,焊条接正极,称为反接法。反接时,焊件温度较低,常用于焊接有色金属或薄板。这是因为电弧的阳极区温度和热量比阴极区高,采用反接可防止焊穿。若用交流弧焊机则不存在正接和反接问题。

(3)手弧焊机的主要参数:无论是交流弧焊机还是直流弧焊机,它们的技术参数基本是相同的。这些主要技术参数都标明在焊机的标牌上,包括初级电压、空载电压、工作电压、输入容量、电流调节范围和负载持续率等。初级电压是指弧焊机所要求的电源电压,一般单相为220

V,380 V 或三相为 380 V;空载电压是指弧焊机在未焊接时的输出端电压,一般为 60～90 V;工作电压是指弧焊机在焊接时输出电压,一般为 20～40 V;输入容量是指由网路输入到弧焊机的电流与电压的乘积,它表示弧焊变压器传递电功率的能力;电流调节范围是指弧焊机在正常工作时间可提供的焊接电流范围;负载持续率是指 5 min 内有焊接电流的时间所占的平均百分数。表 5-1 提供了 BX1-300 型弧焊机的技术参数。

表 5-1　BX1-300 弧焊机的技术参数

初级电压 V	空载电压/V		工作电压 V	额定输入容量 kV·A	空载电压/V		额定暂载率 %
	接法 I	接法 II			接法 I	接法 II	
380 (单相)	70	60	30	21	50～180	160～450	65

2. 手弧焊工具

进行手弧焊必备的工具有焊钳、焊接电缆、面罩、敲渣锤和钢丝刷等。

(1)焊钳:是用来传导电流和夹持焊条的工具。常用的有 300 A 和 500 A 两种。

(2)面罩:是用来保护眼睛和面部,免受飞溅和弧光伤害的一种遮蔽工具。有手持式和头盔式两种。

(3)焊接电缆:多采用多股细铜线电缆,一般可选用 YHH 型电焊橡皮套电缆或 THHR 型电焊橡皮套特软电缆。

二、电焊条

1. 电焊条的组成

电焊条(简称焊条)是指涂有药皮的供手弧焊用的熔化电极,它由焊芯和药皮组成(见图 5-6)。

焊芯是焊条内被药皮包覆的金属丝。其作用有二:一是作为电极传导电流,产生电弧;二是熔化后作为焊缝的填充金属,与熔化的母材一起组成焊缝金属。因此焊芯的化学成分和非金属夹杂物的多少将直接影响焊缝质量。焊芯金属是经过特殊冶炼的,以保证焊后各方面的性能不低于母材。

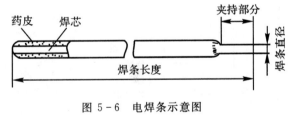

图 5-6　电焊条示意图

按国家标准(GB1300—1977)规定,"焊接用钢丝"有 44 种,可分为碳素结构钢、合金结构钢、不锈钢三种。焊芯的牌号用第一位"H"表示,后面的表示方法与钢号的表示方法类似。例如:H08MnA。其中:

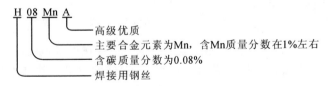

焊条的直径是用焊芯的直径表示的。常用焊条的直径为 3～5 mm,长度为 350～

450 mm。药皮是指压涂在焊芯表面的涂料层，是由矿石粉末、有机物、铁合金粉末等材料按一定比例用水玻璃结合而成，其主要作用如下：

（1）改善焊条工艺性能：如使电弧容易引燃，稳定电弧燃烧，减少飞溅等。

（2）机械保护作用：在电弧的高温作用下，药皮分解产生大量的气体和熔渣，防止熔滴和熔池金属与空气接触。熔渣凝固后形成渣壳覆盖在焊缝表面，防止高温焊缝金属被氧化，同时可减缓焊缝金属的冷却速度。

（3）冶金处理作用：通过熔池中的冶金反应进行脱氧、去硫、去磷，并补充烧损的合金元素，从而保证焊缝金属具有合适的化学成分。

2. 电焊条的种类及编号

（1）焊条的种类：焊条按用途可分为九大类，即结构钢焊条、耐热焊条、不锈钢焊条、堆焊焊条、铸铁焊条、镍及镍合金焊条、铜及铜合金焊条、铝和铝合金焊条、特殊用途焊条。焊条还可以按药皮熔化后熔渣的性质可分为酸性焊条和碱性焊条两大类。药皮熔渣中以酸性氧化物（如 SiO_2，TiO_2，Fe_2O_3）为主的焊条称为酸性焊条。药皮熔渣中以碱性氧化物（如 CaO，FeO，MnO，MgO，Ma_2O）为主的焊条称为碱性焊条。在碳钢焊条和低合金钢焊条中，低氢型焊条（包括低氢钠型、低氢钾型和铁粉低氢型）是碱性焊条，其他涂料的焊条均属酸性焊条。

酸性焊条具有良好的焊接工艺性，电弧稳定，对铁锈、油脂和水分等不易产生气孔，脱渣容易，焊缝美观，可使用交流或直流电源，应用较为广泛。但酸性焊条氧化性强，合金元素易烧损，脱硫、磷能力也差，因此焊接金属的塑性、韧性和抗裂性能不高，适用于一般低碳钢和相应强度的结构钢的焊接。

碱性焊条氧化性弱，脱硫、磷能力强，所以焊缝塑性、韧性高，扩散氢含量低、抗裂性能强。因此，焊缝接头的机械性能较使用酸性焊条的焊缝要好，但碱性焊条的焊接工艺性较差，仅适于直流弧焊机，对锈、水、油污的敏感性大，易产生气孔且有毒气体和烟尘多，应注意通风。

（2）焊条的型号和牌号：目前存在两种焊条编号的方法，一是焊条型号，指的是国家规定的各类标准焊条，二是焊条牌号，指的是有关工业部门或生产厂家实际生产的焊条产品样本上的编号。各种牌号中的焊条有的符合国家标准，有的与国家标准相当，有的国家标准没有，因此目前焊条号的应用正处于过渡时期。①

根据国家标准，碳钢焊条是用大写字母"E"和四位数字表示，如 ESD15，其含义如下：

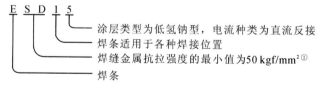

焊条的牌号是用汉字（或汉语拼音的字首）加上三位数字来表示的，如结 422，其含义如下：

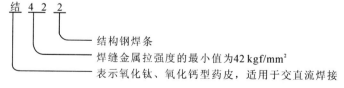

_____

① 　kgf/mm² 是抗拉强度的非法定计量单位，1 kgf/mm² ＝9.806 65×10⁶ Pa。

又如碱性焊条"J507",表示 $\sigma_b \geqslant 50\text{MPa}$,碱性低氢型焊条,仅适用直流电焊机。

3. 电焊条的选用

焊条的种类与牌号很多,选用的是否恰当将直接影响焊接质量、生产率和产品成本。选用时应考虑下列原则:

(1)根据焊件的金属材料种类选用相应的焊条种类。例如,焊接碳钢或普通低合金钢,应选用结构钢焊条;焊接不锈钢或耐热钢等有特殊性能要求的钢材,应选用相应的专用焊条,以保证焊缝金属的主要化学成分和性能与母材相同。

(2)焊缝金属要与母材等强度,可根据钢材强度等级来选用相应强度等级的焊条。对异种钢焊接,应选用与强度等级低的钢材相适应的焊条。

(3)同一强度等级的酸性焊条或碱性焊条的选用,主要考虑焊件的结构形状、钢材厚度、载荷性能、钢材抗裂性等因素。例如,对于结构形状复杂、厚度大的焊件,因其刚性大,焊接过程中有较大的内应力,容易产生裂纹,应选用抗裂性好的低氢型焊条;在母材中碳、硫、磷等元素含量较高时,也应选用低氢型焊条;承受动载荷或冲击载荷的焊件应选择强度足够、塑性和韧性较高的低氢焊条;焊件受力不复杂,母材质量较好、含碳量低,应尽量选用较经济的酸性焊条。

(4)焊条工艺性能要满足施焊操作需要,如在非水平位置焊接时,应选用适合于各种位置焊接的焊条。

三、手工电弧焊工艺

手弧焊工艺主要包括焊接接头形式、坡口形式、焊接的空间位置和焊接规范等。

1. 接头形式

根据工件的条件和厚度的不同,手弧焊需采用不同的焊接接头形式。常用的有对接、搭接、角接和T形接等,如图5-7所示。

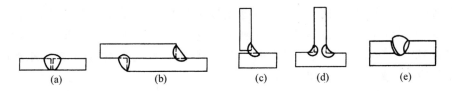

图 5-7 手工电弧焊常用的接头形式
(a)对接接头;(b)搭接接头;(c)角接接头;(d)T型接头;(e)塞焊

2. 坡口形式

坡口是根据设计或工艺需要,在工件的待焊部位加工成具有一定几何形状经装配后构成的沟槽。焊件较薄时,板边可不作加工,只在接口处留有一定的间隙,采用单面焊或双面焊,就可以保证焊透,这种坡口称为I形坡口。焊件较厚时,为了保证焊缝稳定,并容纳填充金属和改善焊接缝成形,可以加工成Y形、X形、U形等各种形状的坡口。对接接头是最常见的一种接头形式,这种接头常见的坡口形式如图5-8所示。为了防止烧穿,坡口根部方向都留有直边,称为钝边。接头组装时,往往留有间隙,这是为了保证焊透。

各种坡口中,Y形坡口加工方便;X形坡口由于焊缝对称,焊接应力和变形小;U形坡口容易焊透,工件变形小,用于焊接锅炉、高压容器等重要厚壁件。但在板厚相同的条件下,X形坡口加工和U形坡口的加工比较费工。

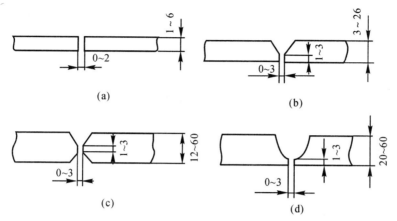

图5-8　对接接头的坡口形式

(a)I型坡口；(b)V形坡口；(c)X形坡口；(d)U形坡口

厚板焊接时，为了填满坡口，需要采用多层焊或多层多道焊，如图5-9所示。

3.焊接位置

焊接位置是指熔焊时，焊件接缝所处的空间位置，有平焊、立焊、横焊和仰焊位置等，如图5-10所示，其中以平焊位置最为合适。平焊时操作方便，劳动条件好，生产率高，焊缝成形性好，焊接质量容易保证；而立焊、横焊和仰焊时，由于重力的作用，使熔化的金属向下滴落造成施焊困难。因此，一般应尽量在平焊位置施焊。

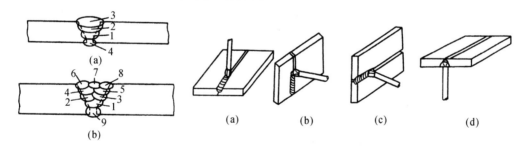

图5-9　对接平焊的多层焊

（a）多层焊；(b)多层多道焊

图5-10　对接焊缝的空间位置

（a）平焊位置；(b)立焊位置；(c)横焊位置；(d)仰焊位置

4.焊接工艺参数

焊接工艺参数是指影响焊缝形状、大小、质量和生产率的各种工艺因素的总称，主要包括焊条直径、焊接电流、焊接速度和弧长等。

(1)焊条直径：主要根据被焊工件的厚度来选择，可参考表5-2。为了提高生产率，可以尽量选择直径大的焊条。对开坡口多层焊的第一层及非平焊位置应选用直径较小的焊条。

表5-2　焊条直径的选择

焊件厚度/mm	<2	2~3	4~6	6~10	>10
焊条直径/mm	2	3	3~4	4~6	5~6

(2)焊接电流:焊接电流是手弧焊的较重要的工艺参数,电流过大则焊条容易被烧红并使药皮失效;电流过小则会焊不透,生产率低。焊接电流的大小一般可根据焊条的直径来选择,可参考表5-3。此外,还要考虑工件厚度、接头形式、焊条种类、焊接位置等因素,若板厚较大、T形接或搭接时,焊接电流要增大一些;非平焊位置焊接时,焊接电流要减小一些。最后通过试焊来确定焊接电流的大小。

表 5-3　焊接电流与焊条直径的关系

焊条直径/mm	1.6	2.0	2.5	3.2	4	5	6
焊接电流/A	25~40	40~65	50~80	100~130	160~210	200~270	260~300

(3)焊接速度:是指单位时间内完成的焊缝长度。焊接速度的快慢一般不作规定,是由操作者凭经验来灵活掌握的。原则上,在保证焊透的前提下,应尽量增加焊速,以提高生产率。初学时,要注意避免速度太快。

(4)弧长:是指焊接电弧的长度,即阴极区、弧柱和阳极区长度的总和。弧长过长时,燃烧不稳定,熔深减小,金属飞溅,容易产生气孔等缺陷。因此,操作时须采用短电弧。一般要求弧长不超过焊条直径,取弧长 $L=0.51d$,并保持弧长稳定。

四、基本操作技术

1. 引弧

引弧就是弧焊时,使焊条和焊件之间产生稳定的电弧的过程。引弧时,应使焊条和焊件接触处的金属露出,使焊条末端与焊件表面相接触形成短路,然后迅速将焊条向上提起2~4mm的距离,即可引燃电弧。引弧方法有两种,即敲击法和摩擦法,如图5-11所示。

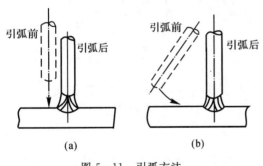

图 5-11　引弧方法
(a)敲击法;(b)摩擦法

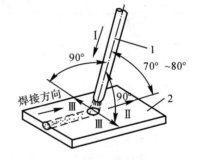

图 5-12　运条基本动作
1—向下送进;2—沿焊接方向移动;3—横向摆动

2. 运条

电弧引燃后,焊条要有三个基本方向的运动,如图5-12所示。一是沿焊条轴线向熔池送进,送进的速度应等于焊条的熔化速度,来保持弧长不变。二是沿焊接方向均匀移动,其速度也就是焊接速度。三是为了获得一定宽度的焊缝,焊条还应沿焊缝做横向摆动;摆动幅度越大,焊缝越宽。常用的运条方法如图5-13所示。

3. 焊缝的收尾

焊缝的收尾是指一根焊条焊完后的熄弧方法。焊接结尾时,为了使熔化的焊芯填满弧坑,不留尾坑,以免造成应力集中,焊条应停止向前移动,而朝一个方向旋转,直到填满弧坑,再自下而上慢慢拉断电弧,以保证结尾处成形良好。

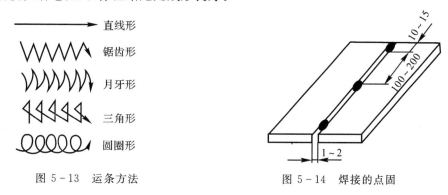

图 5 – 13　运条方法

图 5 – 14　焊接的点固

4. 焊接的点固

为了固定两工件的相对位置,以便于施焊,焊接装配时,每隔一定距离焊上 30～40mm 的短焊缝,使焊件相互位置固定,称为点固,如图 5 – 14 所示。

五、焊接变形和焊接缺陷

1. 焊接变形

焊接时,焊件受到局部不均匀的加热,焊缝及其附近的金属温度分布很不均匀,受热膨胀时受周围温度较低部分的金属限制无法自由膨胀,因此,冷却后焊件将会发生纵向(沿焊缝长度方向)和横向(垂直焊缝方向)的收缩,引起整个工件的变形,与此同时,在工件内部也不可避免地会产生残余应力。残余应力的存在,会降低焊接结构的承载能力,并引起进一步的变形甚至裂纹。

焊接变形的基本形式有缩短变形、角变形、弯曲变形、扭曲变形和波浪变形等,如图5 – 15所示。焊接变形降低了焊接结构的尺寸精度,防止和减少焊接变形的主要工艺措施有反变形法、加余量法、刚性夹持法以及选择合理的焊接次序。若已经发生了超过允许值的变形,还可以采用机械矫正法和火焰加热矫正法来进行矫正。另外,预热法和焊后退火处理对于减少焊接应力是很有效的方法,同时预热法对于减少焊接变形也很有帮助。

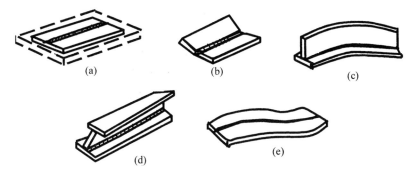

图 5 – 15　焊接变形的常见形式

(a)尺寸收缩;(b)角变形;(c)弯曲变形;(d)扭曲变形;(e)翘曲变形

2. 焊接缺陷

由于焊接工艺参数选择不当、操作技术不佳等原因,焊缝有时会产生缺陷。焊接缺陷会导致应力集中,降低承载能力,故要特别注意尽量限制焊接缺陷的产生,并减轻它的不良影响。常见的焊接缺陷主要反映在接头形状和连续性两个方面。

接头形状的缺陷主要有咬边、焊瘤、烧穿、未焊满等。其中咬边是指焊缝表面与母材交界处产生的沟槽或凹陷,形成的主要原因有焊接电流太大、电弧太长、操作不当等。焊瘤是焊接过程中熔化金属流溢到焊缝之外的未熔化的母材上而形成的金属瘤,如图 5-16 所示。

接头连续性方面的缺陷主要有裂纹、气孔、夹渣、未焊透等(见图 5-17)。裂纹指的是在焊缝或近缝区的焊件表面或内部产生的横向或纵向的缝隙,分为冷裂纹和热裂纹。产生的原因主要是材料(母材或焊接材料)选择不当、焊接工艺不正确等。合理设计焊接结构,安排焊接顺序,以及采取预热、缓冷等措施都有利于减少裂纹的产生。气孔是焊缝表面或内部的孔洞。产生的原因有焊条受潮、坡口未彻底清理干净,焊接速度过快以及焊接电流不合适等。夹渣指的是残留在焊缝内部的熔渣。产生的原因有坡口角度过小,焊接电流太小,多层焊时清渣不干净等。未焊透是指接头跟部未完全熔合的现象,是由于焊接电流太小,焊速过大,坡口角度尺寸不合适等原因造成的。

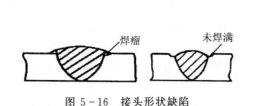

图 5-16 接头形状缺陷   图 5-17 接头连续性方面的缺陷

为了保证焊接产品的质量,工件焊完后,一般都应根据产品的技术要求进行检验。生产中常用的检验方法有外观检查、着色检查、无损探伤(包括磁粉探伤、射线探伤和超声波探伤)、密封性试验等。

第三节　气焊和气割

气焊是利用气体火焰作热源加热并熔化母材的一种焊接方法,其焊接过程如图 5-18 所示。

气焊最常用的可燃气体是氧-乙炔。焊丝只作为填充金属,与焊接电弧相比,氧-乙炔的缺点是火焰的温度低,热量分散,加热缓慢,因此焊件变形严重,生产率低,而且接头显微组织粗大,热影响区较大,机械性能较差。优点是气焊火焰易于控制,操作简便、灵活,容易实现单面焊双面成形;气焊还便于预热和后热,不需要电源。因此气焊常用于薄板和管子的焊接,铸铁的焊补,对焊接质量要求不高的有色金属及其合金以及某些合金钢、工具钢的焊接,气焊一般适于维修及单件薄板焊接及没有电源的野外施工。

一、气焊设备

气焊用的设备有氧气瓶、减压器、乙炔发生器、回火保险器、焊炬和橡皮管等,如图 5-19

所示。

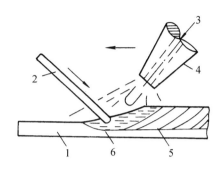

图 5-18　气焊示意图

1—工件；2—焊丝；3—乙炔+氧气；

4—焊嘴；5—焊缝；6—熔池

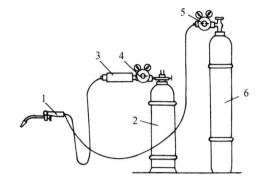

图 5-19　气焊设备及其连接

1—焊炬；2—乙炔瓶；3—回火安全器；

4—乙炔减压器；5—氧气减压器；6—氧气瓶

1. 氧气瓶

氧气瓶是储存高压氧气的容器。储气的额定压力为 15MPa(150 大气压)，容积 40L。瓶体表面涂上天蓝色的漆，并漆有"氧气"黑色字样。瓶上装有瓶阀，打开瓶阀，氧气即流入减压器。

2. 减压器

减压器(见图 5-20)是调节压力的装置，其作用是把气瓶中的高压氧气的压力降低到气焊时所需要的工作压力，并维持稳定，不会因为气源压力降低而降低工作压力。

3. 乙炔发生器

乙炔发生器是通过电石和水进行化学反应产生一定压力乙炔气体的装置。其化学反应式如下：

$$CaC_2 + 2H_2O \rightarrow C_2H_2 \uparrow + Ca(OH)_2$$

乙炔发生器有低压和中压两种，中压乙炔发生器目前在我国使用较为广泛。为防止火焰由乙炔皮管流入乙炔发生器而发生爆炸事故，在乙炔发生器的出口处必须安装回火防止器。图 5-21 所示为常见的 Q3-1 型乙炔发生器。

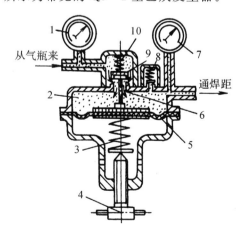

图 5-20　减压器

1—高压表；2—低压室；3—调压弹簧；4—调压手柄；5—薄膜；

6—通道；7—低压表；8—安全帽；9—活门；10—活门弹簧

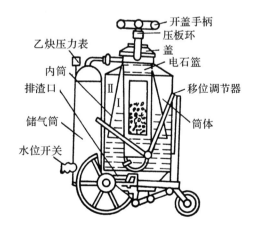

图 5-21　Q3-1 型乙炔发生器

4. 乙炔瓶

乙炔瓶是储存和运输乙炔的容器,瓶体漆成白色,并漆有"乙炔"字样。瓶内装有浸满丙酮的多孔性填料,丙酮对乙炔有良好的溶解能力,可使乙炔安全地储存在瓶内。使用时,溶入丙酮的乙炔不断经瓶阀溢出,压力降低。剩下的丙酮可供再次灌气使用。乙炔瓶较乙炔发生器安全、卫生,目前正逐步取代乙炔发生器。

5. 回火保险器

回火保险器是装在燃料气体系统上防止火焰向燃气管路或气源回烧的一种安全装置。回火保险器有水封式和干式两种。其中,水封式回火保险器工作原理如图 5－22 所示,使用水封式回火保险一定要先检查水位,将水加到水位阀的高度。正常工作时,乙炔从进气管流入后推开止回阀再由出气管输往焊炬。若火焰倒流,筒体内上部压力便会增高,使止回阀关闭,乙炔就不能进入回火保险器。若气体压力进一步增大,回火保险器上部的防爆膜便会破裂,将气体排放到大气中。

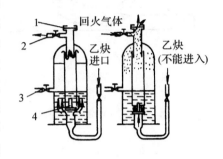

图 5－22　回火保险器的工作原理
1—防爆膜;2—出气管;3—水位阀;4—止回阀

6. 焊炬

焊炬的作用是控制氧气和乙炔的混合比、流量及火焰,并进行焊接的工具。

我国使用较为广泛的是射吸式焊炬,其外形和原理如图 5－23 所示。焊接时,氧气以很高的速度射入射吸管,将低压乙炔吸入射吸管。它适用于 0.01～0.10 MPa 的低压和中压乙炔。其型号及参数见表 5－4。焊炬一般备有 5 个孔径大小不同的焊嘴,以便焊接不同厚度的焊件。

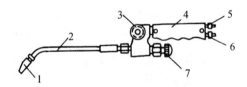

图 5－23　射吸式焊炬
1—焊嘴;2—混合管;3—乙炔阀门;4—手把;5—乙炔管;6—氧气管;7—氧气阀门

表 5－4　射吸式焊炬型号及其参数

型　号	焊接低碳钢厚度/mm	氧气工作压力/MPa	乙炔使用压力/MPa	可换焊嘴个数	焊嘴直径/mm				
					1	2	3	4	5
H01－2	0.5～2	0.1～0.25			0.5	0.6	0.7	0.8	0.9
H01－6	2～6	0.2～0.4	0.001～0.10	5	0.9	1.0	1.1	1.2	1.3
H01－12	6～12	0.4～0.7			1.4	1.6	1.8	2.0	2.2
H01－20	12～20	0.6～0.8			2.4	2.6	2.8	3.0	3.2

二、焊丝和焊剂

1. 焊丝

气焊时要用焊丝作为填充金属,与熔化的母材一起组成焊缝。所以,接头的质量直接和焊丝的成分有关,须根据工件的化学成分选用成分类型相同的焊丝。例如,焊接低碳钢时,一般用 H08A 焊丝,重要接头可选用 H08MnA 焊丝。焊接有色金属及铸铁时,也应采用相应的焊丝。

2. 焊剂

气焊焊剂是气焊时所用的助溶剂。加入焊剂的目的主要为了防止金属的氧化及消除已生成的氧化物,以及改善母材润湿性等。

焊接低碳钢时,一般不需要焊剂,焊接其他金属时,主要根据焊件材料在焊接时所形成的氧化物性质选用相应的焊剂,这样气焊时就能使生成的氧化物溶解或组成复合化合物的熔渣,以便去除。我国生产的气焊焊剂的牌号及用途如表 5－5 所示。使用时,把焊剂均匀地撒在焊件的接缝处,或蘸在焊丝上加入熔池中。

表 5－5　气焊焊剂

牌　　号	名　　称	用　　途
CJ101(气剂 101)	不锈钢及耐热钢气焊溶剂	不锈钢和耐热钢气焊
CJ201(气剂 201)	铸铁气焊溶剂	铸铁气焊
CJ301(气剂 301)	铜气焊溶剂	铜及铜合金气焊
CJ401(气剂 401)	铝气焊溶剂	铝及铝合金气焊

三、气焊工艺

1. 气焊火焰

氧-乙炔火焰由于氧气和乙炔气的混合比例的不同,可得到三种不同性质的火焰:中性焰、氧化焰和碳化焰,如图 5－24 所示。

中性焰是当氧气和乙炔的体积比为 1.1∶1.2 时产生的火焰,又称正常焰。它由焰心、内焰和外焰组成,靠近喷嘴处为焰心,呈白亮色,其次为内焰,呈蓝紫色,最外层为外焰,呈桔红色。火焰的内焰区气体为 CO 和 H_2,无过量的氧,也没有游离碳,因而虽称中性焰,其实是具有一定的还原性的。中性焰的最高温度产生在焰心外约 2～4 mm 处的内焰区,可达 3 150℃,焊接时应以此区来加热工件和焊丝,此时热效率高,而且保护效果好。中性焰用于焊接低碳钢、中碳钢、低合金钢、不锈钢、紫铜和铝合金等材料,是应用最广泛的一种气焊火焰。

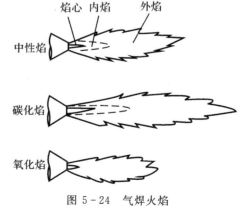

图 5－24　气焊火焰

碳化焰是当氧气和乙炔的体积比小于 1.1 时产生的火焰。由于氧气较少,燃烧不完全,整个火焰比中性焰长,且温度较低。碳化焰具有较强的还原作用,也有一定的渗碳作用。轻微碳化的碳化焰用于焊接高碳钢、铸铁和硬质合金、铝青铜等材料。焊接其他材料时,会使焊缝金属增加碳分,变得硬而脆。

氧化焰是当氧气和乙炔的体积比大于1.2时产生的火焰。由于氧气较多,燃烧剧烈,火焰明显缩短,焰心呈锥形,内焰几乎消失,并发出急剧的"嘶、嘶"声。由于氧气较多,燃烧剧烈,故火焰温度较中性焰高。氧化焰中有过量的氧,因此具有氧化性,一般气焊时不宜采用。轻微氧化的氧化焰用于焊接黄铜、镀锌铁皮等,氧化性火焰会使熔池表面形成一层氧化锌薄膜,可减少锌在高温时的蒸发。

2. 接头形式

气焊接头形式有对接、搭接、角接和T形接头等(见图5-25),其中,搭接和T形接头应用较少,卷边接头一般用于厚度小于1 mm的薄板。由于适于气焊的工件较薄,若需开坡口,一般采用I形和V形接口。

3. 工艺参数

气焊工艺参数主要指火焰能率,焊嘴倾斜角及焊丝直径等。

火焰能率是由焊炬型号及焊嘴号决定的。生产中主要根据工件厚度进行选择,可参见表5-5。对于同一种型号的焊炬和焊嘴,还可以调节火焰的大小来适应工件。气焊紫铜等导热强的工件,应选用大的焊炬型号和焊嘴号;非平焊位置气焊时,应选用小的焊炬和焊嘴号。

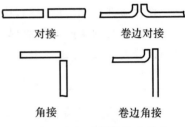

图5-25 气焊常用的接头形式

焊嘴倾斜角是指焊嘴与工件平面间小于90°的夹角。焊嘴倾斜角的角度主要根据焊件的材料和厚度而定,焊接厚的、熔点高的、导热性好的金属,应选用较大的倾角,大倾角火焰热量散失小,对工件加热快、温度高;反之选用较小的倾角。焊嘴倾斜角在气焊进行的过程中根据需要会有所变化。

气焊用焊丝的规格一般直径为1~4 mm,长为1 m。选择时主要根据工件的厚度,工件越厚,所用的焊丝应越粗。焊丝过细,会造成熔合不良;过粗又会产生过热等缺陷。碳钢气焊焊丝直径可参考表5-6。

表5-6 气焊焊丝直径的选择

工件厚度/mm	1~2	2~3	3~5	5~10	10~15	>15
焊丝直径/mm	1~2	2	2~3	3~4	4~6	6~8

4. 气焊操作

气焊的基本操作过程有点火、调节火焰、焊接和熄火几个步骤。

(1)点火、调节火焰和熄火:施焊前先要点火。点火时,先微开氧气调节阀,再打开乙炔气调节阀,然后进行点火。若有放炮声或火焰熄灭,应立即减少氧气或先放掉不纯的乙炔,再进行点火。这时的火焰是碳化焰。接着逐渐开大氧气阀门,将火焰调成中性焰,或调成要求的其他火焰,同时调整火焰的大小。工件焊完熄火时应先关闭乙炔气阀门,使火焰熄灭再关氧气阀门,以免发生回火并减少烟尘。

(2)平焊焊接:气焊操作时,右手握焊炬,左手执焊丝,根据焊炬沿焊缝移动的方向可分为左向焊和右向焊,如图 5-26 所示。左向焊火焰指向焊件未焊部分,对金属有预热作用,因此焊接薄板时生产率较高,同时这种方法能清楚地看清熔池,操作方便,易于掌握,应用较普遍,但焊接厚板或熔点较高的材料时,可能产生焊不透等缺陷,此时可采用右向焊。

为了保证焊缝边缘能很好地焊透,并获得优质美观的焊缝,焊丝和焊嘴应均匀协调地摆动。摆动的方法及幅度与焊件厚度、材料、焊缝尺寸和焊接位置等因素有关。

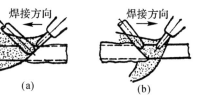

图 5-26 左向焊与右向焊
(a)左向焊;(b)右向焊

在焊接开始时,为了尽快地加热和熔化工件形成熔池,焊嘴倾角应大些,接近于垂直工件,正常焊接时,焊炬倾角一般保持在 $30°\sim50°$ 之间。焊接结束时,则应将倾角减小一些,并使焊炬作上下摆动,以便断续地对焊丝和熔池加热,更好地填满弧坑和避免焊穿。

气焊与电弧焊相比温度低,热量较分散,加热缓慢,焊件变形大,质量差,生产率低,操作也不方便。但在焊接薄板、薄壁钢管、有色金属,钎焊以及没有电源的地方,气焊仍是主要的焊接方法。

四、气割

气割是利用气体火焰的热能将工件切割处预热到一定温度后,喷出高速切割氧流,使金属燃烧并放出热量而实现切割的方法。它与气焊的本质不同,气焊是熔化金属,而气割是燃烧金属。

手工气割所用的设备,除了用割炬代替焊炬外,其余与气焊相同。所用的割炬如图 5-27 所示,和焊炬比较,除了增加了输送切割氧气的管路和阀门外,其割嘴结构与焊嘴也不同。割嘴的结构是在氧-乙炔混合气体环形喷口内还有一个切割氧气的喷口,两者互不相通。

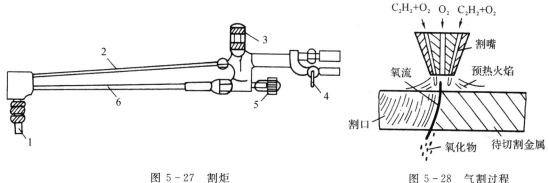

图 5-27 割炬
1—割嘴;2—切割氧气管;3—切割氧气阀门;4—乙炔阀门;
5—预热氧阀门;6—预热焰混合气体管

图 5-28 气割过程

1. 低碳钢切割过程

低碳钢的切割过程如图 5-28 所示,先用火焰将被切割的金属割件预热到能发生剧烈氧化的温度,立即喷出高速切割氧流,直接使预热好的金属燃烧。强烈氧化生成的氧化物以及与反应表面毗邻的一部分金属被燃烧热熔化后,再被气流吹掉,完成切割任务。随着割炬不断均匀地移动,这种预热、燃烧、熔化与吹除的过程重复进行,割件被切出整齐的切口。

2. 金属氧气切割的条件

根据氧气气割的原理,金属只有满足下列条件,才能采用氧气切割。

(1)金属的燃点应低于其熔点,这是保证切割是在燃烧过程中进行的基本条件。否则金属先熔化,切割过程变为了熔割过程,致使割口过宽且凹凸不平。

(2)燃烧生成的金属氧化物的熔点应低于金属本身的熔点,同时流动性要好,以使氧化物熔化后能被吹掉,使切割过程得以正常进行。

(3)金属燃烧时应放出足够的热量,同时金属导热性要低,否则热量散失,不利于预热。

满足上述条件的金属材料有纯铁、低碳钢、中碳钢和低合金钢。而高碳钢、高合金钢、铸铁以及铜、铝等有色金属及其合金,均难以进行气割。这些材料可采用等离子弧切割等其他切割方法。

与其他切割方法比较,气割最大的优点是灵活方便,适应性强。它的切口平整,能切割厚度较大、形状复杂的零件,而且设备简单,生产率高,成本低。目前广泛用于低碳钢、中碳钢和低合金钢的切割。

第四节　其他焊接方法

一、其他熔焊

1. 埋弧焊

埋弧焊是使电弧在较厚的焊剂层(或称熔剂层)下燃烧,利用机械(埋弧焊机)自动控制引弧、焊丝送进、电弧移动和焊缝收尾的一种电弧焊方法。

埋弧焊使用的焊接材料是焊丝和焊剂,其作用分别相当于焊条芯与药皮。常用焊丝牌号有 H08A,H08MnA 和 H10Mn2 等。我国目前使用的焊剂多是熔炼焊剂。焊接不同材料应选配不同成分的焊丝和焊剂。例如,焊接低碳钢构件时常选用高锰高硅型焊剂(如 HJ430,HJ431 等),配用焊丝 H08A,H08MnA 等,以获得符合要求的焊缝。

埋弧焊的焊缝的形成过程如图 5-29 所示。焊丝末端与焊件之间产生电弧后,电弧的热量使焊丝、焊件及电弧周围的焊剂熔化。熔化的金属形成熔池,焊剂及金属的蒸气将电弧周围已熔化的焊剂(即熔渣)排开,形成一个封闭空间,使熔池和电弧与外界空气隔绝。随着电弧前移,不断熔化前方的焊件、焊丝和焊剂,熔池后方边缘的液态金属则不断冷却凝固形成焊缝。熔渣则浮在熔池表面,凝固后形成渣壳覆盖在焊缝表面。焊接后,未被熔化的焊剂可以回收。

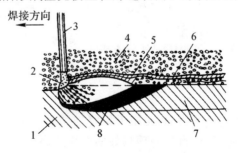

图 5-29　埋弧焊焊缝的形成过程

1—基本金属;2—电弧;3—焊丝;4—焊剂;5—熔化了的焊剂;6—渣壳;7—焊缝;8—熔池

埋弧焊的工作情况如图 5-30 所示。

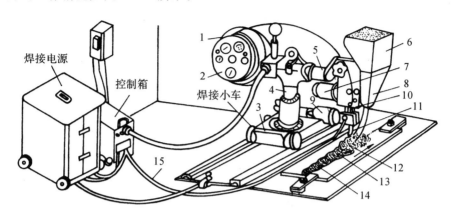

图 5-30 埋弧焊示意图

1—焊丝盘;2—操纵盘;3—车架;4—立柱;5—横梁;6—焊剂漏斗;7—焊丝送进电动机;8—焊丝送进滚轮;
9—小车电动机;10—机头;11—导电嘴;12—焊剂;13—渣壳;14—焊缝;15—焊接电缆

与焊条电弧焊比较,埋弧焊焊接质量好,生产率高,节省金属材料,劳动条件好,适用于中、厚板焊件的长直焊缝和具有较大直径的环状焊缝的平焊,尤其适用于成批生产。

2.气体保护电弧焊

气体保护电弧焊简称气体保护焊,是利用外加气体作为电弧介质并保护电弧与焊接区的电弧焊方法。常用的保护气体有氩气和二氧化碳气等。

(1)氩弧焊:是以氩气为保护气体的一种电弧焊方法。按照电极的不同,氩弧焊可分为熔化极氩弧焊和非熔化极氩弧焊两种,如图 5-31 所示。熔化极氩弧焊也称直接电弧法,其焊丝直接作为电极,并在焊接过程中熔化为填充金属;非熔化极氩弧焊也称间接电弧法,其电极为不熔化的钨极,填充金属由另外的焊丝提供,故又称钨极氩弧焊。

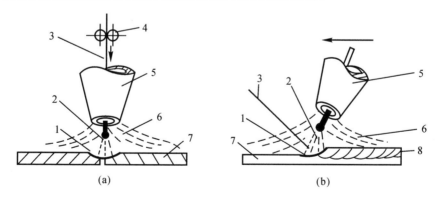

(a)　　　　　　　　　　(b)

图 5-31 氩弧焊示意图

(a)熔化极氩弧焊;(b)非熔化极氩弧焊

1—熔池;2—电弧;3—焊丝;4—送丝轮;5—喷嘴;6—氩气;7—焊件;8—焊缝

从喷嘴喷出的氩气在电弧及熔池的周围形成连续封闭的气流。氩气是惰性气体,既不与熔化金属发生任何化学反应,又不溶解于金属,因而能非常有效地保护熔池,获得高质量的焊缝。此外,氩弧焊是一种明弧焊,便于观察,操作灵活,适用于全位置焊接。但是氩弧焊也有其明显的缺点,主要是氩气价格昂贵,焊接成本高,焊前清理要求严格,而且设备复杂,维修不便。

目前,氩弧焊主要用于焊接易氧化的非铁金属(如铝、镁、铜、钛及其合金)和稀有金属(如锆、钽、钼及其合金),以及高强度合金钢、不锈钢、耐热钢等。

(2)二氧化碳气体保护焊:是以二氧化碳(CO_2)为保护气体的电弧焊方法,简称 CO_2 焊。它用焊丝作电极并兼作填充金属,可以半自动或自动方式进行焊接。

CO_2 焊的优点是生产率高,CO_2 气体来源广、价格便宜,焊接成本低,焊接质量好,可全位置焊接,明弧操作,焊后不需清渣,易于实现机械化和自动化。其缺点是焊缝成形差,飞溅大,焊接电源需采用直流反接。

CO_2 焊主要适用于低碳钢和低合金结构钢构件的焊接,在一定条件下也可用于焊接不锈钢,还可用于耐磨零件的堆焊,铸钢件的焊补等。但是,CO_2 焊不适于焊接易氧化的非铁金属及其合金。

二、电阻焊

电阻焊是利用电流通过焊件的接触面时产生的电阻热对焊件局部迅速加热,使之达到塑性状态或局部熔化状态,并加压而实现连接的一种压焊方法。

按照接头形式不同,电阻焊可分为点焊、缝焊和对焊等,如图 5-32 所示。

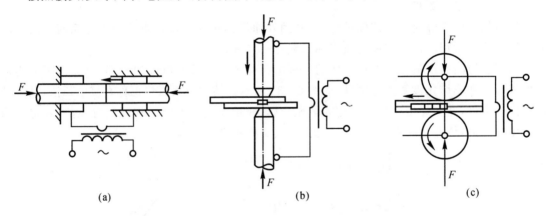

图 5-32　电阻焊主要方法
(a)对焊 ;(b)点焊;(c)缝焊

1.对焊

对焊是利用电阻热使对接接头的焊件在整个接触面上形成焊接头的电阻焊方法,可分为电阻对焊和闪光对焊两种。

电阻对焊是将焊件置于电极夹钳中夹紧后,加预压力使焊件端面互相压紧,再通电加热,待两焊件接触面及其附近加热至高温塑性状态时,断电并加压顶锻(或保持原压力不变),接触处产生一定塑性变形而形成接头。它适用于形状简单、断面小的金属型材(如直径20 mm 以下的钢棒和钢管)的对接。

闪光对焊时,焊件装好后不接触,先通电,再移动焊件使之接触。强电流通过时使接触点金属迅速熔化、蒸发、爆破,高温金属颗粒向外飞射而形成火花(闪光)。经多次闪光加热后,焊件端面达到所要求的高温,立即断电并加压顶锻。闪光对焊接头质量高,焊前清理工作要求低,目前应用比电阻对焊广泛。它适用于受力要求高的重要对焊件。焊件可以是同种金属,也可以是异种金属;焊件截面可以小至 0.01 mm²(如金属丝),也可以大至 1 mm×105 mm(如金属棒和金属板)。

2. 点焊

点焊时,待焊的薄板被压紧在两柱状电极之间,通电后使接触处温度迅速升高,将两焊件接触处的金属熔化而形成熔核,熔核周围的金属则处于塑性状态。然后切断电流,保持或增大电极压力,使熔核金属在压力下冷却结晶,形成组织致密的焊点。整个焊缝由若干个焊点组成,每两个焊点之间应有足够的距离,以减少分流的影响。

点焊主要用于 4 mm 以下的薄板与薄板的焊接,也可用于圆棒与圆棒(如钢筋网)、圆棒与薄板(如螺母与薄板)的焊接。焊件材料可以是低碳钢、不锈钢、铜合金、铝合金、镁合金等。

3. 缝焊

缝焊的焊接过程与点焊相似,只是用转动的圆盘状电极取代点焊时所用的柱状电极。焊接时,圆盘状电极压紧焊件并转动,依靠摩擦力带动焊件向前移动,配合断续通电(或连续通电),形成许多连续并彼此重叠的焊点,称为缝焊焊缝。

缝焊主要用于有密封要求的薄壁容器(如水箱)和管道的焊接,焊件厚度一般在 2 mm 以下,低碳钢可达 3 mm,焊件材料可以是低碳钢、合金钢、铝及其合金等。

三、钎焊

钎焊是采用熔点比母材低的金属材料作钎料,将焊件和钎料加热至高于钎料熔点、低于焊件熔点的温度,利用钎料润湿母材,填充接头间间隙并与母材相互扩散而实现连接的焊接方法。根据钎料的熔点不同,钎焊分为硬钎焊与软钎焊两种。

钎料熔点高于 450℃ 的钎焊称为硬钎焊。硬钎焊常用的钎料有铜基钎料和银基钎料。其接头强度较高（σ_b＞200 MPa）,适用于钎焊受力较大、工作温度较高的焊件,如工具、刀具等。硬钎焊所用加热方法有氧-乙炔焰加热、电阻加热、感应加热、焊接炉加热、盐浴加热、金属浴加热等。

钎料熔点低于 450℃ 的钎焊称为软钎焊。软钎焊常用的钎料有锡铅钎料等。其接头强度较低（σ_b＜70 MPa）,适用于钎焊受力不大、工作温度较低的焊件,如各种电子元器件和导线的连接。软钎焊所用加热方法有烙铁加热、火焰加热等。

钎焊时一般要用钎剂。钎剂和钎料配合使用,是保证钎焊过程顺利进行和获得致密接头的重要措施。软钎焊常用的钎剂有松香、焊锡膏、氯化锌溶液等;硬钎焊常用的钎剂由硼砂、硼酸等混合组成。

第五节　焊接新技术、新工艺简介

随着科学技术和机械制造工业的发展,以及新材料的不断涌现,焊接技术也在不断地发展和提高。目前焊接技术的发展动态具有如下特点:第一,面对不断出现的新材料和某些特殊的结构件要求,开发新的焊接技术,如真空电子束焊、激光焊、真空扩散焊等技术;第二,改进目前已普遍应用的焊接方法,提高焊接质量、生产率和综合效益,如目前已经推广应用的二丝埋弧焊、脉冲氩弧焊、窄间隙焊等方法;第三,积极采用以计算机为核心的控制技术和焊接机器人,提高焊接效率、工艺水平和自动化程度;第四,大力改善生产环境,做到清洁生产,低污染,少危害。

一、激光焊与切割

激光焊是指以聚焦的激光束轰击焊件所产生的热量进行焊接的方法。

激光焊的基本原理如图5-33所示。激光器受激产生平行的激光束,通过聚焦系统聚焦,使平行光束集聚成十分微小但能量很高的焦斑,当照射到焊件表面时,光能被工件吸收变为热能,使焊件迅速熔化甚至气化,从而实现焊接或切割。

其特点是:能量密度高,焊接速度快;焊缝窄,热影响区和变形很小;灵活性较大,不需要焊接设备与焊件接触,可以用反射镜或偏转镜将激光在任何方向弯曲或聚焦,还可用光导纤维将其引到难以接近的部位进行焊接;可以进行同种金属和异种金属之间的焊接,也可以焊接玻璃钢等非金属材料。

激光切割的特点是割缝宽度一般小于1 mm,切割质量高、速度快、成本低。被切割的零件往往无需机械加工即可直接使用。激光切割可以切割金属、陶瓷、塑料等多种材料。

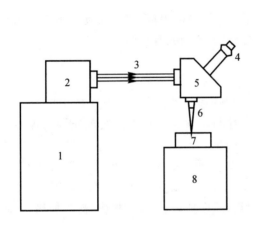

图5-33　激光焊示意图
1—电源;2—激光器;3—聚焦光束;
4—观察台;5—聚焦系统;6—激光束;
7—焊件;8—工作台

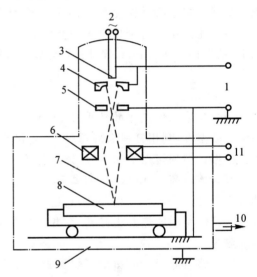

图5-34　真空电子束焊示意图
1—直流高压电源;2—交流电源;3—灯丝;4—阴极;
5—阳极;6—聚焦透镜;7—电子束;8—焊件;
9—真空室;10—排气装置;11—直流电源

二、电子束焊

电子束焊是利用加速和聚焦的电子束轰击置于真空或非真空中的焊件所产生的热量进行焊接的一种熔焊方法。

真空电子束焊接如图5-34所示。电子枪、焊件及夹具全部装在真空室内。阴极加热后发射大量电子,在阴极和阳极(焊件)间的高压作用下,经过聚焦形成的电子流束,以极大速度射向焊件,将动能转化为热能,使焊件迅速熔化甚至气化。根据焊件熔化情况适当移动焊件,即可得到所需焊接接头。

其焊接特点是:能量利用率高,速度快,焊缝窄而深,热影响区和焊接变形很小,焊接质量很高。电子束焊能够焊接其他焊接方法难以焊接的、形状复杂的焊接件,特别适合于焊接化学活泼性强、纯度高和极易被大气污染的金属,如铝、钛、锆、不锈钢、高强度钢等,也适合于焊接异种金属和非金属材料。

三、等离子弧焊与切割

等离子弧焊是利用等离子弧作为热源进行焊接的一种熔焊方法。

所谓等离子弧就是电弧区内的气体被全部电离成离子的电弧,它是通过对电弧进行一系列压缩而形成的。等离子弧发生装置如图 5-35 所示。由于钨极和工件之间形成的电弧受到了细小喷嘴的机械压缩、电弧周围冷气流的热压缩及电弧自身磁场相互"吸引"的电磁收缩的作用,而形成了具有高温、高能量密度的等离子弧。

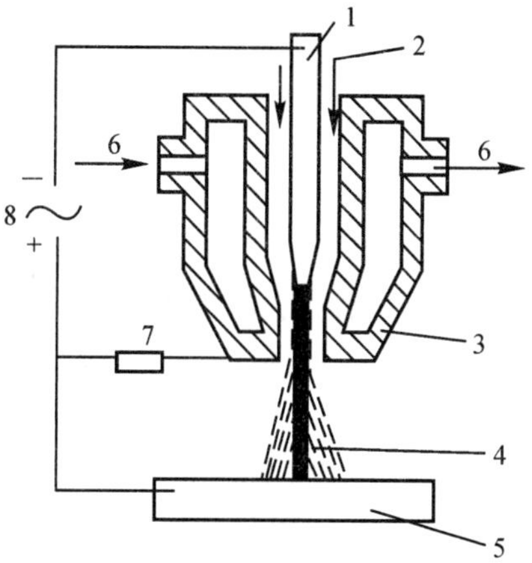

等离子弧焊可分为大电流等离子弧焊(30 A 以上)和微束等离子弧焊(30 A 以下)两种。除了具备氩弧焊的优点外,等离子弧焊还有两个重要特点:一是电弧穿透能力强,用大电流焊接 12 mm 左右厚度的板材可不开坡口,一次焊透双面成形,生产率高,焊接变形小;二是焊接电流小到 0.1 A 时,等离子弧仍很稳定,并能保持良好的挺度和方向性,因而微束等离子弧焊可焊薄板和箔材。

等离子弧焊已广泛应用于工业生产中,尤其是航空航天工业部门和尖端工业中焊接难熔、易氧化、热敏感性强的材料,如钴、钨、铬、镍、钛及其合金和不锈钢、耐热钢等。

图 5-35　等离子弧发生装置示意图
1—钨极;2—等离子气;3—喷嘴;4—等离子弧;
5—工件;6—冷却水;7—限流电阻;8—电源

等离子弧切割是利用等离子弧的热能实现切割的方法。和氧气切割不同,它的切割原理是利用等离子弧的高温将切割金属局部熔化,并随即吹除,形成整齐的切口。等离子弧可以切割各种金属材料及花岗石、碳化硅、耐火砖、混凝土等非金属材料。

四、超声波焊接

超声波焊接是指利用超声波的高频振荡能对焊件接头进行局部加热和表面处理,然后施加压力实现焊接的一种压焊方法。超声波焊接由于无焊接电流、火焰和电弧的影响,焊件表面无变形和热影响区,表面不需严格清理,焊接质量高。超声波焊接适合于焊接厚度小于 0.5 mm 的工件,特别适合于焊接异种材料。

五、扩散焊

扩散焊是指将工件在高温下加压,具有不产生可见变形和相对移动的固态焊接方法。扩散焊的焊接过程如下:首先使工件紧密接触,然后在一定的温度和压力下保持一段时间,使接触面之间的原子相互扩散完成焊接。扩散焊不影响工件材料原有的组织和性能,接头经过扩散以后,其组织和性能与母材基本一致。所以,扩散焊接头的力学性能很好。扩散焊可以焊接异种材料,可以焊接陶瓷和金属。对于结构复杂的工件,可同时完成成形连接,即所谓超塑成形-扩散连接工艺。

六、焊接机器人

为了实现全自动化以节省人力,改善工作环境,提高劳动生产率,焊接中除了可采用激光、等离子、电子束等新技术外,还开发了适用于特殊场合的焊接机器人。目前生产中广泛应用的有弧焊机器人、电阻点焊机器人以及采用大功率激光管的机器人。图5-36所示为汽车车身焊接生产线上的电阻点焊机器人系统。

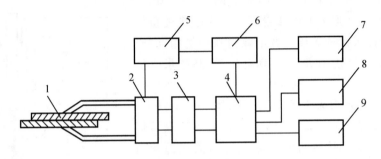

图5-36　点焊机器人系统

1—焊件;2—加压装置;3—焊接变压器;4—焊接控制器;5—机器人本体;
6—控制系统;7—电源;8—气源;9—水源

新一代焊接机器人正朝着智能化方向发展,能自动检测材料的厚度、工件形状、焊缝轨迹和位置、坡口的尺寸和形状等,并自动设定焊接规范参数、填丝或送丝速度、焊钳摆动方式等。亦可实时检测是否形成所要求的焊点或焊缝,是否有内部或外部焊接缺陷及排除情况等。

目前焊接机器人主要用于造船、汽车、建筑行业等大型结构的焊接以及环境恶劣或有害的场合。

思　考　题

1. 说明你在实习中使用的电焊机的主要参数及其含义。

2. 电流强度与焊接速度对焊缝质量有何影响?试着改变两者的大小并观察焊接效果。

3. 如果用光焊丝进行电弧焊,对焊缝质量会有什么影响?

4. 焊接接头形式有哪些?各有何特点?坡口形式有哪些?如何选用?

5. 手工电弧焊常见的焊接缺陷有哪些?

6. 气焊的焊丝外面没有药皮,它的熔池和焊缝靠什么来保护?

7. 怎样区别中性焰、氧化焰、碳化焰?

8. 气焊适宜焊什么工件?

9. 点火时为什么要先开氧气,后开乙炔?而熄灭时为什么又与点火时相反?

10. 如果用氧气切割铸铁,会发生什么情况?为什么?

第六章

钣 金

钣金是以成形的金属板材、管材为原料通过各种加工,使之成为成品的综合加工工艺,包括剪、冲/切/复合、折、焊接、铆接、拼接、成形等。钣金的基本设备包括剪板机(Shear Machine),数控冲床(CNC Punching Machine),激光、等离子、水射流切割机(Laser,Plasma,Water jet Cutting Machine),复合机(Combination Machine),折弯机(Bending Machine)以及各种辅助设备,如开卷机、校平机、去毛刺机、点焊机等。

钣金加工有如下特点:

(1)成形加工容易,且有利于成形复杂制品;

(2)产品有薄壁中空特性,所以既轻又坚固;

(3)零件组装便利;

(4)成本低,适合少样多量生产;

(5)零件表面光滑美观,表面处理及后处理较容易。

因此,钣金加工所涵盖的产业非常广泛,在汽车、航天、模具与家居用品等行业上应用极为普遍。常见的钣金零件有金属外壳、金属容器、金属管路、金属结构、日用五金等等,如图6-1所示。

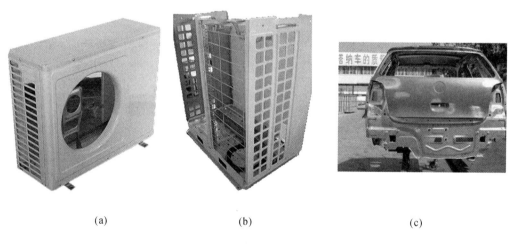

(a)   (b)   (c)

图6-1 钣金零件外形
(a)空调外壳;(b)仪器箱体;(c)汽车外壳

第一节 钣金零件的制作工艺

一般钣金制品的工艺流程如图6-2所示。

1. 生产准备

生产准备一般包括三个方面:一是技术准备,主要是熟悉图纸,制定工艺方案,编写生产计划;二是场地设施准备,主要是场地整理、设备到位及设施配套;三是人员、材料等方面的准备,即人、财、物方面的准备。

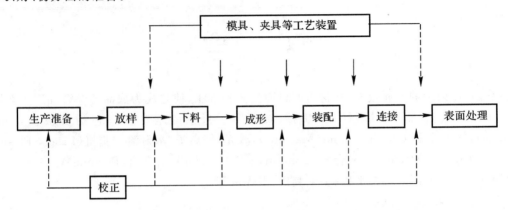

图 6-2　钣金制品工艺流程图

2. 放样

放样是按产品或构件的图样和技术要求画出放样图,确定构件或零件的实际形状和尺寸,包括划线、展开、号料等。

3. 下料

下料又称落料、备料,指在板材型材上直接划线或用样板套料划线并按此线把坯料切割下来的工艺过程,包括剪切、气割等操作。

4. 成形

成形就是采用锤打、弯折、辊压、冲压、模压等各种塑性加工手段改变板坯的大小、形状,使之成为需要的形状尺寸。成形的常用方式有手工成形、机械成形和特种成形。

5. 装配

在装配工序中,应按图纸给出的结构和精度要求,运用各种装配手段、工具和工装设备将零部件组合、定位、固定,保证互相配合的零部件有正确的结构、大小、形状和相对位置。

6. 连接

连接工序负责将装配好的接缝用指定的连接方式完全连接成一个整体,连接的方式包括焊接、咬缝、铆接等。

7. 表面处理

表面处理是钣金制造过程的最后一道工序。但就工种而言,它已不属于钣金工的工作范围了。

在上述基本工艺过程中,还有一个时常要用到的工艺,即校正。这是一门应用广、难度高、技艺性强的工艺。此外,模具、夹具等工艺装置(以下统称工装)的应用也在其中发挥着关键作用。校正与工装,两者在制造和维修中都是不可或缺的。

第二节　展开放样的基本知识

在产品图样基础上,根据产品的结构特点、制造工艺需要等条件,按一定比例(通常 1 : 1),

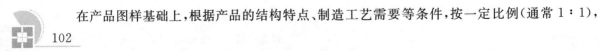

在放样台上画出构件的轮廓,准确地定出其尺寸,形成放样图,作为制造样板、加工和装配工作的依据,这一过程称为放样。放样有实尺放样、展开放样、光学放样、计算机放样等多种方法。其中实尺放样、展开放样是最基本的方法。

实尺放样的比例是1:1,它不但能准确地反映结构实际形状和尺寸,帮助确定一些构件在图样上未标出的尺寸,为零件和样板的制造提供依据,而且还确定了零件之间的相对位置,因而放样图也可作为装配的依据。

一、基本作图方法

任何复杂的图形都是由基本几何图形组成的,而基本几何图形又是由直线、曲线和圆等基本线条组成的,因此,熟练地掌握基本线条、几何图形的画法,就能迅速、有效地提高画线的质量。

1. 较长直线的画法

通常,较短直线采用直尺或角尺画出,而较长直线一般用粉线弹出,如图6-3所示,其效率较高。

图6-3 用粉线画较长直线

画线时一般由两人或三人操作,先将粉线对准两端点并拉紧,使粉线处于自然平直的绷紧状态,然后垂直提起粉线,并至一定高度后放手,利用粉线的弹性自然下弹,便可弹出较长的直线。

2. 切线的作法

(1)过圆周上已知点作切线,其作图方法如图6-4所示。

1)连接圆心 O 与圆周点 a。

2)过 a 点作 Oa 的垂直线,得切线。

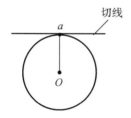

图6-4 过圆周上已知点作切线

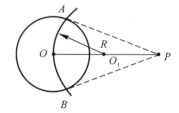

图6-5 过圆外一点 P 作圆的切线

(2)过圆外一点 P 作圆的切线,其作图方法如图6-5所示。

1)连接 O,P,并取中点 O_1。

2)以 O_1 为圆心,取 $R=\dfrac{\overline{OP}}{2}$ 为半径作弧交圆周于 A,B 两点。

3)连接 P,A 和 P,B 得切线。

3. 圆弧的连接

(1)用半径为 R 的圆弧连接圆弧 R_1 和直线 ab,如图6-6所示。作图步骤如下:

1)以 O_1 为圆心,用 R_1+R 为半径作弧,与距直线 ab 为 R 的平行线相交于 O 点。

2)连接 O,O_1 与圆弧 R_1 相交于 d 点;过 O 作 ab 的垂线与直线 ab 相交于 c 点。

3)以 O 为圆心,R 为半径作弧 cd,即得连接圆弧。

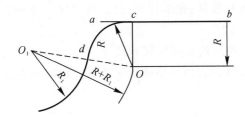

图 6-6 用圆弧连接圆弧和直线

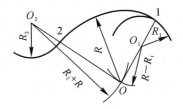

图 6-7 圆弧间的连接

(2)用半径 R 连接两已知 R_1 和 R_2 圆弧(内、外圆弧连接)(见图 6-7),作图步骤如下:

1)分别以 O_1 和 O_2 为圆心,$R-R_1$ 和 $R+R_2$ 为半径作弧交于 O。

2)连接 O,O_2 和 O,O_1 并延长,分别在两已知圆弧上得 2,1 两交点。

3)以 O 为圆心,以 R 为半径作圆弧 12,即得连接圆弧。

二、展开基本原理

将构件的各个表面依次摊开在一个平面上的过程称为展开,如图 6-8 所示,画在平面上的展开图形为展开图,画展开图的过程称为展开放样。

求作展开图的方法通常有两种:一种是作图法;另一种是计算法。对于形状复杂的工件,广泛地采用作图法,而对形状简单的工作可以通过计算直接求得展开尺寸,作出展开图。

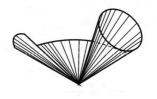

图 6-8 展开基本原理

根据展开性质,展开构件表面可分为可展开表面和不可展表面两类。若构件表面能全部平整地平摊在一个平面上,而不发生撕裂或皱褶,这种表面称为可展开表面;反之,称为不可展表面。一般平面立体、圆柱体、锥体构件,由于其素线均为直线,而且相邻两条素线构成一个平面或单向弯曲的曲面,因而能全部平整地平摊在一个平面上,是可展表面。而球和环的素线为曲线,而且为两个方向弯曲,所以无法平整地摊在一个平面上,是不可展表面。不可展表面可采取一定的方法作近似展开。

三、展开放样的方法

钣金构件的形状各种各样,无论何种形状的表面,一般将其分成若干基本几何体,然后再展开,展开放样的方法有平等线法、放射线法、三角形法三种。

1. 平行线法

平行线法的原理是将构件的表面看做由无数条相互平行的素线组成,取两条相邻素线及其两端线所围成的小面积作为平面,只要将每个小平面的真实大小依次画在平面上即得构件表面的展开图。平行线法适用于素线相互平等的构件的展开,如各种棱柱体、圆柱体和圆柱面等。

圆柱面的平行线法展开如图 6-9 所示,其展开方法如下:

(1)将俯视图的圆周作 12 等分,得 1,2,…,6,7 各点。向主视图投影,使圆柱表面分成若干小面积。

(2)将主视图圆柱投影的上、下圆周线延长作展开线,量取俯视图圆周各等分长度移至展开线上得 1′,2′,…,6′,7′各点。

(3)过各点作展开线的垂线,得展开图。

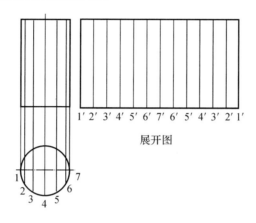

图 6-9　圆柱面的平行线法展开

2. 放射线法

放射线法适用于素线或素线延长线交会于一点的构件,如棱锥体、圆锥体、棱台体、圆台体等。放射线法的展开原理是将构件的表面由锥顶起作一系列放射线,把锥面分成若干小三角形,每个三角形作为一个平面,将各三角形依次画在平面上,便得其展开图。

图 6-10 为用放射线法作圆锥面的展开图,其作图方法如下:

(1)将俯视图的圆周作 12 等分,得 1,2,…,6,7 各点,并投影到主视图交于圆锥底边线,将各交点与锥顶 O 连接,使圆锥表面分成若干小三角形。

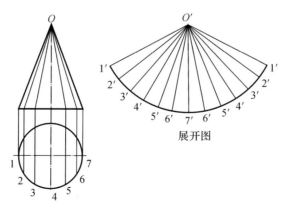

图 6-10　圆锥面的放射线法展开

（2）任作一展开起始线，量取 O1 或 O7 的长度，移至展开起始线上得 $1'$，O' 点，并以 O' 为圆心，$O'1'(O'7')$ 为半径作展开圆弧。

（3）量取俯视图圆周各等分长度，移至展开圆弧上，连接锥顶与各点得展开图。

3．三角形法

三角形法的原理是将构件的表面分成一组或很多组三角形，然后求出各组三角形每边实长，并把它的实形依次画在平面上，从而得到展开图。三角形法划分的三角形与放射线法不同，放射线法划分的三角形的顶点是围绕锥顶的，而三角形法划分的三角形是根据构件形状特征进行的，因此三角形法适用的范围比平行线法、放射线法更广。

图 6-11 为采用三角形法展开的实例，由于斜口矩形接管棱线的延长线不交会于一点，所以不能用放射线法展开，只能用三角形法。展开时将其表面分成若干三角形，然后求出各个三角形的边长，依次画出各个三角形的实形，即可求得展开图。作图的方法如下：

（1）将斜口矩形接管表面分成若干三角形。

（2）在主视图上延长底边线作两个直线，将主视图上高度投影至直角边上得 A，B 点，在另一直角边上分别量取俯视图中各线的长度 $1a$，$1b$ 等，得 a，b，d，4，3 等各点，则斜边为各线段的实际长度。

（3）任作一长度为 ab 的直线作展开起始线，以 a 点为圆心，实长 aA 为半径作弧，再以 b 点为圆心，实长 bA 为半径作弧交于 1 点，连接 $1a$，$1b$ 得 $ab1$ 三角形，以此类推得 2，c，3 等各点，用直线连接各点得展开图。

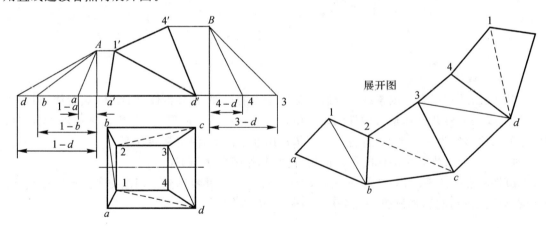

图 6-11 用三角形法展开的实例

四、计算机放样展开

随着计算机辅助技术的发展，许多三维 CAD 软件，如 Solid Works，Solid Edge，Pro/E，UG 等都具有钣金设计模块，可以便捷地完成钣金设计，获取所需放样展开图。设计者可以通过简单的指令即可产生多角视图与 3D 等角视图，而且可以随时展开或折弯回去。使设计过程不再是困难且繁杂的平面线段，取而代之的是真实的立体产品造型。下面我们以图 6-12 钣金件为例，以 Solid Edge 软件为平台，了解计算机建模及放样展开的过程。

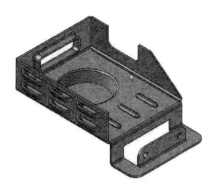

图 6-12 典型钣金件

1. 建模过程

图 6-12 所示钣金件建模的过程如图 6-13 所示。利用软件提供的钣金特征命令,逐步由一矩形平板形成我们所需要的成品。

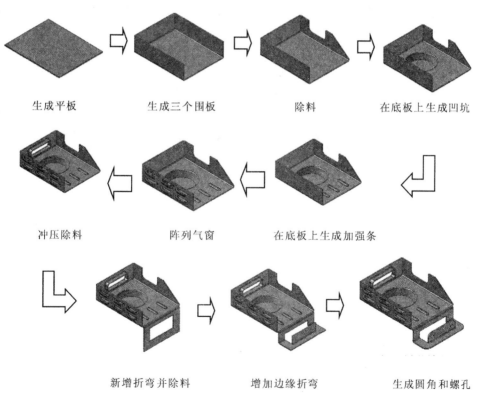

图 6-13 典型钣金件建模过程

2. 放样展开

对于生成的钣金件,可以用压平命令将整个钣金件压平,获得零件的展开图。在压平过程中,不可展开的特征保存不变,可以压平的特征被压平在一个平面上。将图 6-10 所示零件进行压平,结果如图 6-14 所示。

3. 生成工程图

在一张钣金工程图中,可以同时生成钣金件的基本视图和展开图。为了在钣金工程图中生成二维展开图,需在钣金环境中,先生成钣金件的展开图。

如图 6-15 所示的钣金件展开后如图 6-16 所示。然后进入工程图环境,生成钣金件的主视图、俯视图和轴测图三个基本视图以及展开图,如图 6-17 所示。

图 6-14 压平的钣金件

图 6-15 钣金件

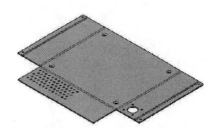

图 6-16 钣金件展开图

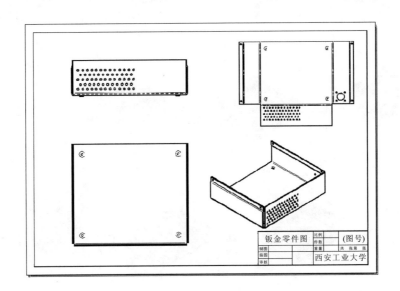

图 6-17 生成钣金件的工程图

第三节 钣金机械及操作

常用钣金机械有如下五类:

(1)常用下料机械:剪板机、圆盘剪、带锯机、砂轮切割机、等离子切割机、激光切割机、氧乙炔切割设备、联合冲剪机、钢筋切断机、可倾式压力机、专用铣床、碳弧气刨、跟踪切割、电火花线切割、数控切割、数控冲床。

（2）常用成形机械：卷板机、折弯机、折边机、辊骨机、辊筋机、辊筋机、弯管机、可倾式压力机、油压机、模压成形机、拉弯成形机、旋压成形机、热成形设备、数控折弯机。

（3）常用组装机械：组装平台、滚轮架、液压升降工作台、组装胎模、工装夹具、定位焊机。

（4）常用连接机械：电焊机、气焊设备、激光焊接机、氩弧焊机、二氧化碳保护焊机、点焊机、铆接机、咬口合缝机、咬口压实机。

（5）常用校正机械：压力机、校直机、平板机、氧乙炔设备。

一、剪板机

图 6-18 所示为液压剪板机，QC12Y-6×2500 型液压剪板机操作要领及注意事项如下：

（1）启动前应检查各部位润滑及紧固情况，刀口不得有缺口，启动后空转 1～2 min，确认正常后方可作业。

（2）本机剪切钢板的厚度不得超过 6 mm，最大板宽为 2 500 mm，不得剪切圆钢、方钢、扁铁和其他型材。

（3）要根据被剪材料的厚度及时调整好刀片间隙，调整时应停车，宜用手盘动，调整后空车试验。制动装置也应根据磨损情况及时调整。

（4）剪板时只允许在工作台前操作，周围人员应保持适当的人机距离，严防衣服、绳带等杂物被运转部件卷入，不得靠附在机器上；机后出料边 2 m 内不得站人。

（5）调整挡料杆和送料必须在上剪刀停止后进行。严禁将手伸进垂直压力装置内侧；进料时应放平、放正、放稳、对准位置，手指不得接近刀口和压板。

（6）剪切前应确保周围无安全隐患，周围人员已安全脱离危险区后才能踩下脚踏操纵杆，操纵杆只能由指定人员一人踩下，其他人员在机器启动后不得乱踩、误踩。

图 6-18　液压剪板机

二、卷板机

图 6-19 所示为 WR4×2000 三滚卷板机，其操作要领及注意事项如下：

（1）卷板前应检查各部位润滑及紧固情况，上辊压下螺杆必须处于上位。然后空车运行检查各开关按钮是否灵活、准确无误；开车人员必须熟练按钮操作后才能正式进行卷板机操作。

（2）本机卷板厚度不得超过 6 mm，最大板宽为 2 000 mm。

（3）卷板工作通常是多人合作，必须专人指挥，统一步调。

（4）作业时应高度注意安全，卷进端严防人手、衣角卷入。卷出端避免碰撞伤人，操作人员一般应站在钢板两侧，不得站在滚动的钢板上。开车前一定要发出预备口令。

（5）用样板找圆，宜在停机后进行，不得站在滚好的圆筒上找正圆度。

（6）卷圆应逐次逼近，上辊不要一次压下过猛，滚到板边时要留有余量，防止塌板。

（7）非操作人员不得进入工作区。

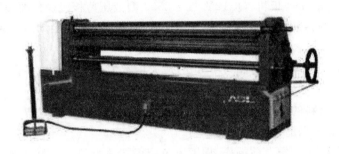

图 6-19　WR4×2000 三滚卷板机

三、折弯机和折边机

折弯作业前，先启动油压机，检查油压系统压力是否正常，然后升落刀具，检查机械系统运行是否正常。

图 6-20 和图 6-21 所示分别为数控折弯机和液压折弯机，其操作要领及注意事项如下：

（1）根据折弯形状、板厚确定折弯方案，并按此调整行程压力和刀具下模。

图 6-20　数控折弯机

图 6-21　液压折弯机

(2)操作时应站在板料两侧,防止被板边突然上弹碰伤。

(3)送料定位后,手未脱离冲压危险区时不得按下下压按钮。

(4)多人参与折弯作业时要由专人指挥。

(5)注意不要被手动折边机的平衡锤撞伤。

(6)完工后要做好机床和岗位的清洁卫生工作。

第四节　钣金的基本操作

一、钣金中常用的工、夹量具和器具

1. 常用工具和夹具

(1)大锤、踩锤、圆头锤、异形锤、堑口锤、开锤、平锤、木锤、拍尺、鸭脚板、手垫铁、槽钢、钢轨、厚壁管;

(2)扁堑、带柄堑、带柄克子、锉刀、锯弓、钻头、丝锥、剪刀、铁皮剪、角磨机、曲线锯、电剪、手电钻、电动螺丝刀;

(3)起子、扳手、橇棍、钢丝钳、大力钳、手虎钳、卡马、拉马、反顺丝杆、自制夹叉、常用吊具;

(4)铜烙铁、钉罩、冲子、拉铆钳、电动拉铆枪。

2. 划线工具与量具

(1)卷尺(3～5m)、钢尺(1 m、600 mm、300 mm、150 mm)、万能角度尺;

(2)150 mm 宽座角尺、大三角板、曲线板、划规、分规、地规、划针、划针盘、中心冲、石笔、粉线、墨斗;

(3)划线平板、测量平板、展开平台。

3. 常用器具

常用器具有钣金工作台、校正平板和制作组装平板。

二、手工技能

1. 剪切

剪切的工具有铁皮剪、座剪(闸剪)等。用剪刀可以剪直线,也可以剪曲线,而且使用方便,但它只宜剪 1 mm 以下的薄板。

2. 堑切

堑切是用锤击打堑子去堑开钢砧上的板料,虽然能堑开,但用力大,堑口不整齐,质量差。夹在虎钳钳口堑切板料时虽类似剪切,但切口质量不太好,每次切口长度也有限。

3. 冲裁

所谓冲裁,就是利用冲裁模来分离金属,常用于切边、切断、冲孔、落料。

4. 锯割

手工锯割依靠装在锯弓上的锯条来回锯削达到切断的目的,由于存在切削的过程,能及时排屑,切割效果比较好。现在普遍使用的电动曲线锯灵巧好用、方便省力、速度快、效率高,但噪声较大。

1. 对板材边部加工时的操作——折边、扳边、卷边、放边和收边

折边和扳边都是在板的边部相对于板面弯出一个立边来。弯曲线为直线时称"折边";弯曲线为曲线时称"扳边";扳边弯曲线一旦封闭,则又称"拔缘"。

卷边有实心和空心之分。实心卷边包一根铁丝在里面,卷成圆形边;空心卷边不包铁丝,有卷成圆形的,也有折成棱形的。不管空心或实心卷边的目的都是一个:加强边的刚度。

放边和收边则是板面内的弯曲操作。放边是在砧上锤打板边,使之沿厚度方向打薄,沿边线方向延伸;收边是先将边线弯成波浪状(俗称做波),然后打平凸部,使之缩短。

尽管放边、收边和扳边都存在长度变化,但放边和收边在同一平面内弯曲,扳边则弯离原来的板面。

2. 对板材、型材的弯曲操作——折弯、打弯、踩弯、压弯和卷弯

折弯、打弯、踩弯和压弯都是弯曲,只不过弯曲方式和使用的工具不同而已。有沿弯曲线夹住一头弯下另一头的,如打弯、压弯;也有顶住两边,中间加力弯曲的,如折弯、踩弯、压弯;如果把这种静态的弯曲方式变成动态的,即把力点和支点都换成三根辊子带动板料滚动,而辊间压力保持不变,那就成了卷弯。手工弯曲的外力来源有锤击、手动增力装置,如螺旋压力装置和手动液压装置等。

3. 打拱和模压

打拱又叫拱曲,是将板料打凹,加工凹凸曲面的一种成形操作,如球面、椭圆封头、蝶形封头等。现在的球面、封头大都采用模压成形,手工打拱在工业生产中已很少应用,但在金属艺术造型,如铁艺、锻铜等加工中颇有市场。

1. 咬口连接

咬口连接是薄板,特别是镀锌板的主要连接方式。它通过相接板边弯折、扣合、打紧而成。

常见的咬口连接形式如图6-22所示。其中,图6-22(a)、(b)、(d)是用于平面相接的平咬口、双平咬口和立咬口;图6-22(c)、(e)是用于端节之间或组合连接的C型插条连接和S型插条连接,图6-22(f)、(g)、(h)是用于两面成角度相接的联合角咬口、吞底角咬口和角咬口。

2. 螺纹连接

螺纹连接广泛应用于可拆卸连接,它又分为螺钉连接、螺栓连接和双头螺栓连接。螺钉连接无需螺母,直接拧入工件丝孔内,其中自攻螺钉的连接螺纹都无须攻丝;螺栓连接必须要用螺母;双头螺栓连接则是前两者的复合,一头如螺钉,一头似螺栓。作为连接用的螺纹,一必须要自锁,因此螺纹的截面选择三角形截面;二必须要防松,震动时不能松脱,因此采取了弹簧垫圈、止动垫圈、双螺母、开口销等防松措施。

3. 铆接

同螺栓连接一样,将被连接的板材搭接在一起,钻孔并插入铆钉,然后把钉杆铆成钉头,形成固定接头,这种连接方式就是铆接。我们说的铆接是指铆合后依靠钉杆的拉力使相贴的接面之间产生压力而形成的固定连接,从这个意义上说,这里的铆接不包括活动铆接。

4. 焊接

焊接包括电焊、气焊、氩弧焊、锡焊和点焊。有关焊接,已由专门章节论述,这里不再多讲。

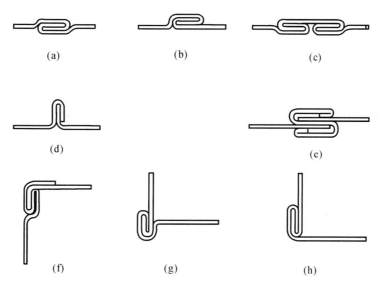

图 6-22 薄板咬口连接的常见形式

(a)半咬口;(b)双平咬口;(c)C型插条连接;(d)立咬口

(e)S型插条连接;(f)联合角咬口;(g)吞底角咬口;(h)角咬口

思 考 题

1. 试举例说明五种以上不同类型的钣金制品。

2. 试比较本书中的"实际展开"与"工程制图"课所讲的"展开"之间的异同。

3. 剪板机的操作注意事项有哪些?

4. 介绍一下常见咬口的形式和用途。

第七章

车 削 加 工

安全常识

1. 工作时按要求穿好工作服。女性要戴工作帽,并将头发塞入帽内。不允许戴手套操作车床。

2. 开车前,应检查车床各手柄位置是否正确;检查工具、量具、刀具是否合适,安放是否合理;需加工的原材料、零件毛坯的摆放是否影响操作;按机床润滑示意图的指示加注润滑油。

3. 装夹工件时,应将主轴变速手柄放在空挡位置。工件装夹完后,要及时取下卡盘扳手。

4. 多人共用一台车床时,只允许一人操作并应注意他人安全。工件旋转方向的两侧不允许其他人站立,同时要密切注意切屑流向和加工情况,随时做好停止进给和停车准备。

5. 变换主轴转速,必须停车进行,严禁开车变速;开车后,不能用手触摸车床旋转部位和工件,也不能用量具测量工件;清除切屑不能用手拽扯,要用专用的铁钩清除;及时清理工作场地的切屑,行走时注意不要被长切屑绊脚而造成伤害。

6. 车削前应调整好小拖板位置,防止因小拖板位置靠后使拖板导轨碰撞卡盘而发生事故。

7. 自动横向或纵向进给时,严禁大拖板或中拖板超过极限位置,以防拖板脱落或碰撞卡盘而发生人身设备事故。

8. 发生事故时,不要慌乱,应立即关闭车床电源,报告带班师傅或有关人员,查明原因,妥善处理。

9. 工作完毕,要关闭车床电源,清扫车床上及工作场地周围的切屑,擦净车床,加油润滑,做好工具、量具等物品的交接工作。

第一节 概 述

在车床上,工件作旋转运动,刀具作平面直线或曲线运动,完成机械零件切削加工的过程,称为车削加工。

由于我们常见的机械零件,其表面形状大多是由直线、折线、曲线绕某一轴线旋转而形成的旋转表面,因此,车削加工就成为切削加工中最基本、最常用的加工方法。

一、车削运动与切削用量

在切削加工过程中,有一个很重要的概念 —— 切削用量。切削用量是切削速度(v)、进给量(f)和切削深度(a_p)的总称,通常把它们称为切削三要素。切削用量的正确、合理的选择对于提高生产率和切削加工质量起着非常重要的作用。

在车床上,工件的旋转运动为主运动,刀具的移动为进给运动。车削过程中,随着工件的旋转和刀具的移动,会在工件上产生三个不断变化着的表面,即待加工表面、加工表面(过渡表

114

面)和已加工表面,如图 7-1 所示。这三个表面和车削加工的切削用量有着密切的关系。

车削加工的切削用量分别如下:

(1)切削速度(v):主运动的线速度,即工件待加工表面最大直径的线速度。

$$v = \frac{\pi D n}{1000 \times 60} \quad (\text{m/s})$$

(2)进给量(f):工件转 1 周,车刀沿进给方向移动的距离(mm/r)。

(3)切削深度(a_p):工件待加工表面与已加工表面之间的垂直距离。

$$a_p = \frac{D - d}{2} \quad (\text{mm})$$

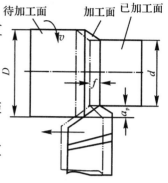

图 7-1 车削运动及切削用量

式中,D,d 分别为待加工表面、已加工表面的直径;n 为车床主轴转速。

二、车削加工的工艺特点和应用

车削适用于回转体表面零件,其切削过程连续平稳,加工范围很广,如图 7-2 所示。一般车削加工可达到的尺寸精度为 IT7～IT9,表面粗糙度 R_a 为 1.6～3.2 μm。

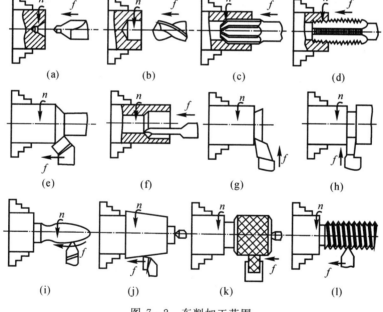

图 7-2 车削加工范围

(a)钻中心孔;(b)钻孔;(c)铰孔;(d)攻丝;(e)车外圆;(f)镗孔;(g)车端面;
(h)切槽;(i)车成形面;(j)车锥面;(k)滚花;(l)车螺纹

第二节　车　　床

车床类型有多种,如卧式车床、仪表车床、仿形车床和转塔车床等,现主要介绍卧式车床的构造和传动系统。

车床类机床主要用于加工各种回转表面,如内外圆柱表面、圆锥表面、成形回转表面和回转体的端面等,有些车床还能加工螺纹面。由于多数机器零件具有回转表面,车床的通用性又较广,因此,在机器制造厂中,车床的应用极为广泛,在金属切削机床中所占的比例最大,约占机床总台数的 20%～35%。

在车床上使用的刀具,主要是各种车刀,有些车床还可以采用各种孔加工刀具,如钻头、扩孔钻及铰刀等,螺纹刀具如丝锥、板牙等。

为了加工出所要求的工件表面,必须使用刀具和工件实现一系列运动。

一、卧式车床

现以 C6132(以前型号为 C616)车床为例,如图 7-3 所示,介绍车床的组成。

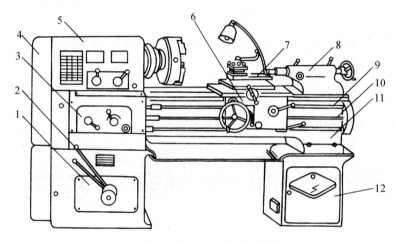

图 7-3 C6132 普通车床

1—变速箱;2—变速手柄;3—进给箱;4—交换齿轮箱;5—主轴箱;6—溜板箱;7—刀架;8—尾座;
9—丝杠;10—光杠;11—床身;12—床腿

1. 主轴箱

主轴箱又称床头箱,内装主轴和主轴变速机构。它主要实现车床主轴的旋转运动(转速快慢变换及正反转变换)。主轴箱正面的几个手柄用来调整主轴所需的转速(与变速箱配合)以及变换进给方向;开车手柄则控制主轴的正、反转和停车。

车床主轴为空心结构,可通过小于主轴孔径的毛坯棒料。主轴前端安装卡盘或其他装夹工件的夹具;前端内锥为莫氏锥度,用于安装顶尖装夹轴类零件,也可以安装其他带锥柄的夹具或量棒。主轴箱还把运动传给进给箱,以便使刀具实现与主轴同步的进给运动。

2. 进给箱

进给箱又称走刀箱,内装有进给运动变速机构。通过调整进给箱外面各种手柄的位置,可获得所需要的各种进给量或螺距,并能变换光杠与丝杠的运动。

3. 溜板箱

溜板箱又称拖板箱,内装有进给运动分向机构。调整溜板箱外各种手柄的位置,可实现纵向或横向机动进给。按下开合螺母手柄,可接通丝杠的运动,来实现刀架车螺纹的进给运动,同时锁住机动进给运动。

4. 光杠和丝杠

光杠和丝杠,它们的作用是将进给箱的运动传给溜板箱。光杠转动,使刀具作机动进给运动,用于车削工件内外表面;丝杠转动,则用于车削螺纹。

5. 拖板与刀架

在溜板箱上面有大、中、小三层拖板,它们的作用分别是:大拖板直接放在床身导轨上并与溜板箱连接。转动溜板箱上的手柄,可使溜板箱带动各拖板和刀架沿床身导轨作纵向移动,车削时可机动进给。

大拖板上面有一垂直于床身导轨的燕尾导轨,在燕尾导轨上滑动的部分即为中拖板。转动中拖板手柄,可使刀架横向移动,车削时可机动进给。中拖板手柄上刻度盘每小格示值为0.02 mm,即每转过一格,刀具移动的距离为0.02 mm,工件直径变动量为0.04 mm。

注意:不同型号的车床,中拖板刻度盘示值也不一样。一般可由下式确定:

中拖板刻度盘示值(mm/每格)＝中拖板丝杠螺距/中拖板刻度盘格数

中拖板上面装的是小拖板,小拖板与中拖板之间有转盘,上面有刻度。转盘与中拖板间由螺栓连接,松开螺母可调整小拖板在水平面的回转角度,以便车削锥体或锥孔。小拖板端有进给手柄,转动手柄可使小拖板沿转盘导轨作短距离移动。小拖板手柄上有刻度盘,刻度示值为0.01 mm,即每转一格,小拖板移动0.01 mm。

小拖板上是刀架,用来装夹和转换刀具。

6. 尾座

尾座底面与床身导轨接触,可调整并固定在床身导轨面的任意位置上。尾座莫氏锥度筒内装上顶尖可顶夹轴类零件,若装上钻头、铰刀、丝锥或板牙等刀具,可进行钻孔、铰孔、攻丝、套丝等加工作业。尾座套筒伸出的长度,可由套筒上的刻度显示,便于调整。

7. 床身

床身用来支承、连接车床各部件并保证各自相对位置的正确。

C6132车床床身内还装有变速箱和电动机。其传动系统如图7-4所示,传动路线示意框图如图7-5所示。

二、立式车床

在卧式车床中,因工件装夹在花盘的平面上,装夹、找正不但费时而且不方便,特别是对于厚度稍大的孔径工件,更不能稳定可靠。此外,主轴前轴承受负荷大、磨损快,使落地车床难以长期保持工作精度,因而产生了主轴轴线垂直布置的立式车床。

立式车床的外形如图7-6所示。立式车床的主轴轴芯线竖直布置,工作台的台面处于水平面内,使工件的装夹和找正变得比较方便。此外,由于工件和工作台面的质量均匀地作用在工作台导轨或推力轴承上,所以立式车床比卧式车床更能长期地保持工作精度。但立式车床结构复杂、质量较大。

立式车床一般属于大型机床的范畴,在冶金机械制造业中应用很广。立式车床分为单柱式和双柱式两类。单柱式立式车床最大加工直径较小,一般为800～1 600 mm;双柱式立式车床最大加工直径较大,目前常用的已达2 500 mm以上。

单柱式立式车床如图7-6(a)所示,它的工作台面装在底座上,工件装夹在工作台上,并由工作台带动作主运动。进给运动由垂直刀架和侧刀架实现。侧刀架可在立柱的导轨上移动并作竖直进给，还可沿刀架底座的导轨作横向进给。垂直刀架可在横梁的导轨上移动作横向进给，垂直刀架的滑板可沿刀架滑座的导轨作竖直进给，中小型立式车床的一个垂直刀架上通常有转塔刀架，在转塔刀架上可以安装几组刀具（一般为5组），轮流进行切削。横梁可根据主件的高度沿立柱导轨调整位置。

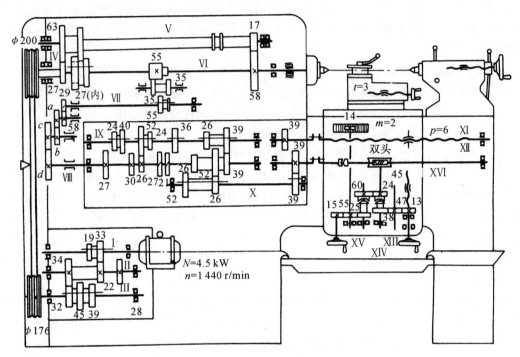

图 7-4 C6132 车床传动系统

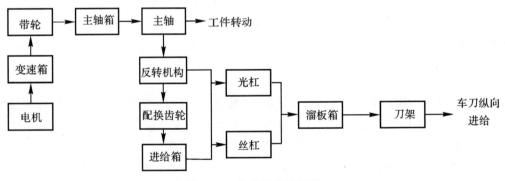

图 7-5 传动路线示意图

双柱式立式车床如图 7-6(b)所示。有左右两根立柱，并与顶梁组成封闭式机架，因此，具有较高的刚度。横梁上有两个立刀架，一个主要用来加工孔，一个主要用来加工端面。立刀架同样具有水平进给和沿刀架滑板的垂直进给运动。工作台支撑在底盘上，工作台的回转运动是车床的主运动。

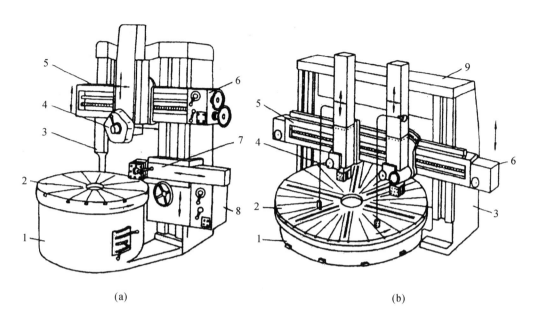

(a)　　　　　　　　　　　　　　　　　(b)

图 7-6　立式车床

(a)单柱式立式车床;(b)双柱式立式车床

1—底座;2—工作台;3—立柱;4—垂直刀架;5—横梁;6—垂直刀架进给箱;

7—侧刀架;8—侧刀架进给箱;9—顶梁

三、转塔车床

在加工形状比较复杂,特别是有内孔和内、外螺纹的工件时,如各种台阶小轴、套筒、螺钉、螺母、接头、连接盘和齿轮毛坯等,往往需要较多的刀具和工序。由于卧式车床的四位刀架只能装四把刀具,尾座上也只能装一把孔加工刀具,而且还没有机动进给,因此,在加工中需要频繁地更换刀具、对刀、移动尾座、试切和测量尺寸等,使得辅助时间很长,生产效率低,工人的体力劳动也很繁重。为了适应成批生产中提高生产效率的要求,产生了转塔车床。转塔车床是在卧式车床的基础上发展起来的,即将卧式车床的尾座换成能作机动进给的转塔刀架,在转塔刀架上可安装多组刀具。在加工过程中,多工位刀架周期地转位,使不同刀具依次进入工作位置,完成卧式车床上的各种加工工序。图 7-7 所示为在转塔车床上加工的典型零件。

转塔车床如图 7-8 所示,转塔车床的转塔刀架,可绕垂直轴线转位,并且只能作纵向进给,用于车削外圆柱面及使用孔加工刀具进行孔的加工,或使用丝锥、板牙等加工内外螺纹。前刀架作纵、横向进给,用于加工大圆柱面、端面以及车槽、切断等。前刀架去掉了转盘和小刀架不能用于切削圆锥面。这种车床常用前刀架和转塔上的刀具同时进行加工,因而具有较高的生产效率。尽管转塔车床在成批加工复杂零件时能有效地提高生产效率,但在单件、小批生产时受到限制,因为需要预先调整刀具和行程而花费较多的时间;在大批、大量生产中,又不如自动车床及半自动车床、数控车床效率高,因而又被这些先进的车床所代替。

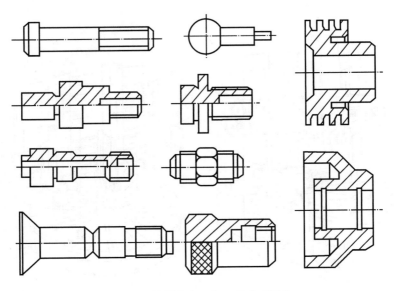

图 7-7　转塔车床上加工的典型零件

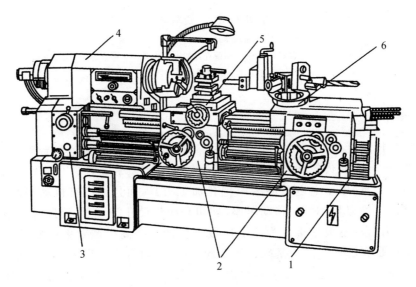

图 7-8　转塔车床

1—床身；2—溜板箱；3—进给箱；4—主轴箱；5—前刀架；6—转塔刀架

四、自动和半自动车床

自动、半自动车床是高效率的加工机床，它是适应成批或大量生产的需要而发展起来的。自动机床的切削运动和辅助运动全部自动化，并能一再重复自动工作循环。半自动车床能自动完成一个工作循环，但工人必须进行工件的装卸，重新启动机床才能开始下一个工作循环。

自动车床能实现自动工作循环，主要靠自动车床上设置的自动控制系统。自动控制系统主要控制机床各工作部件和工作机构运动的速度、方向、行程距离和位置以及动作先后顺序和起止时间等。自动控制的方式可以是机械的、液压的或电气的,也可以是几种方式的联合。在自动、半自动车床中,通常采用机械式的凸轮和挡块控制的自动控制系统,这种控制系统的核心为凸轮和挡块,其工作稳定可靠,但是要改变工件时,需另行设计和制造凸轮,而且停机调整机床所需的时间较长,因而适宜用在大批大量生产中。

如图 7-9 所示为单轴六角自动车床。该车床由底座、床身、主轴箱、分配轴、前刀架、上刀架、后刀架、六角回转刀架以及其他进给机构等组成。主轴箱 3 右侧装有前刀架 5、后刀架 7 和上刀架 6,它们只作横向进给运动。可以完成车成形面、切槽和切断等工作。床身 2 右上方装有六角回转刀架 8,可自动换位并作纵向运动。分配轴 4 装在床身前面,轴上的凸轮控制机床进给运动部分的动作,定时完成各个自动工作循环。

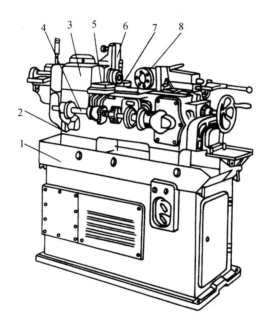

图 7-9 单轴六角自动车床
1—底座;2—床身;3—主轴箱;4—分配轴;5—前刀架;
6—上刀架;7—后刀架;8—六角回转刀架

如图 7-10 所示为加工棒料的单轴纵切自动车床。床身 20 安装在底座 1 上,主轴箱 4 分沿床身 2 的导轨作纵向运动。送料装置 3 在一个自动工作循环中完成一次自动送料。上刀架 7 安装在中心架 6 上,可沿中心架上的导轨作径向移动。天平刀架 5 也装在中心架上,当它绕支承轴 12 摆动时,可使其前后刀架分别作径向运动。钻铰附件 8 上可安装孔和螺纹加工刀具,用于加工孔和螺纹;分配轴 9 上装有凸轮和鼓轮,用于控制整台机床的运动和工作循环。

如图 7-11 所示为六轴卧式自动车床。六个主轴装在主轴转筒上,分别利用动力回转,当全部主轴的切削工序结束后,主轴转筒回转 1/6 周进行分度。切削中利用锁紧装置牢固地固定,当分度时首先将销子拔出,然后利用十字间歇机构回转所规定的角度。分度利用蜗轮蜗杆进行。安装刀具的刀架,有在机器中央的主刀架以及横刀架、纵向刀架等。这些刀架可以安装各种各样的工具。

随着科学技术的发展,在自动和半自动车床中陆续采用了矩阵插销板、穿孔纸带、穿孔卡和磁带等作为控制中心的自动控制系统。由于储存各种操作指令的元件有了质的变化,在改变加工工件时,调整车床和更换控制元件比较容易,明显地缩短了生产准备时间。因而自动和半自动车床的使用范围逐步扩大,在中、小批量的生产中也得到了广泛的应用。

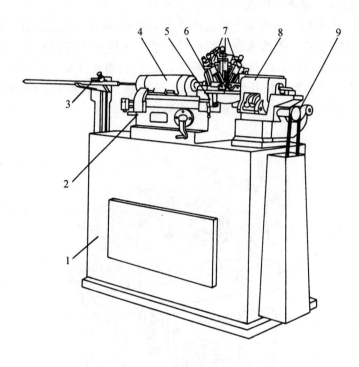

图 7 - 10　单轴纵切自动车床外形图

1—底座;2—床身;3—送料装置;4—主轴箱;5—天平刀架;

6—中心架;7—上刀架;8—钻铰附件;9—分配轴

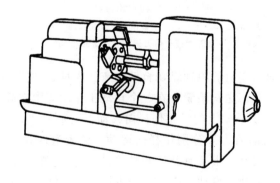

图 7 - 11　六轴自动车床

第三节　车　刀

一、车刀的种类及用途

车刀可根据不同的要求分为很多种类。

(1)按用途不同可分为外圆车刀、端面车刀、镗孔车刀、切断车刀、螺纹车刀和成形车刀等。

(2)按其形状不同可分为直头车刀、弯头车刀、尖刀、圆弧车刀、左偏刀和右偏刀等,如图7-12所示。

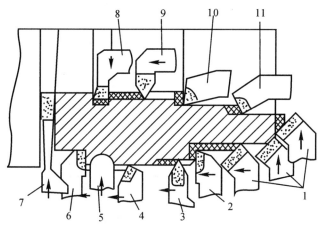

图7-12　常用车刀的种类及用途

1—45°端面车刀;2—90°外圆车刀;3—外螺纹车刀;4—70°外圆车刀;5—成形车刀;6—90°左切外圆刀;

7—切断车刀;8—内孔车槽刀;9—内螺纹车刀;10—90°内孔车刀;11—75°内孔车刀

(3)按其结构的不同可分为整体式车刀、焊接式车刀、机夹式车刀和可转位式车刀等,如图7-13所示。车刀结构类型特点及用途如表7-1所示。

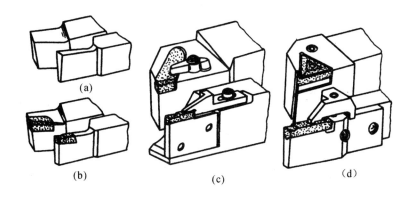

(a)　　　　　　(b)　　　　　　(c)　　　　　　(d)

图7-13　车刀的结构形式

(a)整体式;(b)焊接式;(c)机夹式;(d)可转位式

表 7-1　车刀结构类型、特点及用途

名　　称	简　图	特　　　　点	适　用　场　合
整体式	见图 7-13(a)	用整体高速钢制造,刃口可磨得较锋利	小型车床或加工有色金属
焊接式	见图 7-13(b)	焊接硬质合金或高速钢刀片,结构紧凑,使用灵活	各类车刀,特别是小刀具
机夹式	见图 7-13(c)	避免了焊接产生的应力、裂纹等缺陷,刀杆利用率高。刀片可集中刃磨获得所需参数,使用灵活方便	外圆、端面、镗孔、切断、螺纹车刀等
可转位式	见图 7-13(d)	避免了焊接刀的缺点,刀片可快速转位,生产率高。断屑稳定,可使用涂层刀片	大、中型车床加工外圆、端面、镗孔,特别适用于自动线、数控机床

(4)按刀头材料的不同,还可分为高速钢车刀、硬质合金车刀、陶瓷车刀等。

二、车刀的构成

1. 车刀的组成部分

车刀由刀杆和切削部分组成,如图 7-14 所示。刀杆用来将车刀夹固在车床方刀架上;切削部分用来切削金属。切削部分由"三面"、"两刃"、"一刀尖"组成。

前刀面:车刀上切屑沿着它流出的面。

主后刀面:车刀上与工件加工(过渡)表面相对的那个表面。

副后刀面:车刀上与工件已加工表面相对的那个表面。

主切削刃:车刀上前刀面与主后刀面的交线,它承担主要的切削工作,又称主刀刃。

副切削刃:前刀面与副后刀面的交线,在一般情况下,仅在靠近刀尖处的副切削刃参与少量切削工作,并起一定的修光作用。

刀尖:主、副切削刃的交点,实际上为了增加刀尖强度,往往都将该处磨成一小段圆弧过渡刃。

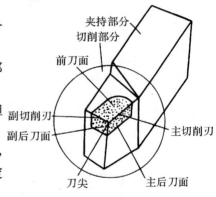

图 7-14　车刀切削部分组成

2. 车刀的几何角度

(1)辅助平面:为了测量、确定车刀的几何角度,需要建立一些辅助平面。车刀的辅助平面为基面、切削平面、正交平面(主剖面)与副正交平面,如图 7-15 所示。

基面是通过切削刃上选定点且平行于刀杆底面的平面;

切削平面是通过主切削刃上选定点且与切削刃相切,并垂直于基面的平面;

正交平面(主剖面)是通过主切削刃上选定点且垂直于基面和切削平面的平面。

(2)车刀的几何角度及作用:车刀的几何角分为标注角度和工作角度(见图 7-16)。工作角度是刀具在工作状态时的角度,它的大小与刀具的安装位置、切削运动有关;标注角度一般是在三个相互垂直的坐标平面(辅助平面)内确定的,它是刀具制造、刃磨和测量所要控制的角度。在基面内测量的角度有主偏角 κ_r、副偏角 κ_r'；正交平面内测量的角度有前角 γ_0 和主后角 α_0；副正交平面内测量的角度有副后角 α_0'；切削平面内测量的角度有刃倾角 λ_s。

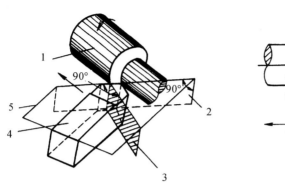

图 7 - 15　车刀的辅助平面

1— 工件；2— 切削平面；3— 正交平面；4— 车刀；5— 基面

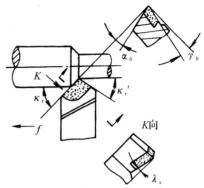

图 7 - 16　车刀的主要角度

1）前角 γ_0：它是在正交平面内，基面和前刀面的夹角。它的大小主要影响切削变形、刀具寿命和加工表面粗糙度。前角大，车刀锋利，切削力小，加工表面粗糙度小。但前角过大会使刀刃强度降低，容易崩坏，反而使刀具寿命下降。一般选取 γ_0 为 $-5°\sim20°$。当工件材料和刀具材料较硬时，γ_0 取小值；铜铝及其合金的加工和精加工时，γ_0 取大值；一般强度的钢材加工时，γ_0 取较大值。

2）主后角 α_0：它是在正交平面内，切削平面与后刀面的夹角。它主要影响加工质量和刀具寿命。后角大，可使后刀面与切削表面的摩擦减小，降低切削时的振动，提高已加工表面质量，但后刀面易磨损，影响工件尺寸，降低刀具寿命。一般粗加工时，选较小后角 α_0 为 $6°\sim8°$；精加工时，选较大后角 α_0 为 $8°\sim12°$。

3）主偏角 κ_r：它是主刀刃与进给方向在基面上投影之间的夹角。其大小对切削有以下影响：影响刀尖强度和刀具寿命；影响加工表面粗糙度；影响切削力的分配；影响断屑效果。例如：在同样的进给量（f）和切削深度（a_p）的情况下，较小的主偏角可使主切削刃参加切削的长度增加，切屑变薄，使刀刃单位长度上的切削负荷减轻，切削轻快。同时也加强了刀尖强度，增大了散热面积，使刀具寿命延长。但主偏角小会引起径向切削力增大，工件易产生振动，断屑效果也较差。主偏角大，可使径向切削力减小，适合加工细长轴，且断屑容易。主偏角一般由车刀类型决定，通常 κ_r 取 $45°,60°,75°,90°$ 几种（见图 7 - 17、图 7 - 18）。

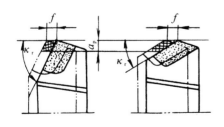

图 7 - 17　主偏角对切削层参数的影响

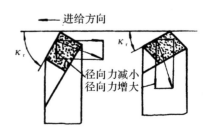

图 7 - 18　主偏角对径向力的影响

4)副偏角 κ_r':它是副刀刃与进给方向在基面上投影之间的夹角。它主要影响加工表面粗糙度和刀尖的强度。副偏角小,则刀尖的强度高,但会增加副后刀面与已加工表面之间的摩擦。在主刀刃与副刀刃相交的刀尖处,选用合适的过渡刃尺寸,能改善上述不利因素,从而在粗加工时提高刀尖强度,延长刀具寿命,并在精加工时减小表面粗糙度,如图7-19所示。一般选 κ_r' 为 $5° \sim 15°$。

5)刃倾角 λ_s:它是主切削刃与基面在切削平面上的投影间的夹角。它主要影响切屑的流向和刀尖的强度,如图7-20所示。刃倾角为正值时(刀尖此时高于刀刃上其他点),切屑向远离加工表面的方向流动;刃倾角为负值时,切屑向加工表面的方向流动,受到该表面的阻碍而形成发条状的切屑。

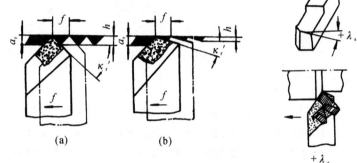

图 7-19　副偏角对残留面积的影响

(a)副偏角大;(b)副偏角小

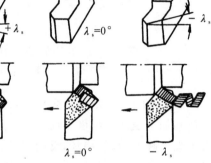

图 7-20　刃倾角对排屑方向的影响

6)副后角 α_0:它是在副正交平面内,副切削刃与副后刀面间的夹角。它的作用和后角基本相同,除切断刀的副后角选得较小外(一般为 $1°\sim2°$),其他刀具的副后角数值与后角相同。

三、车刀的材料

1. 对车刀材料的基本要求

(1)高硬度和耐磨性:车刀材料应具有高硬度(高于工件材料的3~4倍),其硬度值一般在60HRC以上。车刀材料还要有很高的耐磨性,一般硬度越高,耐磨性越好,但刀具韧度越低,脆性越大,抵抗切削过程产生的冲击力的能力就越低。

(2)足够的强度和韧性:车刀材料应具有足够的强度和韧性,在切削过程,特别是强力和断续切削过程中,刀具承受较大的切削力和冲击力时不应发生脆性断裂和崩刃。

(3)高的耐热性:耐热性又称红硬性,它是刀具材料在高温下保持其原有硬度的性能。通常用保持足够硬度的最高温度来表示,超过这个温度,车刀材料的硬度就会下降。

2. 车刀材料的种类与性能

车刀材料一般分为四大类:工具钢(包括碳素工具钢、合金钢、高速钢)、硬质合金、陶瓷和超硬刀具材料。一般机械加工使用最多的是高速钢与硬质合金。

工具钢耐热性较差,但抗弯强度高,价格便宜,焊接与刃磨性能好。一般广泛应用于中、低速切削或制造成形刀具。

硬质合金耐热性较好,切削效率高。但刀片韧性不如工具钢,焊接、刃磨工艺性也比工具钢差,故多用于高效切削刀具。常用刀具材料、牌号、性能及用途如表7-2所示。

表 7-2 常用刀具材料、牌号、性能及用途

材料种类		典型牌号	按GB分类类别	按ISO分类类别	硬度 HRC(HRA)[HV]	抗弯强度 GPa	冲击韧度 $MJ \cdot m^{-2}$	导热系数 $W \cdot m^{-1} \cdot K^{-1}$	耐热性 ℃	切削速度大致比值(相对高速钢)	应用范围
工具钢	碳素工具钢	T10A T12A			60~65	2.16		≈41.87	200~250	0.32~0.4	只用于手动刀具,如手动丝锥、板牙、铰刀、锯条、锉刀等
	合金工具钢	9SiCr CrWMn			60~65	2.35		≈41.87	300~400	0.48~0.6	只用于手动或低速机动刀具,如丝锥、板牙、拉刀等
	高速钢	W18Cr4V		S1	63~70	1.96~4.41	0.098~0.588	16.75~25.1	600~700	1~1.2	用于各种刀具,特别是形状较复杂的刀具,如钻头、铣刀、拉刀、齿轮刀具等切削各种黑色金属和有色金属
硬质合金	钨钴类	YG6	K类	K10	(89~91.5)	1.08~2.16	0.019~0.059	75.4~87.9	800	3.2~4.8	用于连续切削铸铁、有色金属的粗车、半精车等
		YG8	K类	K30							用于间断切削铸铁、有色金属、非金属材料
	钨钛类	YT15	P类	P10	(89~92.5)	0.882~1.37	0.0029~0.0068	20.9~62.8	900	4~4.8	用于碳钢及合金钢的粗加工和半精加工、碳素钢的精加工
		YT30	P类	P01							用于碳钢、合金钢的精加工
	碳化钽铌类	YW1	M类	M10	(≈92)	≈1.47			1000~1100	6~410	用于耐热钢、高锰钢、不锈钢等难加工材料和普通碳钢的加工
		YW2	M类	M20							用于耐热钢、高锰钢、不锈钢等难加工及高级难加工,也适合于一般合金钢、普通碳钢以及铸钢及有色金属的半精加工
	碳化钛基类	YN05	P类	P01	(92~93.3)	0.91			1100	6~10	用于钢、铸钢和合金铸铁的连续精加工
		YN10	P类	P05~P10		1.1					用于钢、合金钢、工具钢等的连续精加工
陶瓷	氧化铝	AM			(>91)	0.44~0.686	0.0094~0.0117	4.19~20.93	1200	8~12	用于高速、小进给量精车、半精车铸铁和调质钢
	氧化铝	T8			(93~94)	0.54~0.64					
	碳化混合物	T1			(92.5~93)	0.71~0.88	0.0094~0.0117	4.19~20.93	1100	6~10	用于粗精加工冷硬铸铁、淬硬钢等一般合金钢和普通铸铁的半精加工
超硬材料	立方氮化硼				[8000~10000]	≈0.294		75.55	1400~1500		用于精加工调质钢、淬硬钢、高速钢、高强度耐热钢以及有色金属
	人造金刚石				[9000]	≈0.21~0.48		146.54	700~800	≈25	用于加工有色金属的高精度、低粗糙度切削,R_a 可至 0.40~0.12 μm

四、车刀的安装

无论采用何种车削方法,首先必须安装刀具。安装车刀时应注意以下几点:刀头前刀面朝上;保证刀头部分刃磨的几何角度(主偏角、副偏角、前角、后角、刃倾角)安装时的正确(即工作角度和标注角度的一致性);刀尖必须装得与车床主轴中心等高(可选择不同厚度的刀垫垫在刀杆下面达到要求);刀垫放置平整,不要过宽或过长;车刀伸出刀架部分的长度一般应小于刀杆厚度的2倍。

第四节　车削时工件的装夹方式与车床附件

用各种方式进行车削加工装夹工件时,都要求定位准确、夹紧可靠;能承受合理的切削力,操作方便,顺利加工,达到预期的加工质量。在车床上装夹工件的方法很多,可根据工件毛坯形状和加工要求进行选择。常用的装夹方法有三爪卡盘装夹、四爪卡盘装夹、花盘装夹、花盘和角铁装夹、双顶尖装夹、专用夹具装夹等。用三爪卡盘装夹工件时,还可以用尾座顶尖作为辅助支承,通常把这种方法称为"一夹一顶"装夹方法。此外,卡盘装夹还可以与中心架、跟刀架等辅助支承配合使用。

一、卡盘装夹

三爪卡盘的结构如图7-21所示。三爪卡盘夹持工件能自动定心,定位和夹紧同时完成,使用方便,适合于装夹圆形、六角形的工件毛坯、棒料及车过外圆的零件。如图7-22所示为三爪卡盘装夹工件的几种形式。

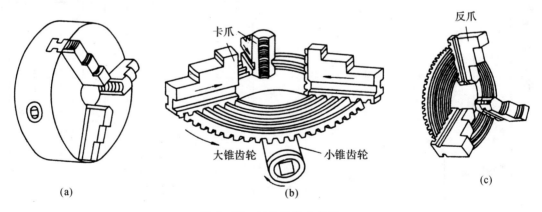

图7-21　三爪自定心卡盘

用已加工过的零件表面作为装夹面时,应包一层铜皮,以免夹伤工件已加工表面。

卡爪张开时,其露出卡盘外圆部分的长度不能超过卡爪长度的一半,以防损坏卡爪背面的螺旋扣,甚至造成卡爪飞出事故。若需夹持的工件直径过大,则应采用反爪夹持。三爪卡盘一般有正反两副卡爪,有的只有一副可正反使用的卡爪。各卡爪都有编号,应按编号顺序进行装配。

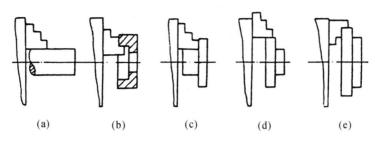

图 7-22　三爪卡盘安装工件的举例
(a),(d)正爪装夹；(b),(c)正爪装夹；(e)反爪装夹

图 7-23　四爪卡盘
的结构

四爪卡盘结构如图 7-23 所示，它的四个卡爪通过四个螺杆操纵，可独立径向移动。四爪卡盘夹紧力大，但工件安装校正比较麻烦，适用装夹大型或形状不规则的零件，也可用来夹持加工带有偏心外圆、内孔的工件。

用四爪卡盘装夹工件毛坯面及粗加工时，一般先用划针盘校正工件，如图 7-24(a)所示。既要校正工件端面基本垂直于轴线，又要回转中心与机床轴线基本重合。

在校正工件过程中，相对的两对卡爪始终要保持交错调整。每次调整量不宜过大(1～2 mm)，并在工件下方的导轨上垫上木板，防止工件意外掉到导轨上。

装夹已加工过的表面在进行精车时，要求调整后的工件的旋转精度达到一定值，这样就需要在工件与卡爪之间垫上小铜块，用百分表多次交叉校正外圆与端面，使工件的端面跳动和径向跳动调整到最理想的数值，如图 7-24(b)所示。如用卡爪直接夹住工件，接触面长时，则很难调整出端面跳动和径向跳动都很好的状态。

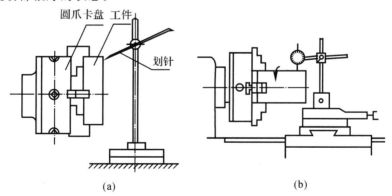

图 7-24　在四爪卡盘上校正工件
(a)用划针盘找正；(b)用百分表找正

二、顶尖装夹

车削轴类零件常使用双顶尖装夹，这时轴类零件两端要打中心孔。中心孔是轴类零件在顶尖上安装的定位基面，一般用中心钻在车床上或专用机床上加工。双顶尖装夹工件的方法如图 7-25 所示。

工件被前、后顶尖顶住,中心孔上的 60°锥孔与顶尖上的 60°锥面配合。前顶尖为死顶尖,装在主轴锥孔内,同主轴一起旋转;后顶尖为活顶尖,装在尾座套筒锥孔内。工件前端用卡箍(也称鸡心夹)夹住,卡箍的弯曲拨杆插在拨盘的 U 形槽内,拨盘则装在车床主轴上。这样,工件由卡箍、拨盘带动一起转动。用双顶尖加工,工件装夹方便,能使轴类零件各外圆表面保持较高的同轴度。双顶尖装夹只能承受较小的切削力,一般用于精加工。

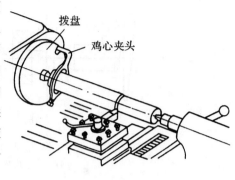

图 7-25　用双顶尖装夹工作

轴类零件的粗加工,经常采用一端用卡盘夹住,另一端用活顶尖顶住中心孔或内孔的"一夹一顶"的加工方法。卡盘所夹持工件的一端,最好采用如图 7-22(b),(c),(e)所示的方法,以限制工件在切削过程中的轴向移动。

三、芯轴装夹

盘套类零件的外圆相对孔的轴线,常有径向跳动的公差要求;两个端面相对孔的轴线常有端面跳动的公差要求。如果有关表面无法在三爪卡盘的一次装夹中与孔一道精加工完成,则须在孔精加工后,再装到芯轴上进行端面的精车,以保证上述位置精度要求。作为定位面的孔,其尺寸精度不应低于 IT8,粗糙度 R_a 不应大于 $1.6~\mu m$。芯轴在前后顶尖的安装方法与轴类零件相同。

芯轴的种类很多,常用的有锥度芯轴、圆柱芯轴和可胀芯轴,如图 7-26 所示。

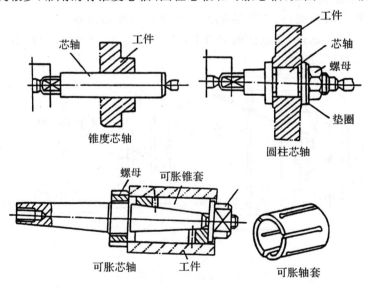

图 7-26　芯轴的种类

(1)锥度芯轴:锥度芯轴,其锥度为 1:2 000～1:5 000,工件压入后,靠摩擦力与芯轴紧固。锥度芯轴对中准确,装卸方便,但不能承受大的力矩。多用于盘套类零件外圆和端面的精车。

（2）圆柱芯轴：工件装入芯轴后须加上垫圈，然后用螺母压紧。其夹紧力较大，可用于较大直径盘类零件外圆的半精车和精车。因圆柱芯轴外圆与零件孔配合有一定间隙，所以对中性较锥度芯轴差。使用圆柱芯轴时，工件两端面对孔的轴线的端面跳动最好控制在 0.01 mm 以内。

（3）可胀芯轴：工件装在可胀锥套上，拧紧右边螺母，使锥套沿芯轴锥体向左移动而引起直径增大，即可胀紧工件。卸下工件时，先拧松右边螺母，再拧动左边螺母向右推动工件，即可将工件卸下。

四、花盘、弯板与压板装夹

花盘的端面上开有辐向的穿透沟槽和 T 形沟槽，以便安装用于固定角铁、压紧工件的压板等所用的螺栓。花盘可直接装在车床主轴上。用花盘可安装各种外形复杂的零件，如图 7 - 27 所示，在花盘上装夹工件时，要使被加工表面旋转轴线与花盘安装基面垂直。使用花盘和角铁装夹工件时，还要校正角铁安装工件的基准面与机床主轴轴线平行，并达到工件所要求的中心距。

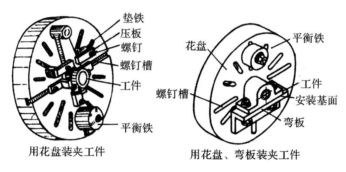

用花盘装夹工件　　　　用花盘、弯板装夹工件

图 7 - 27　用花盘装夹工件

用花盘装夹形状不规则零件或用花盘角铁装夹工件时，常会产生重心偏移，所以需要加平衡，同时注意机床转速不能太高。

五、中心架与跟刀架的应用

加工细长轴时，为防止工件受径向切削分力的作用而产生弯曲变形，常用中心架或跟刀架作为切削加工时的辅助支承。

加工细长阶梯的各外圆时，一般将中心架支承在轴的中间部位，先车右端各外圆，然后再调头车另一端的外圆，如图 7 - 28（a）所示；加工长轴、长筒型零件的端面或端部的孔和螺纹时，可用卡盘夹持工件左端，用中心架支承工件右端进行加工，如图 7 - 28（b）所示。

跟刀架固定在大拖板左侧（见图 7 - 29），随刀架作纵向运动，以增加车刀车削处工件的刚度和抗震性。跟刀架主要用于细长光轴的加工。使用跟刀架时，须先在工件右端车削一段外圆，再根据车好的外圆调整跟刀架两支承爪与工件接触的位置和松紧，然后即可车削光轴的全长。

使用中心架和跟刀架时，应注意工件转速不宜过高，并需要对支承爪与工件接触处加注机油润滑，以防工件与支承爪之间摩擦发热过大，使支承爪或工件磨坏或烧损。在车削过程中，还应时常检查、调整支承爪与工件接触的松紧程度。

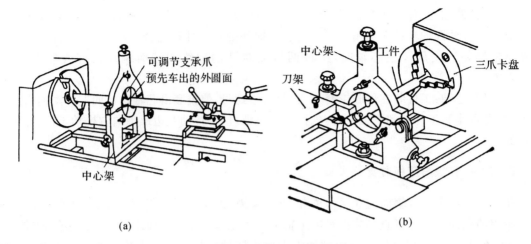

(a)　　　　　　　　　　　　　　　(b)

图 7-28　中心架的使用

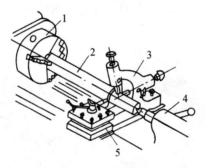

图 7-29　跟刀架的应用

1—三爪自定心卡盘；2—工件；3—跟刀架；4—尾座；5—刀架

第五节　各种车削方法

一、车端面、外圆和台阶

1. 车端面

对工件端面进行车削的方法称为车端面。车端面时,开动车床使工件旋转,移动大拖板(或小拖板)控制切深,中拖板横向走刀进行车削。车削端面时,常用偏刀或弯头车刀,如图7-30所示。车刀安装时,刀尖必须准确对准工件的旋转中心,否则将在端面中心处留有凸台,且易损坏刀尖。车削端面时,被切部分直径不断变化,切削速度,由外向中心会逐渐减小,影响端面加工的表面粗糙度,因此端面加工时切速要适当选高一些。接近中心时可停止机动进给,改用手动慢进给至中心,使切速和进给量相匹配,还可保护刀具。

用偏刀车端面,当切削深度较大时很容易产生扎刀现象(见图7-30(b)),所以车端面用弯头刀较为有利(见图7-30(a))。但精车端面时,可用偏刀由中心向外进给(见图7-30(c)),这样能提高端面的加工质量。车削直径较大的端面,若出现凹心或凸面时,可能是由于车刀磨损或切深过大,导致拖板移动等原因造成。此时,应检查车刀的磨损程度以及方刀架是否锁紧、中拖板镶条的松紧程度,查清原因及时处理。另处,为使车刀准确地横向进给而无纵向移动,可将大拖板锁紧于床身上,用小拖板来切深。

2. 车外圆

将工件车削成圆柱形外表面的加工方法称为车外圆。外圆的车削一般采用粗车和精车两个步骤:粗车的目的是为了尽快地从毛坯上切除大部分多余金属,使工件接近图纸要求的形状和尺寸并给精车留有适当的加工余量,对其加工质量(尺寸精度、表面粗糙度)要求不

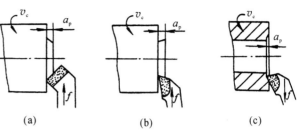

图 7 – 30 车端面
(a)弯头车刀车端面;(b)偏刀向中心走刀车端面;
(c)偏刀向外走刀车端面

高,主要是为了提高生产率。因此,在选取切削用量时应优先取较大的切深,以减少吃刀次数。其次,适当选取大一些的进给量(0.3～1.2 mm/r)。最后,根据切深、进给量、刀具性能及工件材料等来确定切削速度,一般选用中等切削速度(10～80 m/min)。工件较硬时选较小值,较软时选较大值;采用高速钢车刀时选低些,采用硬质合金车刀时选高些。

精车的目的是为了保证工件的尺寸精度和表面质量,因此要适当减小副偏角,适当加大前角,刀尖处磨成有小圆弧的过渡刃,并用油石仔细打磨车刀的前、后刀面和过渡刃。在选取切削用量时,优先选取较高的切削速度($v \geqslant 100$ m/min,适用于硬质合金车刀)或很低的切削速度($v \leqslant 5$ m/min,适用于高速钢车刀),尽量避免选用中速,因为中速切削容易产生积屑瘤,划伤工件已加工表面。选定切速后,再选取较小的进给量。最后根据工件尺寸确定切削深度。同时,还要注意在精车过程中合理使用冷却润滑液。

粗车和精车前,都须进行试切,做到加工时心中有数。试切的方法及步骤如图 7 – 31 所示。

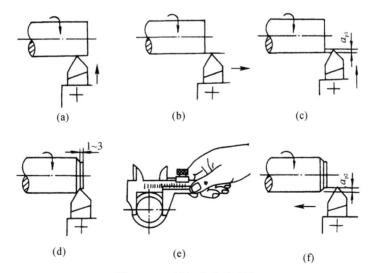

图 7 – 31 试切方法及步骤
(a)开车对刀,使车刀和工件表面轻微接触;(b)向右退出车刀;(c)按要求横向进给 a_{p1};
(d)切削 1～3 mm;(e)停车进行测量;(f)如未到尺寸,再进刀 a_{p2}

车外圆操作时应注意:

(1)在调整切削深度时,应利用进给手柄上的刻度盘来掌握,以便迅速准确地控制车

削尺寸。

(2)调整刻度时,注意要慢慢转动手柄,以便将在刻度盘上确定的刻线对准基准刻线。若不小心将刻度盘转过头,则决不能简单地退回到所需位置,因为拖板丝杠和螺母之间有间隙,造成反向移动起始时有空行程。因此必须多退一些,以消除间隙作用,再顺转到所需位置。

(3)精车时,为避免温度对加工精度的影响,要特别注意工件粗车后的测试,待工件冷却后再精车。

(4)精车时,应正确使用量具(卡尺、千分尺等),准确地测量出工件的尺寸,避免因测量错误而造成加工的工件不合格。

(5)车外圆的缺陷、原因及解决办法如表7-3所示。

表 7-3　车外圆缺陷、原因及解决办法

车外圆缺陷	原　　因	解　决　办　法
有锥度	车刀明显磨损 车刀松动 车刀架松动 尾座轴线与主轴轴线偏移	刃磨车刀 夹紧车刀 扳紧刀架 尾座偏移校正如图7-32所示
圆度超差 圆柱度超差	主轴径向跳动大 刀具移动方向与主轴不平行 车刀磨损	调整主轴轴承间隙,更换轴承 大修机床 刃磨车刀

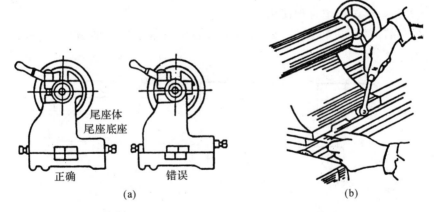

图 7-32　尾座偏移的校正
(a)应用刻度偏移床尾的方法；(b)应用钢尺偏移床尾的方法

3. 车台阶

阶梯轴上不同直径的相邻两轴段组成台阶,车削台阶处外圆和端面的加工方法称为车台阶。车台阶可用主偏角大于90°外圆车刀直接车出台阶处的外圆和环形端面,也可以用45°端面车刀先车出台阶外圆,再用主偏角大于90°的外圆车刀横向进给车出环形端面,但要注意环形端面与台阶外圆处的接刀平整,不能产生内凹外凸。多阶梯台阶车削时,应先车最小直径台阶,从两端向中间逐个进行车削。台阶高度小于5 mm时,可一次走刀车出;高度大于5 mm的台阶,可分多次走刀后再横向切出。

台阶长度的控制,一般用车刀刻线痕来确定。具体方法有三种:一种是用刀尖对准台阶端面时,记住该处大拖板的刻度值(或将刻度调到"0"处),再转动大拖板手柄将车刀移到所需长度处,开车用车刀划线痕。另外,两种是用钢尺或深度游标卡尺量出待车台阶长度尺寸,再将车刀尖移至该处,撤走钢尺或深度游标卡尺,开车用刀尖划线痕,如图 7-33 所示。

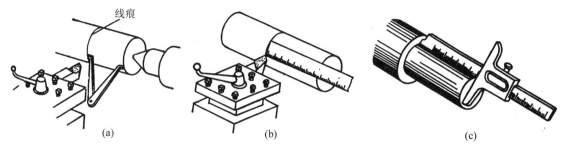

图 7-33　台阶长度的控制与测量
(a)卡钳测量;(b)钢尺测量;(c)深度尺测量

台阶长度的测量如图 7-33 所示。对于未标注尺寸公差的台阶长度,可用钢尺测量;对于尺寸公差要求高的台阶长度,需用深度游标卡尺测量;对于大批生产的台阶长度,可用样板检验。

二、切槽及切断

1. 切槽

槽的形状很多,有外槽、内槽和端面槽等,如图 7-34 所示。轴上的外槽和孔里的内槽多属于退刀槽,其作用是在车削螺纹或进行磨削时,有一段空行程,便于退刀,否则无法加工。端面槽的主要作用是为了减轻工件质量或是获得某种外观效果。有些槽还可以卡上弹簧或装上弹性挡圈,用以确定轴上其他零件的轴向位置。总之,槽的作用很多,要根据零件的结构和加工工艺来确定、选用。

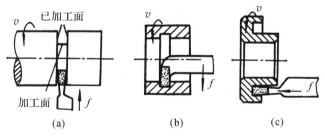

图 7-34　车槽的形状
(a)车外槽;(b)车内槽;(c)车端面槽

(1)切槽刀的角度及安装:切槽刀形状和几何角度如图 7-35 所示。安装时,刀尖要与工件轴线等高;主切削刃要平行于工件轴线;两侧副偏角一定要对称相等;两侧刃副后角也需对称,切不可一侧为负值,以防刮伤端面或折断刀头。

(2)切槽的方法:车削宽度为 5 mm 以下的窄槽时,可采用主切削刃宽度等于槽宽的切槽刀在一次横向进给中切出;车削宽度大于 5 mm 以上的宽槽时,一般采用先分段横向粗车(槽深放余量 0.5 mm),最后一次横向切削至所需深度后,再进行纵向精车至槽宽的另一端的加工方法,如图 7-36 所示。

(3)切槽尺寸的测量:槽深度和宽度可用游标卡尺和千分尺测量,如图 7-37 所示。成批生产时则采用专用量具(卡板、量规等)测量。

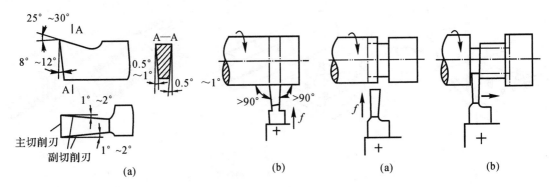

图 7-35 切槽刀及安装
(a)切槽刀;(b)安装

图 7-36 车宽槽
(a)横向粗车;(b)精车

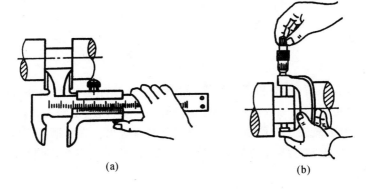

图 7-37 测量外槽
(a)用游标卡尺测量槽宽;(b)用千分尺测量槽的底径

2. 切断

把棒料分成几段以及将加工好的工件从棒料上分离下来的车削方法叫做切断。

(1)切断刀:切断刀与切槽刀类似,其刃磨与安装和切槽刀基本相同。切断时,刀头伸进工件内部,散热条件差,排屑困难易引起震动,如不注意,刀头就会折断。因此,对切断刀刃磨、安装角度要求较高:两副偏角约为 1°~1.5°;两副后角约为 1°~2°;主后角约 8°;前刀面开宽而浅的槽,使前角约为 20°~30°,这样切屑卷曲半径大,切屑在切离工件后再卷曲,可避免切屑夹在槽内挤压刀刃,使切刀损坏。切断刀的宽度视切断棒料的直径而定,一般为 2~4 mm。切断刀的长度,应比切刀切进深度略大 2~5 mm,两副后刀面要求对称平直。

(2)切断方法:常用的切断方法有直进法和左右借刀法两种,如图 7-38 所示。直进法常用于切断铸铁等脆

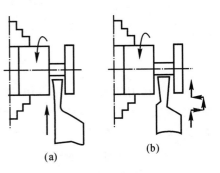

图 7-38 切断方法
(a)直进法;(b)左右借刀法

性材料以及直径较小的棒料;左右借刀法常用于切断钢等塑性材料以及直径较大的棒料。

切槽和切断虽然操作简单,但要掌握好很不容易,特别是切断,操作时如不注意,刀头就会折断。切槽或切断操作时应注意:

1)切断刀与切槽刀的形状相似,不同的是,切断刀刀头窄而长容易切断;切槽刀刀头较宽较短。因此,用切断刀可以切槽(注意主切刃与工件轴线平行),但不能用切槽刀来切断。

2)工件和车刀一定要装夹牢固,刀架要锁紧,以防松动。切断时,切断刀应尽量距卡盘近些,以免切断时因工件悬伸太长、刚性不足而产生震动,但也要注意不能碰上卡盘。

3)安装切断刀时,刀尖一定要对准工件中心。如低于中心,切刀还没有切至中心,就容易被切削力抬起的工件压断;如高于中心,切刀接近中心时被凸台顶住,不易切断。同时应注意车刀伸出刀架不要太长。

4)合理选择切削用量。切断或切槽时,切削速度一般为 $20\sim40$ m/min,进给可机动或手动操作。机动操作时,横向机动进给量为 $0.2\sim0.3$ mm/r,在接近工件切断前,停止机动进给,改用手动进给至完全切断。手动进给切断、切槽时,进给要稳,速度要均匀。切钢材时,要适当加注冷却液,切铸铁时不加冷却液,或用煤油进行冷却润滑。

三、孔加工

在车床上,可以使用钻头、扩孔钻、铰刀等定尺寸刀具加工孔,也可以使用内孔车刀镗孔。内孔加工相对于外圆加工来说,由于在观察、排屑、冷却、测量及尺寸的控制等方面都比较困难,而且刀具的形状、尺寸又受内孔尺寸的限制而刚性较差,使内孔加工的质量受到影响。同时,由于加工内孔时不能用顶尖支承,因而装夹工件的刚性也较差。另外,在车床上加工孔时,工件的外圆和端面尽可能在一次装夹中完成,这样才能靠机床的精度来保证工件内孔与外圆的同轴度、工件孔的轴线与端面的垂直度。因此,在车床上适合加工轴类、盘套类零件中心位置的孔,以及小型零件上的偏心孔,而不适合加工大型零件和箱体、支架类零件上的孔。

1. 钻孔

在车床上一般用麻花钻钻孔来完成低精度孔的加工,或作为高精度孔的粗加工,如图7-39所示。

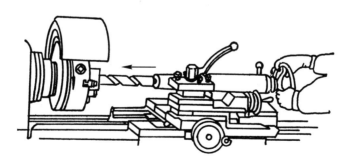

图 7-39　用车床钻孔

在车床上钻孔和在钻床上钻孔的切削运动是不一样的:在钻床上钻孔,主运动是钻头的旋转,进给运动是钻头的轴向移动;在车床上钻孔,主运动是由车床主轴带动工件的旋转,钻头装在尾座套筒内,转动手轮,使套筒带着钻头轴向移动,实现进给运动。钻床上钻孔需按划线位置钻孔,孔易钻偏;车床上钻孔,由于车床结构精度保证了钻头可以正确对准工件旋转中心,不需要划线,就很容易保证工件孔与外圆的同轴度及孔与端面的垂直度。

在车床上钻孔要注意:

(1)钻孔前,要先将端面车平,中心不能留有凸台,最好先打好中心孔,便于钻头定心,防止孔钻偏。

(2)直柄钻头要装在钻夹头内,再把钻夹头装在尾座套筒的锥孔内;锥柄钻头应配上合适的锥套或直接装在尾座套筒的锥孔内。使用时,注意将钻头、钻夹头锥柄以及尾座套筒锥孔内擦干净。

(3)钻孔时,要及时退钻排屑,用冷却液冷却钻头和工件。工件快钻透时,进给要慢。钻透后,要退出钻头再停车。

(4)一般直径在 30 mm 以下的孔可用麻花钻直接在实心的工件上钻孔。直径大于30 mm,则先用 ϕ30 mm 以下的钻头钻孔后,再用所需尺寸钻头扩孔。

2. 扩孔

扩孔就是把已用麻花钻钻好的孔再扩大到所需尺寸的加工方法。一般单件、低精度的孔,可直接用麻花钻扩孔;精度要求高,成批加工的孔,可用扩孔钻扩孔。扩孔钻的刚度比麻花钻好,进给量可适当加大,生产率高。

3. 铰孔

铰孔是利用定尺寸多刃刀具,高效率、成批精加工孔的方法。钻-扩-铰联用,是孔精加工的典型方法之一,多用于成批生产或单件、小批生产中细长孔的加工。

4. 镗孔

(1)镗孔及其操作:镗孔是用镗孔刀对已铸、锻好的或钻出的孔做进一步加工,以扩大孔径,提高孔的精度,降低孔壁表面粗糙度的加工方法。在车床上可镗通孔、盲孔、台阶孔、孔内环形槽等(见图 7-40)。

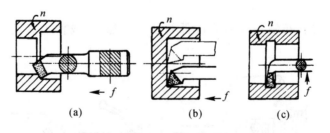

图 7-40 在车床上镗孔
(a)镗通孔;(b)镗盲孔;(c)镗内环形孔

由于孔加工不同于外圆加工,镗孔刀也就有它自身的特点,刃磨、安装时应加以注意。通孔镗刀的主偏角一般应小于 90°。精镗通孔时,为防止切屑划伤已加工表面,镗刀的刃倾角应取正值,使切屑流向待加工表面,从孔的前端排出。精镗盲孔时,镗刀的刃倾角应取负值,以使切屑从孔口及时排出。精镗孔时,镗孔刀断屑槽要窄,以便卷屑、断屑。

镗孔时,镗刀要伸入孔内进行切削。由于刀杆尺寸受到孔径的限制,所以,刀杆易出现因刚性不足而产生的弹性弯曲变形,使加工出的孔呈喇叭口型。为提高刀杆刚性,刀杆尺寸应尽量大些,伸出长度应尽量短些(工件孔深加上 3~5 mm)。装刀时,刀尖应略高于主轴旋转中心,以减小颤动和避免扎刀。

镗通孔时,在选截面尽可能大的刀杆的同时,要注意防止刀杆下部碰伤已加工表面。镗盲孔时,则要使刀尖到刀背面的距离小于孔径的一半,否则无法车平不通孔底的端面。

镗孔操作和车外圆操作基本相同,但要注意以下几点:

1)开车前先使车刀在孔内手动试走一遍,确认刀杆不与孔壁干涉后,再开车镗孔。

2)镗孔时,走刀量、切削深度要比车外圆时略小。刀杆越细,切削深度也越小。

3)镗孔的切深方向和退刀方向与车外圆正好相反,初学者要特别注意,正确熟练地掌握。

4)由于刀杆刚性差,容易产生"让刀"而使内孔成为锥孔,这时需适当降低切削用量重新镗孔。镗孔刀磨损严重时,也会使加工过的孔出现锥孔现象,这时必须重新刃磨镗刀后再进行镗孔。

(2)镗孔尺寸的控制和测量:内孔的长度尺寸可用如图7-41所示的方法初步控制镗孔深度后,再用游标卡尺或深度千分尺测量来控制孔深。

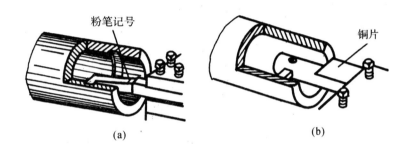

图 7-41 控制车孔深度的方法
(a)用粉笔划长度记号;(b)用铜片控制孔深

孔径的测量(见图7-42):精度较高的孔径,可用游标卡尺测量;高精度的孔径则用内径千分尺或内径百分表测量。对于大批量生产或标准孔径,可用塞规检验。塞规过端能进入孔内,止端不能进入孔内,说明工件的孔径合格。这是内孔尺寸和形状的综合测量方法。

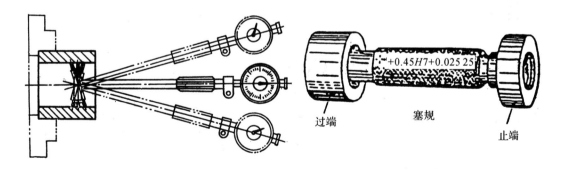

图 7-42 精密内孔的测量

四、车锥面

把工件车削成圆锥形表面的方法称为车圆锥。

1. 圆锥的参数

圆锥形表面有5个参数,如图7-43所示。α为锥体的锥角(α/2为锥度斜角);l为锥体的轴向长度(mm);D为锥体大端直径(mm);d为锥体小端直径(mm);K为锥体斜度(K=C/2,C为锥体的锥度)。

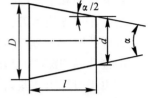

这5个参数之间的相互关系可表示如下:

圆锥的锥度 $C=(D-d)/l=2\tan(\alpha/2)$

圆锥的斜度 $K=(D-d)/2l=\tan(\alpha/2)$

2. 圆锥的种类与作用

常用的圆锥有4种。

图7-43　锥体主要尺寸

(1) 一般圆锥:锥角较大,直接用角度表示,如30°,45°,60°等。

(2) 标准圆锥:不同锥度有不同的使用场合。常用的标准圆锥有1:4,1:5,1:20,1:30,7:24等。例如铣刀锥柄与铣床主轴孔就用的是7:24锥度。

(3) 公制圆锥:公制圆锥有40,60,80,100,120,140,160和200号8种,每种号数都表示圆锥大端直径(mm)。公制圆锥的锥度都为1:20。

(4) 莫氏圆锥:莫氏圆锥有0~6共7个号码。6号最大,0号最小。每个号数锥度是不一样的。莫氏圆锥应用广泛,如车床主轴孔、车床尾座套筒孔、各种刀具、工具锥柄等。

标准圆锥、公制圆锥、莫氏圆锥,常被用做工具圆锥。圆锥面配合不但拆卸方便,还可以传递扭矩,多次拆卸仍能保证准确的定心作用,所以应用很广。

3. 车圆锥的方法

车圆锥的方法有很多,常用的有4种。

(1) 转动小拖板法:根据图纸标注或计算出的工件圆锥的斜角(α/2),将小拖板转过α/2后固定。车削时,摇动小拖板手柄,使车刀沿圆锥母线移动,即可车出所需的锥体或锥孔(见图7-44)。这种方法简单,不受锥度大小的限制。但由于受小拖板行程的限制,不能加工较长的圆锥,且只能手动进给,不能机动进给,劳动强度较大,表面粗糙度的高低靠操作技术控制,不易掌握。

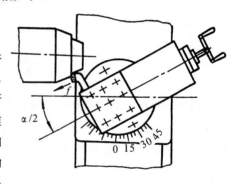

图7-44　转动小拖板法车圆锥

(2) 偏移尾座法(见图7-45):把尾座顶尖偏移一个距离s,使工件旋转中心与机床主轴轴线相交成斜角(α/2),利用车刀纵向进给,车出所需的锥面。这种方法可以加工锥体较长、锥度较小的外锥体表面,可用机动进给加工,劳动强度较低,加工表面质量好。但要注意,成批生产时,应保证工件总长及中心孔深度的一致,否则在相同的偏移量下会出现锥度误差。

尾座偏移量

$$s=L\times C/2=L\times(D-d)/2l=L\tan\alpha/2$$

式中,L为工件长度;l为锥体轴向长度。

(3) 机械靠模法:采用专用靠模工具进行锥体的车削加工,适用于成批量、小锥度、精度要求高的圆锥工件的加工(见图7-46)。

(4) 轨迹法:在数控车床上,车刀可根据编制的加工程序走出圆锥母线的轨迹,车出圆锥工件。在车削锥体的过程中,安装车刀必须使刀尖与车床主轴中心等高,否则圆锥母线会出现双曲线误差。

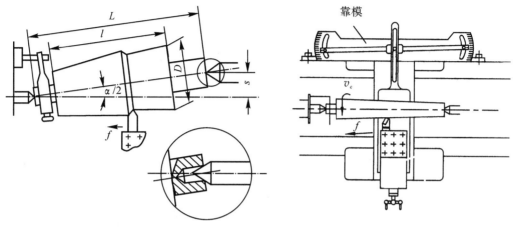

图 7-45 偏移尾架法车锥面   图 7-46 机械靠模法车圆锥

4. 圆锥表面的检测

检测锥体用锥形套规,先在工件锥体母线均匀、等分地涂上三条红丹粉线,把套规轻轻套入锥体转动 1/3～1/2 转。拔出套规,观察红丹粉线,如果被均匀擦去说明锥度正确;若大端表面被擦去,小端表面未被擦去说明锥度太大,反之则锥度太小(锥度塞规与此相反),要重新调整车床。

检验锥孔用锥度塞规,红丹粉均匀涂在塞规上进行检验,方法同检验锥体。

用锥度套规或锥度塞规还可以检验锥体的其他尺寸,如图 7-47 所示。只要保证锥孔的大端面在插入的塞规大端两条刻线之间;或锥体小端面在套入的套规小端处的台阶半孔之间,即说明圆锥大端直径尺寸或小端直径尺寸在公差范围内。

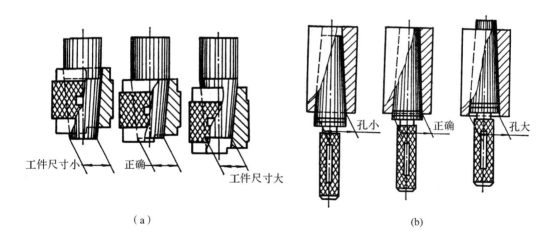

工件尺寸小   正确   工件尺寸大

孔小   正确   孔大

（a）   (b)

图 7-47 锥体尺寸的检查

(a)锥形套规测量外锥面尺寸;(b)锥形塞规测量内锥面尺寸

对大锥度工件的锥度,可用万能角度尺或样板检验,如图 7-48 所示。

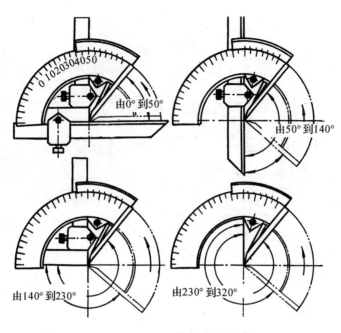

由0°到50°

由50°到140°

由140°到230°

由230°到320°

图 7 - 48　万能游标量角器测量锥度

五、车螺纹

将工件表面车削成螺纹的加工方法称为车螺纹。

1. 常见螺纹的类型与标记

常见螺纹的类型与标记如表 7 - 4 所示。

表 7 - 4　常见螺纹的类型与标记

螺纹类型	牙形代号	标记示例	说　　明
普通粗牙螺纹	M	M16—6H	公称直径 16mm,螺距 $P=2mm$,中径公差带为 6H 的内螺纹
普通细牙螺纹	M	M24 左—6g M16×1.5—6g	公称直径 24mm,螺距 $P=3mm$,中径公差带为 6g 的左旋外螺纹 公称直径 16mm,螺距 $P=1.5mm$,中径公差带为 6g 的外螺纹
圆柱管螺纹	G	G1—LH GIA	1″左旋圆柱管内螺纹 1″A 级圆柱管外螺纹
梯形螺纹	T	T55×12LH—6	公称直径 55mm,螺距 $P=12mm$,6 级精度左旋梯形螺纹

在车床上能用公制螺纹传动链车普通螺纹;用英制螺纹传动链车管螺纹及英制螺纹;用模数螺纹传动链车公制蜗杆;还能用径节螺纹传动链车径节螺纹(英制蜗杆)。

车削前,可根据不同类型螺纹的螺纹参数,如螺距 P、牙数/英寸、模数 m、节径 D_p 等,查车床上的进给量与螺距铭牌,确定车床配换齿轮(挂轮)、进给箱手柄的调整。

2. 螺纹各部分名称及尺寸计算

普通螺纹各部分名称如图7-49所示。大写字母为内螺纹各名称的代号,小写字母为外螺纹各部分名称的代号。

大径(公称直径)$D(d)$。

中径 $D_2(d_2) = D(d) - 0.6495P$。(它是平分螺纹理论高度 H 的一个假想圆柱体的直径。在中径处螺纹的牙厚和槽宽相等。)

小径 $D_1(d_1) = D(d) - 1.082P$。

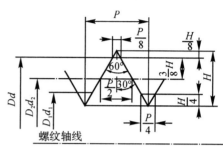

图 7-49　普通螺纹各部分的名称

D— 内螺纹的大径(公称直径);d— 外螺纹的大径(公称直径);D_2— 内螺纹中径;d_2— 外螺纹中径;D_1— 内螺纹小径;d_1— 外螺纹小径;P— 螺距;H— 原始三角形高度

螺距 P:指相邻两牙在轴线方向对应点间的距离。公制螺纹螺距单位用 mm 表示,英制螺纹螺距单位用每英寸长度上的牙数 D_p 表示,D_p 称为节径。螺距 P 与节径 D_p 的关系为

$$P = 2.54/D_p\text{(mm)}$$

牙型角 α:指螺纹轴向剖面内螺纹两侧面的夹角。公制螺纹为 60°,英制螺纹为 55°。

线数(头数)n:指同一螺纹上螺旋线的根数。

导程 L:$L = nP$。当 $n = 1$ 时,$P = L$。一般三角螺纹为单线,螺距即为导程。

螺距 P、牙型角 α、中径 $D_2(d_2)$ 是决定螺纹特性的三个基本要素,内外螺纹只有当这三个要素一致时,两者才能很好配合。

3. 螺纹车刀及安装

螺纹加工时一般采用整体式高速钢车刀。但选用弹性刀杆装夹的高速钢车刀,可避免车削时扎刀,加工螺纹表面质量也高(见图 7-50(a),(b))。

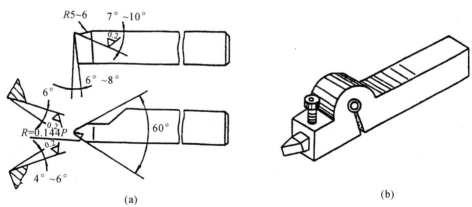

图 7-50　螺纹车刀

(a)高速钢螺纹车刀;(b)弹性刀杆螺纹车刀

螺纹截面形状(牙型角)是否精确,取决于螺纹车刀刃磨后的形状及其在车床上安装的位置是否正确。对精度要求不高的螺纹或粗加工时,高速钢车刀的前角为 7°~10° 时,刀尖角应

为 59°,前角越大,刀尖角越小。螺纹车刀后角的刃磨应考虑螺旋升角的影响适当加大。普通三角螺纹的螺旋升角很小,可忽略不计,故只要磨出车刀两侧后角为 6°~8° 即可。对精度要求高的螺纹或精加工时,刀尖角应等于牙型角,前角为 0°,以保证得到正确的牙型角,否则将产生牙型角误差,影响螺纹的配合质量。螺纹车刀刃磨后,车刀的前、后刀面粗糙度 R_a 值要低。精车时,可用油石研磨螺纹车刀的前、后面,以提高精车质量。

刃磨螺纹车刀一般用样板对照检查,如图 7-51 所示。检查时,样板应水平放置并与刀尖的基面在同一平面,用透光法检验刀尖角。

安装螺纹车刀时应注意刀尖对准工件中心,并用样板对刀(见图 7-52),保证刀尖角的角平分线垂直主轴轴线,使螺纹两牙型半角相等。

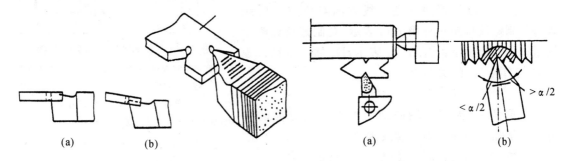

图 7-51　用样板测量刀尖角
(a)正确;(b)不正确

图 7-52　外螺纹车刀的安装
(a)正确;(b)不正确

4. 车螺纹时车床的调整

在车床上车制各种类型螺纹时,为获得正确的螺距,必须用丝杠带动刀架进给来满足以下运动关系:工件每转过一转,车刀必须准确地移动一个工件的螺距或导程。这种运动关系是靠调整车床实现的,其传动路线简图如图 7-53 所示。由图可见,更换配换齿轮(挂轮)或改变进给箱手柄位置,即可改变丝杠的转速,从而车出不同螺距或导程的螺纹。图中的三星轮的配置是为了改变刀具移动的方向,以满足车削左、右旋螺纹的需要。

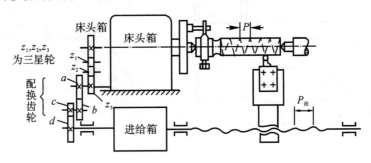

图 7-53　车螺纹时的传动

5. 车螺纹的操作步骤

车螺纹的操作步骤如图 7-54 所示,这种方法为正反车法,适于加工各种螺纹。

为了避免车削螺纹时,车刀与螺纹槽对不上而产生的"乱扣"现象,在车削过程中和退刀时,应始终保持主轴至刀架的传动系统不变(即不得脱开传动系统中任何齿轮或开合螺母),开合螺母与丝杠的啮合状态(松紧程度)不变。但如果车床丝杠螺距是工件导程的整倍数时,可在正车时,按下开合螺母手柄车螺纹,车至螺纹终端处,抬起开合螺母手柄停止进给,转动大拖板手柄将车刀退至螺纹加工的起始位置(不用反车退刀),接着进行下一步车削。这种加工方法为抬闸法,在粗车螺纹时,用这种方法可提高效率。在精车螺纹时,还是用反车退刀,不要扳起开合螺母,这样容易控制加工尺寸和表面粗糙度。

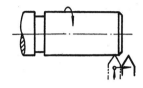

1. 开车,使车刀与工件轻微接触,记下刻度盘读数,向右退出车刀

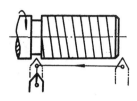

2. 合上开合螺母,在工件表面上车出一条螺旋线,横向退出车刀

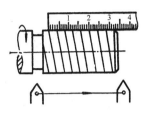

3. 开反车把车刀退到工件右端,停车,用钢尺检查螺距是否正确

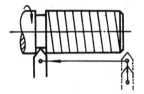

4. 利用刻度盘调整切深,开车切削

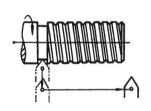

5. 车刀将至行程终了时,应做好退刀停车准备,先快速退出车刀,然后开反车退回刀架

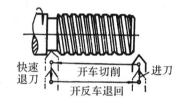

6. 再次横向进刀,继续切削,其切削过程的线路如图所示

图 7 - 54　螺纹的车削方法与步骤

车内螺纹的方法与车外螺纹基本相同,只是横向进给手柄在进退刀时的转向不同而已。对于直径较小的内、外螺纹,可用丝锥、板牙等工具在车床上直接加工出来。

车削螺纹时应注意:

(1) 选择好切削用量。车螺纹时的走刀速度较快,因此车床转速不宜过高,一般粗车时选切削速度为 13 ~ 18 m/min,每次切削深度为 0.15 mm 左右,计算好进刀次数,留精车余量 0.2 mm;精车时,切削速度为 5 ~ 10 m/min,每次进刀 0.02 ~ 0.05 mm,总切深为 1.08 P。

(2) 螺纹终端距卡盘应有适当距离,以避免因退刀不及时而撞上卡盘。

(3) 用正反车法车螺纹时,当车刀走到接近螺纹终端时,应将车床开关操纵手柄放在停车位置,利用车床惯性将螺纹车到头。这样可以避免因车床反复、急骤的正反转变换而损坏车床齿轮和电机。

(4) 车螺纹时,禁止用手触摸工件(特别是内螺纹工件)和用棉纱揩擦转动的螺纹。

6. 螺纹的检验

螺纹的检验主要是检查、测量螺纹的中径。因为螺距是由车床的运动关系来保证,用钢尺大概检查即可。牙型角是由车刀的刀尖角以及正确的安装来保证,一般用样板检查即可。也可用螺距规同时检查螺距和牙型角,如图 7 - 55(a)所示。只有中径是靠加工过程中的正确操作来保证。

检验螺纹的方法如下:

(1) 中径测量法:用螺纹千分尺测量外螺纹中径,如图 7 - 55(b)所示。使用时,先根据牙型角和螺距选择相应的测量头装在螺纹千分尺上,并校对零位,两测头的中心连线要垂直螺纹轴线。测量方法类似于外径千分尺。使用螺纹千分尺测量中径时,测量方法一定要正确,而且要经常校对千分尺的零位。

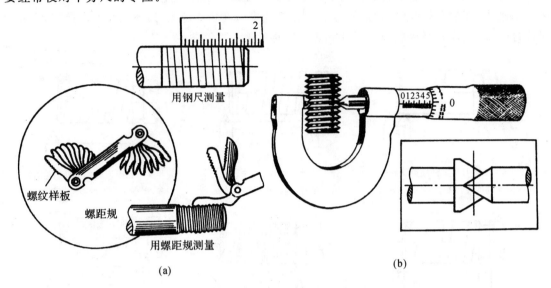

图 7-55　螺纹参数的测量

(a)测量螺距和牙型角;(b)测量螺纹中径

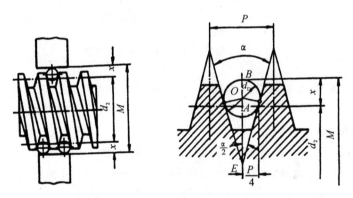

图 7-56　用三针测量法测量中径

M— 三针测量值;d_2— 螺纹中径;P— 螺距;d_D— 测量用量针直径;α— 螺纹牙形角

螺纹中径还可以用三针测量法测量,如图 7-56 所示。测量时,在螺纹凹槽内放置同样直径 d_D 的三根量针,然后用外径千分尺测量三针形成距离 M,以验证所加工的螺纹中径尺寸,计算公式如下:

$$d_2 = M - d_D[1 + 1/\sin(\alpha/2)] + (P/2)\cos(\alpha/2)$$

式中,d_2 为螺纹中径;P 为螺纹螺距;d_D 为测量用量针直径,其值为 $P/2\cos(\alpha/2)$。

当螺纹牙型角 $\alpha = 60°$ 时,$d_D = 0.577P$,则 $d_2 = M - 0.866P$。

(2)综合检验法:成批大量生产时,常用螺纹量规(见图 7-57)综合检验车出的螺纹是否合格。

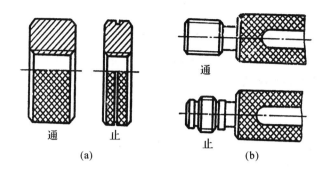

图 7-57 螺纹量规

(a)螺纹环规(测外螺纹);(b)螺纹塞规(测内螺纹)

六、车成形面与滚花

1. 车成形面

将工件表面车削成形面的方法称为车成形面。像手柄、手轮、圆球等成形表面都可以在车床上车削出来。成形面的车削方法有以下几种:

(1)双手操纵法:单件小批量成形面工件,可用双手同时操纵车刀作纵向和横向手动进给进行车削,使刀尖的运动轨迹与工件成形面母线轨迹一致(见图7-58)。加工时用右手摇小拖板手柄,左手摇中拖板手柄进行车削,也可在工件对面放一样板,来对照所车工件的曲线轮廓。所用刀具为普通刀,用样板反复检验,最后用锉刀和砂布修整、抛光,以达到表面形状和粗糙度要求。这种方法要求操作者具有较高技术,而且生产效率低,但它不需特殊设备和工具,因此在生产、设备维修中仍被普遍采用。

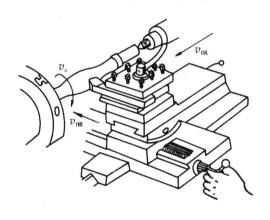

图 7-58 用双手操纵法车成形面

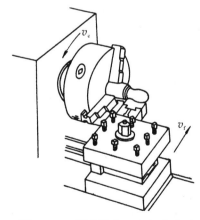

图 7-59 用成形车刀法车成形面

(2)成形车刀法:用类似工件轮廓的成形车刀车出所需的轮廓线(见图7-59)。这种方法车刀与工件接触面较大,易震动,应先用较低的转速和小进给量。车床的功率和刚度应较大。精度要求低的成形面,成形刀应磨出前角,以改善切削条件。在车成形面之前,应先用普通车刀把工件车到接近成形面的形状,再用成形刀精车。这种方法生产率较高,但刀具刃磨困难,故适用于批量较大的生产和刚性较好、轴向长度短且形状简单的成形面零件的加工。

（3）靠模法：利用刀尖运动轨迹与靠模（板或槽）形状完全相同的方法车出成形面（见图7-60）。靠模安装在床身后面，车床中拖板需与丝杠脱开。其前端连接板上装有滚柱，当大拖板纵向自动进给时，滚柱即沿靠模的曲线槽移动，从而带动中拖板和车刀作出和曲线槽形状一致的曲线运动，车出形面来。车削前，小拖板应转90°，以便用它调整车刀位置并控制切深。这种方法操作简单，生产率高，但需要制造专用模具，适用于生产批量大、车削轴向长度长、形状简单的成形面零件。

（4）轨迹法（数控法）：按工件轴向剖面的成形母线轨迹，编制数控加工程序，输入数控车床，完成成形面的加工。这种方法车出的成形面质量高，生产率也高，还可车复杂形状的零件。

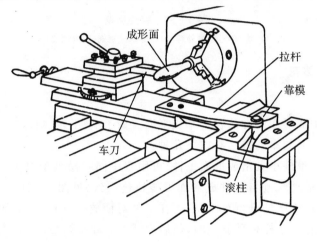

图7-60　靠模法车成形面

2. 滚花

用滚花刀将工件表面滚压出直纹或网纹的方法称为滚花。工件经滚花后，可增加美观程度，便于握持，常用于螺纹环规、千分尺套管、手拧螺母等零件外表面的加工。滚花刀按花纹分直纹和网纹两种类型，按滚花轮的数量又将滚花刀分为单轮、双轮和三轮三种（见图7-61）。

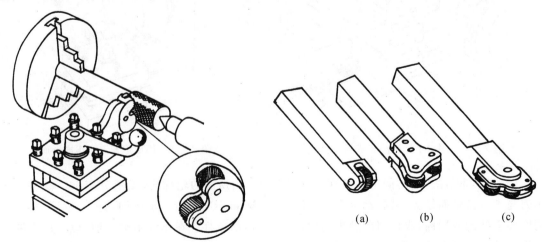

(a)　　　　　(b)　　　　　(c)

图7-61　滚花及滚花刀
(a)单轮滚花刀；(b)双轮滚花刀；(c)三轮滚花刀

滚花时,工件低速旋转,滚轮柄装在刀架上,用横向进给压紧工件表面,花纹深度与滚轮压紧工件表面的程度有关,但不能一次压得太紧,应边滚边加深。为了避免研坏滚花刀和防止细屑滞塞在滚花刀内而产生乱纹,应用车床冷却泵供给充分的冷却液,并尽量避免使用毛刷。

思 考 题

1. 车床型号依据什么编制?车床型号表示的内容包括哪些方面?举例说明。

2. 车削时工件的刀具作哪些运动?这些运动的"量"用什么来表示?

3. 车床中拖板刻度盘每小格示值表示什么?怎样确定?它对控制工件直径尺寸有什么影响?

4. 车刀的切削部分由什么组成?它们的作用分别是什么?

5. 车刀的几何角度有哪些?它们的改变对切削过程有什么影响?

6. 刃磨好的车刀安装的正确与否,对切削过程有什么影响?

7. 用做车刀的材料必须具备哪些基本性能?

8. 车削加工时,对刀具、工件的安装有什么要求?

9. 车削加工时,工件的装夹方法有哪些?它们各自的特点是什么?

10. 车削时为什么要将车削过程分为粗车和精车?粗车和精车时对切削用量的选择有什么不同?

11. 安装切断(切槽)刀时,为什么刀尖一定要和工件中心等高?

12. 加工内孔和加工外圆在切削用量的选择上为什么要有所区别?

13. 运用画法几何知识分析:车圆锥时,刀尖与车床主轴中心不等高时所产生锥体形状误差。

14. 螺纹的三个基本要素是什么?加工中应对三要素中哪个要素加强控制?为什么?

15. 加工螺纹必须满足什么样的传动关系?怎样满足这个传动关系?

16. 螺纹加工时能否用光杠代替丝杠进行传动?为什么?

第八章

铣 削 加 工

安全常识

1. 多人使用一台铣床时,只能一人操作,并应注意他人的安全。
2. 工件必须装夹牢固,以防发生意外。
3. 开动铣床后,人不能靠近旋转的铣刀,严禁用手去触摸刀具和工件。

第一节　概　　述

在铣床上使用铣刀对工件进行切削加工的方法称为铣削。铣削也是机械加工最常用的切削加工方法之一。

一、铣削运动

在铣削加工中,主运动(v_c)是铣刀的旋转运动;进给运动(v_f)是工件随工作台的直线运动。

二、铣削用量

铣削加工时的铣削用量由铣削速度 v_c、进给量 f 和背吃刀量 a_p、侧吃刀量 a_e 组成。

1. 铣削速度 v_c

铣削速度指铣刀最大直径处的线速度,可用下列公式计算:

$$v_c = \pi dn / 1000 \quad (\text{m/min})$$

式中,d 为铣刀直径,mm;n 为铣刀转速,r/min。

2. 进给量 f

铣削时,工件在进给运动方向上相对刀具的移动量称为进给量。由于铣刀为多刃刀具,按不同单位时间计算,有三种表示方法。

(1)每齿进给量 f_z:指铣刀每转过一个齿时,工件相对铣刀沿进给方向移动的距离。单位为 mm/齿。

(2)每转进给量 f:指铣刀每转过一转时,工件相对铣刀沿进给方向移动的距离,单位为 mm/r。

(3)每分钟进给量(即进给速度)v_f:指每分钟内,工件相对铣刀沿进给方向移动的距离,单位为 mm/min。

三种进给量的关系如下:

$$v_f = fn = f_z Zn \quad (\text{mm/min})$$

3. 背吃刀量 a_p

背吃刀量也就是铣削深度,指平行于铣刀轴线方向上切削层尺寸,单位为 mm。如图8-1

150

所示,因周铣和面铣加工方法不同,故 a_p 标示不同。

4. 侧吃刀量 a_e

侧吃力量也就是铣削宽度,指垂直于铣刀轴线方向上的切削层尺寸,单位为 mm,如图 8-1 所示。

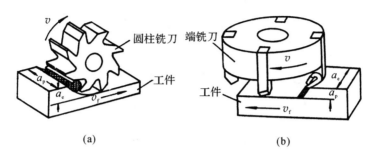

图 8-1　铣削运动及铣削用量

(a)周铣;(b)面铣

三、铣削加工的工艺特点和应用

铣削时,旋转的多齿铣刀,属于断续切削,刀具的散热条件较好,可以进行高速切削,故生产率较高。但是,由于铣刀刀齿的不断切入和切出,使得切削力不断变化,因此易产生冲击和震动。铣刀的种类很多,铣削的加工范围很广。

铣削主要用于加工平面,还常用于加工垂直面、台阶面、各种沟槽及成形面等;利用万能分度头还可以进行分度加工。铣削加工的工件尺寸公差等级一般为 IT7～IT9 级,表面粗糙度 R_a 为 1.6～6.3 μm。

第二节　铣床及其附件

一、铣床的种类和型号

铣床的种类很多,最常用的是卧式铣床和立式铣床,另外还有工具铣床、龙门铣床、键槽铣床、螺纹铣床及数控铣床等。铣床的型号按照 JB1838—1985《金属切削机床型号编制方法》的规定表示。例如铣床的型号为 X6132,其各位的含义如下:

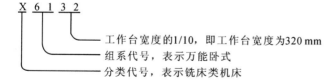

工作台宽度的1/10,即工作台宽度为320 mm

组系代号,表示万能卧式

分类代号,表示铣床类机床

二、卧式万能铣床

卧式万能铣床是应用最广的一种铣床。如图 8-2 所示为卧式万能升降台式铣床的外形及其组成。它的主轴轴线与工作台平面平行,呈水平位置。工作台可沿纵、横、垂直三个方向移动,并可在水平面内回转一定的角度。

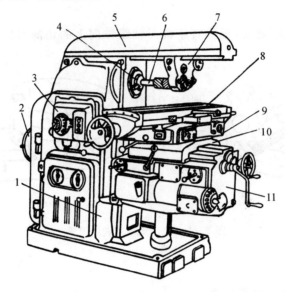

图 8-2　卧式铣床

1—床身;2—电动机;3—主轴变速机构;4—主轴;5—横梁,6—刀杆,7—吊架;8—纵向工作台;

9—转台;10—横向工作台;11—升降台

卧式万能铣床主要组成部分及作用如下:

(1)床身:用来固定和支撑所有的部件,电动机、主轴变速机构、主轴等安装在床身内部。

(2)横梁:在横梁上面装有吊架,用来支撑铣刀杆,从而增加铣刀杆的刚性。

(3)主轴:是空心轴,前端装有 7∶24 的精密锥度孔,用来安装铣刀杆,并带动铣刀旋转。

(4)纵向工作台:用来安装工件或夹具,台面下通过螺母与丝杠连接,可在转台的导轨上实现纵向移动。

(5)转台:在转台上设有水平导轨,供工作台纵向移动;下面与横向工作台用螺栓紧固连接,松动螺栓,可使纵向工作台在水平面内旋转一个角度,获得斜向移动,以加工螺旋工件。

(6)横向工作台:位于升降台上的水平导轨上,可带动纵向工作台作横向移动,以实现横向进给。

(7)升降台:可使工作台沿垂直轨上下移动,以实现垂直进给。

三、立式铣床

立式铣床如图 8-3 所示,其主轴与工作台面相互垂直。立式铣床的头架还可在垂直面内旋转一定角度,以铣削斜面。

立式铣床可加工平面、斜面、键槽、T 型槽、燕尾槽等。

四、龙门铣床

如图 8-4 所示为龙门铣床外形。龙门铣床的框架两侧各有垂直导轨,其上安装有两个侧铣头;框架上面是横梁,其上又安装有两个铣头。这样,龙门铣床有四个独立的主轴,均可安装一把刀具,通过工作台的移动,几把刀具同时对几个表面进行加工,生产效率较高。

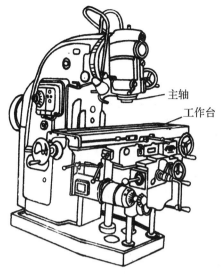

图 8-3 立式铣床

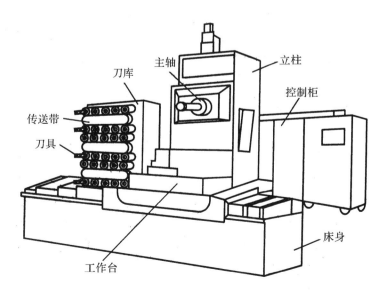

图 8-4 龙门铣床

1—工作台;2,4,8,9—铣头;3—横梁;

5,7—立柱;6—横梁;10—床身

五、数控铣床及铣镗加工中心

目前,数控铣床的应用日益广泛。CNC 铣床就是用微机来控制铣床主轴的旋转运动和工作台的进给运动。它特别适宜于单件小批量、多品种、复杂型面零件的铣削加工。随着数控铣床加工技术的进步,又发展了具有多功能性质的铣镗加工中心,如图 8-5 所示,其特点是除了能完成数控铣床上的铣削加工外,还可进行镗、钻、铰、攻丝等综合加工,并配有自动刀具交换系统、自动工作台交换系统、工作台自动分度系统等,在一次工件装夹中可以自动更换刀具进行铣、钻、铰、攻丝、镗等多工序加工。

图 8-5 铣镗加工中心

六、铣床附件

铣床常用附件有平口钳、万能分度头、万能立铣头、回转工作台等,如图 8-6 所示。

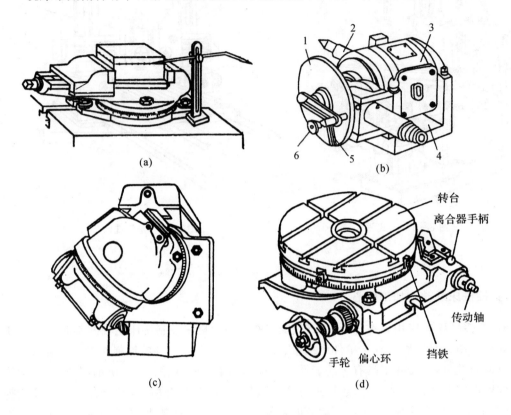

图 8-6 铣床主要附件
(a)平口钳;(b)万能分度头;(c)万能立铣头;(d)回转工作台

(1)平口钳:是一种通用夹具。使用前,先校正平口钳在工作台上的位置,以保证固定钳口部分与工作台台面的垂直度、平行度,然后再夹紧工件,进行铣削加工。

(2)回转工作台:内部有一幅蜗轮蜗杆,转动手轮即可使蜗杆转动,随即带动蜗轮旋转,从而使转台转动。转台圆周和手轮上有刻度,可以准确地定出转台的位置。如图 8-7 所示,在回转工作台上铣圆弧槽的情况。

(3)万能分度头:是一种分度装置,有底座、转动体、分度盘、主轴和顶尖等组成。主轴装在转动体内,并可随转动在垂直平面内扳动成水平、垂直或倾斜位置。例如铣齿轮时,要求铣完一个齿形后转过一个角度,再铣下一个齿,这种使工件转过一定角度的工作就是分度。分度时摇动手柄,通过蜗杆、蜗轮带动分度头主轴,再通过主轴带动安装在轴上的工件旋转。如图 8-8 所示为分度头传动关系图。

(4)万能立铣头:将卧式铣床的横梁、刀杆卸下,装上万能立铣头,立铣头的主轴可以在空间旋转成任意方向角度,从而实现各种空间角度的加工。

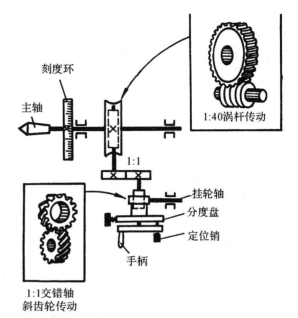

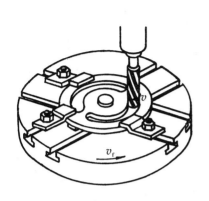

图8-7 回转工作台上铣圆弧槽

图8-8 万能分度头传动系统图

第三节 铣 刀

一、铣刀的种类及用途

铣刀的种类很多,按材料不同,分为高速钢和硬质合金两类;按安装方法分为带孔铣刀和带柄铣刀两类。图8-9分别为带孔铣刀和带柄铣刀。

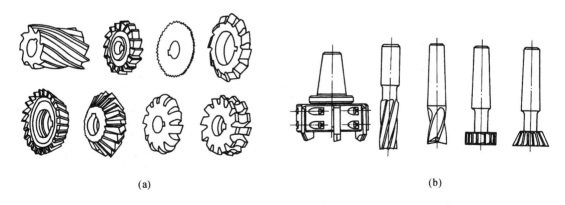

(a)

(b)

图8-9 各种铣刀

(a)带孔铣刀;(b)带柄铣刀

各种刀具的应用如图8-10所示。

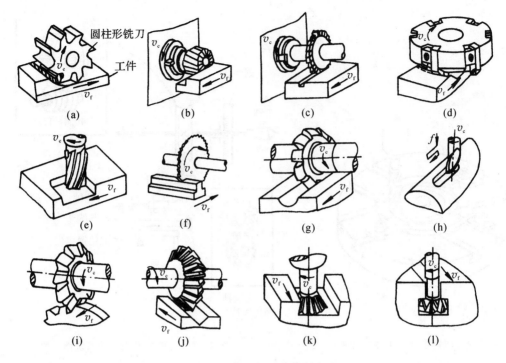

图 8-10　常见的几种铣削方法

二、铣刀的安装

1. 带孔铣刀的安装

带孔铣刀常用于卧式铣床,常用刀杆安装。刀杆的一端为锥体,装入机床主轴锥孔中,由拉杆拉紧。主轴旋转运动通过主轴前端的端面键带动,刀具套在刀杆上并由刀杆上的键来带动旋转,刀具的轴向位置由套筒来定位。为了提高刀杆的刚度,刀杆另一端由机床横梁上的吊架支承,如图 8-11 所示。

2. 带柄铣刀的安装

带柄铣刀多用于立式铣床上,按刀柄的形状不同可分为直柄和锥柄两种。锥柄铣刀安装首先选用过渡锥套,再用拉杆将铣刀及过渡锥套一起拉紧在立轴端部的锥孔内,如图 8-12(a)所示;直柄铣刀一般直径较小,多用弹簧夹头进行安装,如图 8-12(b)所示。

图 8-11　卧式铣床带孔铣刀的安装

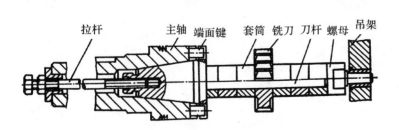

图 8-12　带柄铣刀的安装
(a)锥柄铣刀;(b)直柄铣刀

第四节 铣削方法

铣削加工主要用来加工平面(水平面、垂直面、斜面)、沟槽(包括直角槽、键槽、V 形槽、燕尾槽、T 形槽、圆弧槽、螺旋槽等)及成形面等。根据需要,铣削可进行粗铣、半精铣、精铣。常用的装夹方法有平口虎钳装夹、压板和螺栓装夹、V 形铁装夹、分度头和卡盘装夹等。

一、铣平面

铣平面的各种方法如图 8-13 所示。

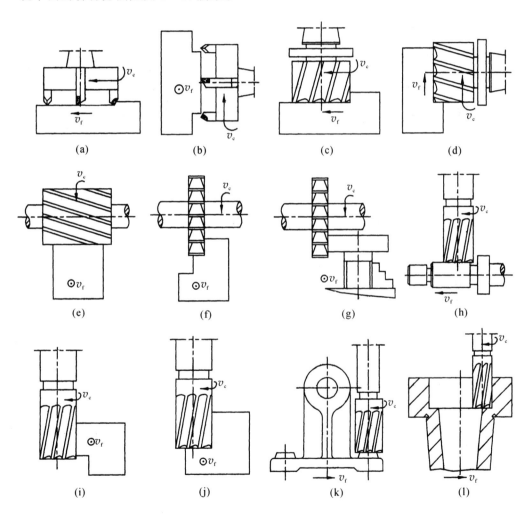

图 8-13 铣平面的方法

(a)端铣刀铣水平面;(b)端铣刀铣垂直面;(c)套式立铣刀铣水平面;(d)套式立铣刀铣垂直面;
(e)圆柱铣刀铣水平面;(f)三面刃铣刀铣台阶面;(g)三面刃铣刀铣小平面;(h)立铣刀铣轴扁平面;
(i)立铣刀铣垂直面;(j)立铣刀铣台阶面;(k)立铣刀铣小凸台;(l)立铣刀铣内凹平面

由图可知,各种平面的铣削,可以采用圆柱铣刀和端铣刀。通常用圆柱铣刀铣削平面的方法称为周铣;用端铣刀铣削平面的方法称为端铣。周铣时,铣刀轴线与加工平面平行;端铣时,铣刀轴线与加工平面垂直。

周铣时,又可以分为顺铣和逆铣两种方法,如图 8-14 所示。

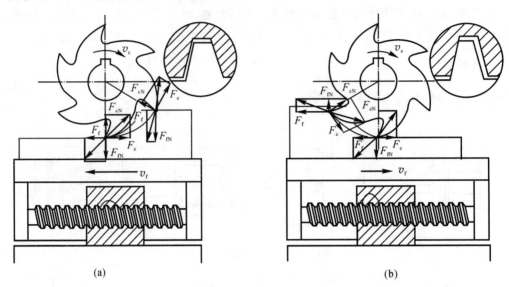

(a)　　　　　　　　　　(b)

图 8-14　顺铣和逆铣
(a)顺铣;(b)逆铣

1. 顺铣

如图 8-14(a)所示,在旋转铣刀与工件的切点处,铣刀切削刃的运动方向与工件进给方向相同的铣削方法称为顺铣。

顺铣时,铣刀齿容易切入工件,切屑由厚逐渐变薄。铣刀对工件切削力的垂直分力向下压紧工件,使得铣削过程平衡,不易产生振动。但是,铣刀对工件的水平分力与工作台的进给方向一致,会使工作台出现爬行现象。这是由于工作台的丝杠与螺母之间有间隙,在水平分力的作用下,丝杠与螺母之间的间隙会消除而使工作台出现突然窜动。使用顺铣时,铣床必须具备丝杠与螺母的间隙调整机构。

2. 逆铣

如图 8-14(b)所示,在旋转铣刀与工件的切点处,铣刀切削刃的运动方向与工件进给方向相反的铣削方法称为逆铣。

逆铣时,刀刃在工件表面上先滑行一小段距离,并对工件表面进行挤压和摩擦,然后切入工件,切屑由薄逐渐变厚。铣刀对工件的垂直分力向上,使工件产生抬起趋势,易引起刀具径向震动,造成已加工表面产生波纹,影响刀具使用寿命。丝杠与螺母的间隙对铣削没有影响。

实际生产过程中,广泛采用顺铣。

二、铣沟槽

各种沟槽的铣削方法如图 8-15 所示。

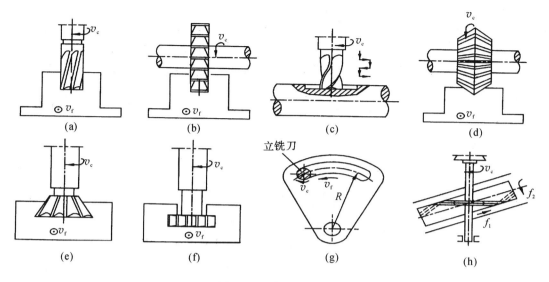

图 8-15　铣沟槽的方法

(a)立铣刀铣直角槽；(b)三面刃铣刀铣直角槽；(c)键槽铣刀铣键槽；(d)角度铣刀铣 V 形槽；

(e)燕尾铣刀铣燕尾槽；(f)T 形铣刀铣 T 形槽；(g)立铣刀铣圆弧槽；(h)盘形铣刀铣螺旋槽

三、铣齿形

齿轮是机械传动系统中传递运动和动力的重要零件,其结构形式多种多样,应用十分广泛。常见齿轮传动类型如图 8-16 所示。

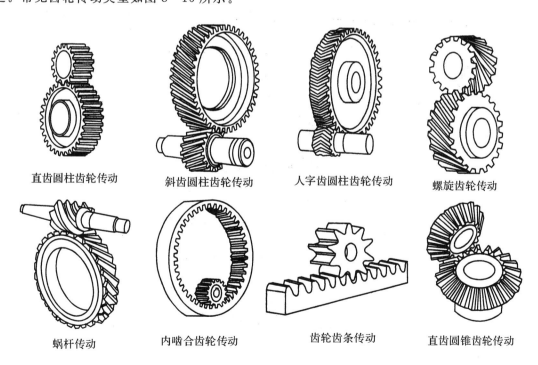

直齿圆柱齿轮传动　　斜齿圆柱齿轮传动　　人字齿圆柱齿轮传动　　螺旋齿轮传动

蜗杆传动　　内啮合齿轮传动　　齿轮齿条传动　　直齿圆锥齿轮传动

图 8-16　常见齿轮传动的类型

齿轮齿形的加工方法按加工原理可分为成形法和展成法两类。成形法是用与被切齿轮的齿槽法向截面形状相符的成形刀具切出齿形的方法,常见的有铣齿、拉齿等;展成法是用齿轮刀具与被切齿轮的相互啮合运动而切出齿形的方法,常见的有滚齿、插齿。

如图 8-17 所示,利用卧式铣床铣削齿轮时,将齿轮毛坯紧固在芯轴上并把芯轴安装在分度头与尾架的顶尖之间,铣刀旋转,工件随工作台作纵向进给运动。每铣完一个齿槽,纵向退刀后进行分度,再铣下一个齿槽。

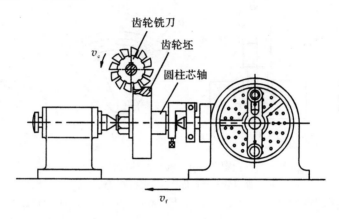

图 8-17 铣削直齿圆柱齿轮

选用齿轮铣刀时,一般根据被切齿轮的模数大小来选择盘状铣刀或指状铣刀。另外,还根据齿数来选用相应的铣刀号。

此种方法的特点是机床和刀具简单,加工齿轮的精度低、成本低、生产效率亦较低,常用于单件生产。

思 考 题

1. 什么是铣削的主运动和进给运动?
2. 铣削的主要加工范围是什么?
3. 卧式万能铣床有哪些主要组成部分? 它们各自所起的作用是什么?
4. 为什么铣刀要做成多齿刀具? 为什么许多铣刀还做成螺旋齿形状?
5. 什么是逆铣? 什么是顺铣? 如何选择应用?
6. 铣轴上键槽时,如何进行对刀? 对刀的目的什么?
7. 万能分度头的主要功能是什么? 可加工哪些零件?

第九章

刨削、拉削、镗削及特形表面的加工

安全常识

1. 操作者必须戴安全帽,长发压入帽内,防止发生人身伤害事故。
2. 刨床只能一人操作。
3. 加工工件和切削刀具必须装夹牢固,以防发生事故。
4. 测量工件时,必须关闭刨床,以防发生事故。
5. 工作台和滑轨的调整不能超过极限位置。

第一节 刨削加工

刨削是以刨刀相对工件的往复直线运动与工作台(或刀架)的间歇进给运动实现切削加工的,如图9-1所示。

刨削是加工平面、斜面、沟槽或成形面的一种方法。待加工面如图9-2所示。

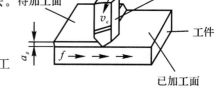

图9-1 牛头刨床的刨削要素

刨削加工的主要特点如下:

(1)适应性较好。机床和刀具的结构简单,可以加工各种类型的零件。

(2)加工精度较低。尺寸精度为IT9~IT7。

(3)生产率较低。刨削的主运动是往复直线运动,一个表面往往要经过多次行程才能加工出来,基本工艺时间较长。刨刀返回时,一般不进行切削,增加了辅助时间。但是对于狭长表面(如导轨、长槽等)的加工,刨削的生产率可高于铣削。

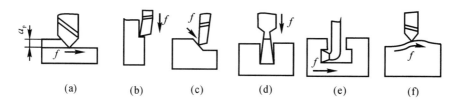

图9-2 刨削加工的主要工作

(a)刨平面;(b)刨垂直面;(c)刨斜面;(d)刨直槽;(e)刨T形槽;(f)刨曲面

一、刨床

刨床类机床主要有牛头刨床、龙门刨床、插床。牛头刨床多用于单件小批量生产的中小型狭长零件的加工。龙门刨床可以加工大型工件或同时加工多个中小型工件。

牛头刨床(见图9-3)的型号是按照 JB1388—1985《金属切削机床型号编制方法》的规定表示的,例如铣床的型号为 B6065,其各位的含义如下:

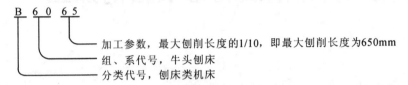

在牛头刨床上加工工件时,主运动是刨刀的直线往复运动,刨刀工作行程时进行切削,返回行程时不进行切削,因此工作效率较低。工件则在刨刀每次退回后做横向直线进给运动。

龙门刨床与牛头刨床不同,它的框架因呈"龙门"形状而得名。它的主运动是工件在工作台上的直线往复运动,进给运动是刀架(刀具)的横向或垂直移动。如图9-4所示为 B2010A 龙门刨床外观图。龙门刨床适用于中、大批生产中的大型零件平面和沟槽等的加工。

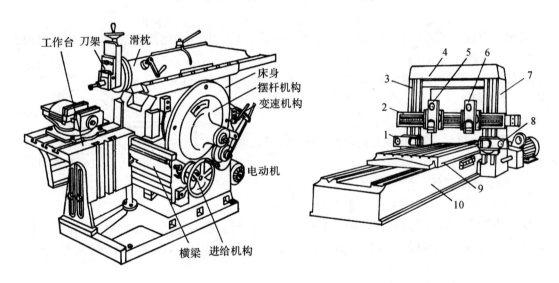

图9-3 牛头刨床

图9-4 龙门刨床
1,5,6,8—刀架;2—横梁;3,7—立柱;4—顶梁;9—工作台;10—床身

B2010A 的含义如下:

二、刨刀的安装与工件的装夹

安装时将转盘对准零线，以便准确控制背吃刀量，如图 9 - 5 所示。刀架下端应与转盘底侧基本相对，以增加刀架的刚度。直刨刀的伸出长度一般为刀杆厚度 H 的 1.5～2 倍，如图 9 - 6 所示。夹紧刨刀时应使刀尖离开工件表面，以防碰坏刀具和擦伤工件表面。

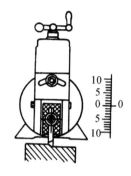

图 9 - 5　刨刀安装时
转盘对准零线

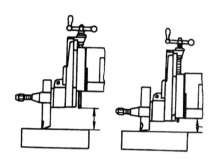

图 9 - 6　刨刀的安装
(a)错误；(b)正确

刨削时必须先将工件安装在刨床上，经过定位和夹紧，使工件在整个加工过程中始终保持正确的位置，这个过程叫工件装夹。装夹的方法根据被加工工件的形状和尺寸大小而定。

1. 机床用平口虎钳装夹工件

机床用平口虎钳是一种通用性较强的装夹工具，使用方便灵活，适用于装夹形状简单、尺寸较小的工件。在装夹工件之前，应先把机床用平口虎钳钳口找正并固定在工作台上。在机床上用平口虎钳装夹工件的注意事项如下：

(1)工件的被加工面必须高出钳口，否则应用平行垫铁垫高。

(2)为了保护钳口不受损伤，在夹持毛坯件时，常先在钳口上垫铜皮等护口片。

(3)使用垫铁夹紧工件时，要用木锤或铜锤子轻击工件的上平面，使工件紧贴垫铁。

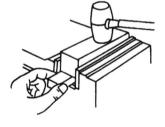

图 9 - 7　工件在机床用平口
虎钳内装夹

夹紧后要用手抽动垫铁，如有松动，说明工件与垫铁贴合不紧，刨削时工件可能会移动，应松开机床用平口虎钳重新夹紧，如图 9 - 7 所示。

(4)装夹刚性较差的工件(如框形工件)时，为了防止工件变形，应先将工件的薄弱部分支撑起来或垫实，如图 9 - 8 所示。

(5)如果工件按划线加工，可用划线盘和内卡钳来校正工件，如图 9 - 9 所示。

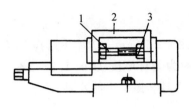

图 9-8 框形工件的夹紧

1—螺栓;2—工件;3—螺母

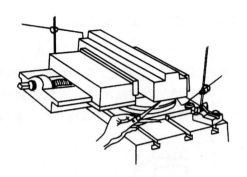

图 9-9 用划线盘和内卡钳校正工件

1—螺栓;2—工件;3—螺母

2. 工作台装夹工件

当工件的尺寸较大或在机床用平口虎钳内不便于装夹时,可直接在牛头刨床工作台面上装夹。

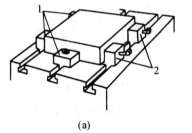
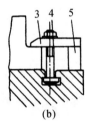
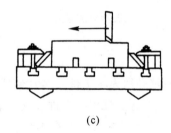

(a)   (b)   (c)

图 9-10 在工作台上装夹工件的几种方法

(a)用螺钉和挡铁;(b)用压板和螺栓;(c)用挤压的方法

1—挡铁;2—螺钉撑;3—压板;4—螺栓;5—垫铁

在工作台上装夹工件的方法很多,常用的几种方法如图 9-10所示。在工作台上装夹工件的注意事项如下:

(1)装夹时,应使工件底面与工作台面贴实。如果工件底面不平,应使用铜皮、铁皮或楔铁等将工件垫实。

(2)在工件夹紧前、后,都应检查工件的安装位置是否正确。如工件夹紧后产生变形或位置移动,应松开工件重新夹紧。

(3)工件的夹紧位置和夹紧力要适当,应避免工件因夹紧导致变形或移动。

(4)用压板螺栓装夹工件时,各种压板的正确使用如图 9-11所示。

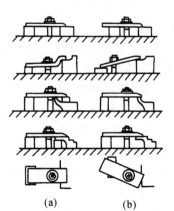

(a)   (b)

图 9-11 各种压板的正确使用

(a)正确;(b)错误

3. 专用夹具装夹工件

这是一种较完美的装夹方法。它装夹工件既迅速又准确,无须找正,但需要预先制作专用夹具,所以多用于成批生产。

三、刨削加工

刨平面的基本步骤如下：

(1)正确安装工件和刨刀；将工作台调整到使刨刀刀尖略高于工件待加工面的位置；调整滑枕的行程长度和起始位置。

(2)转动工作台横向走刀手柄，将工作台移至刨刀下面。开动机床，摇动刀架手柄，使刨刀刀尖轻微接触工件表面。

(3)转动工作台横向走刀手柄，使工件移至一侧离刀尖 3~5 mm 处。

(4)摇动刀架手柄，按选定的背吃刀量，使刨刀向下进刀。转动棘轮罩和棘爪，调整好工作台的进给量和进给方向。

(5)开动机床，刨削工件宽 1~1.5 mm 时停车，用钢直尺或游标卡尺测量背吃刀量是否正确，确认无误后，开车将整个平面刨完。

刨垂直面就是用刀架垂直进给来加工平面的方法，主要用于加工狭长工件的两端面或其他不能在水平位置加工的平面。加工垂直面应注意：

(1)应使刀架转盘的刻线对准零线。如果刻线不准可按图 9-12 所示的方法找正刀架垂直。

(2)刀座应按上端偏离加工面的方向偏转 10°~15°，如图 9-13 所示。其目的是使刨刀在回程抬刀时离开加工表面，以减少刀具磨损。

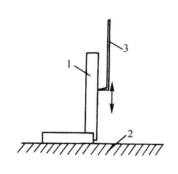

图 9-12 找正刀架垂直的方法

1—90°角尺；2—工作台；3—装在刀夹中的弯头划针

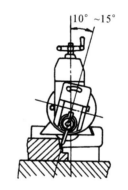

图 9-13 刨垂直面刀座偏离加工面的方向

刨削斜面最常用的方法是倾斜刀架法。刀架的倾斜角度等于工件待加工斜面与机床纵向垂直面的夹角。刀座倾斜的方向与刨垂直面时刀座倾斜的方向相同，如图 9-14 所示。

正六面体零件要求对面平行且相邻面垂直，其刨削顺序如图 9-15 所示。

(1)以较为平整和较大的毛坯平面作为粗基准，刨面 1。

(2)将面 1 贴紧固定钳口，在活动钳口与工件中部之间垫一圆棒，然后夹紧，刨面 2。

165

（3）将面 1 贴紧固定钳口，面 2 贴紧钳底刨面 4。

（4）将面 1 朝下放在平行垫铁上，工件夹在两钳口之间。夹紧时，用手锤轻轻敲打，以求面 1 与垫铁贴实，刨面 3。

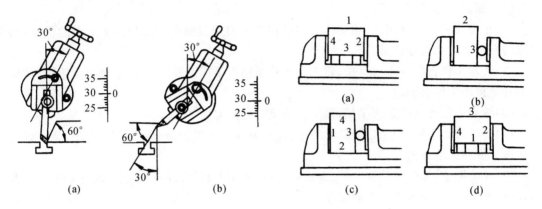

图 9-14 倾斜刀架刨削斜面
(a)刨外斜面；(b)刨内斜面

图 9-15 刨削正六面体的加工顺序
(a)刨面 1；(b)刨面 2；(c)刨面 4；(d)刨面 3

刨 T 形槽前，应先将工件的各个关联平面加工完毕，并在工件前、后端面及平面划出加工线，如图 9-16 所示。然后按线找正加工，刨削顺序如图 9-17 所示。

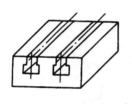
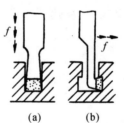

图 9-16 T 形槽工件的划线

图 9-17 T 形槽的刨削顺序
(a)用切槽刀刨出直槽；(b)用弯切刀刨右凹槽；
(c)用弯切刀刨左凹槽；(d)用 45°刨刀倒角

燕尾槽的燕尾部分是两个对称的内斜面。其刨削方法是刨直槽和刨内斜面的综合，但需要专门刨燕尾槽的左、右偏刀。在各面刨好的基础上可按下列步骤刨燕尾槽，如图 9-18 所示。

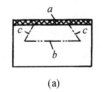

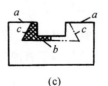
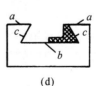

图 9-18 刨燕尾槽的步骤
(a)刨平面；(b)刨直槽；(c)刨左燕尾槽；(d)刨右燕尾槽

第二节 拉削加工

一、拉削加工范围

拉削加工是用拉刀在拉床上进行切削加工的一种工艺方法。一般用于加工通孔、平面和成形表面。图 9-19 所示为适于拉削的一些典型表面形状。

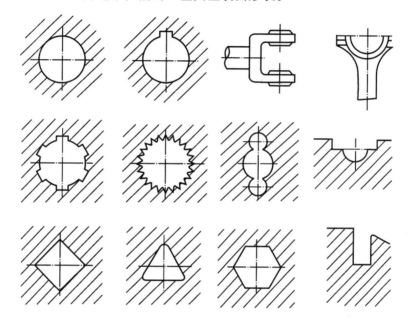

图 9-19 拉削的典型表面形状

拉削时,拉刀使被加工表面一次切削成形,所以拉削过程中,拉床只有主运动,没有进给运动。切削时,拉刀作平稳的低速直线运动。拉刀承受的切削力很大,通常是由液压驱动的。安装拉刀的滑座通常由液压缸的活塞杆带动。

拉削加工,切屑薄,切削运动平稳,因而有较高的加工精度和较好的表面粗糙度。拉床工作时,工件的粗、精加工可在一次行程中完成。因此,生产效率较高,是铣削加工生产效率的 3~8 倍。但拉削加工所用的刀具——拉刀,其结构复杂,制造成本高,因此,仅适用于大批、大量生产。

二、拉床

拉床的主要参数是额定拉力,常见为 50~400 kN。拉床有内表面拉床和外表面拉床两类,按机床的布局形式有卧式的,也有立式的。图 9-20 所示为拉床的主要类型。卧式拉床的工作原理为:毛坯从拉床左端装入夹具并穿入拉刀,然后由机床带动拉刀匀速向右运动。当拉刀通过工件后,即完成拉削加工。卧式拉床用以拉花键孔、键槽和精加工孔。立式内表面拉床常用于在齿轮淬火后,校正花键孔的变形。这时切削用量不大,拉刀较短,故为立式,拉削时常从拉刀的上部向下推。立式外表面拉床用于汽车拖拉机行业加工汽缸体等零件的表面。连续式外表面拉床的工作原理为:毛坯从拉床左端装入夹具,连续地向右运动,经过拉刀下方时拉削顶面,到达右端时加工完毕,从机床上卸下。它用于大量生产中加工小型零件。

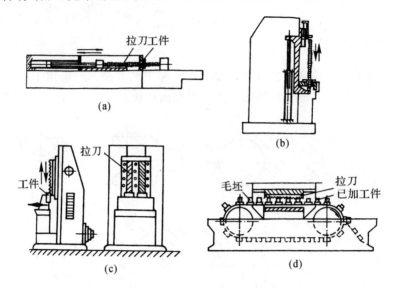

图 9 - 20 拉床的主要类型

(a)卧式拉床;(b)立式内表面拉床;(c)立式外表面拉床;(d)连续式外表面拉床

三、拉刀

拉刀是高效的多齿刀具。拉削时,利用拉刀上相邻刀齿尺寸的变化切除加工余量。拉刀的主要特点是:能加工各种形状贯通的内、外表面,拉削精度高,生产率高,拉刀使用寿命长,但制造复杂,拉刀主要用于大量、成批的零件加工。

1. 拉刀的组成

拉刀组成如图 9 - 21 所示,它包括柄部、颈部、过渡锥、前导部、切削部、校准部、后导部和支托部。对于长而重的拉刀还必须作出支承用的后柄。拉刀工作部分的结构参数主要有齿升量 f_z,它是相邻刀齿半径差,用以达到每齿切除金属层的作用。每齿上具有前角 γ_0、后角 α_0 及后角为 0°的刃带宽,相邻齿间作出容屑槽。

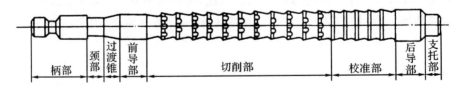

| 柄部 | 颈部 | 过渡锥 | 前导部 | 切削部 | 校准部 | 后导部 | 支托部 |

图 9 - 21 拉刀组成

广泛使用的矩形花键拉刀主要用于拉削大径定心和小径定心的矩形花键孔。花键拉刀有内孔-花键组合拉刀、倒角-花键组合拉刀和倒角-内孔-花键组合拉刀。图 9 - 22 所示为拉刀的切削加工过程示意图。拉刀的每一个刀齿,依次切削掉一层薄薄的金属层,一次拉削行程便可以切削掉全部的加工余量。

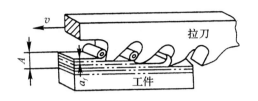

图 9 - 22 拉刀切削过程

2. 拉刀的种类及用途

通常按被加工表面部位、拉刀结构和使用方法对拉刀进行分类。

(1)按被加工表面部位：可分为内拉刀和外拉刀。常见的拉刀有圆柱拉刀、花键拉刀、四方拉刀、键槽拉刀和平面拉刀。

(2)按拉刀结构：可分为整体拉刀、焊接拉刀、装配拉刀和镶齿拉刀。加工中、小尺寸表面的拉刀，常制成高速钢整体形式。加工大尺寸、复杂形状表面的拉刀，则可由几个零部件组装而成。对于硬质合金拉刀，利用焊接或机械镶装的方法将刀齿固定在结构钢刀体上。

(3)按使用方法：可分为拉刀、推刀和旋转拉刀。推刀是在推力作用下工作的。推刀主要用于校正与修光硬度低于 45HRC 且变形量小于 0.1 mm 的孔。推刀的结构与拉刀相似，它齿数少、长度短。旋转拉刀是在转矩作用下，通过旋转运动而切削工件的。

拉刀在拉床上的安装位置以及拉削圆孔时工件的安装位置如图 9 - 23 所示。

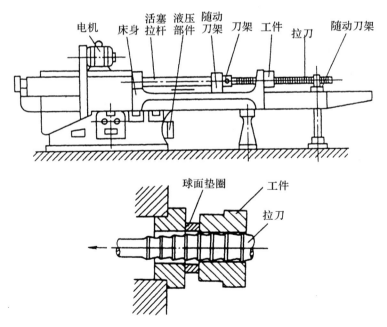

图 9 - 23 拉刀及工件在拉床上的安装位置

四、拉削加工的工艺特点

(1)由于采用液压传动，工作平稳没有冲击，进给量低，切削速度很低，没有积屑瘤的产生，所以加工质量很高。拉削后公差等级可以达到 IT9～IT7,表面粗糙度 R_a 为 3.2～0.5 μm。

(2)因为拉刀在一次行程中就可以切削掉工件的全部加工余量,并且具有校准、修光加工面的作用,所以具有很高的生产率。

(3)拉刀的特殊性决定了一把拉刀只能加工一种工件,如果工件尺寸改变,就必须更换拉刀;拉刀结构复杂,制造成本高,只有在大批量生产中才有较高的经济效益。

(4)对于台阶孔、盲孔等,不能进行拉削;对于薄壁零件或刚性较差的零件,因拉削时的拉削力较大,零件易变形,一般不适宜拉削。

第三节 镗削加工

一、镗削加工的设备

镗床的主要功能是用镗刀进行镗孔,按其结构形式可分为卧式铣镗床、立式镗床、坐标镗床等。

1. 卧式镗床

卧式镗床除镗孔外,还可以用各种加工刀具进行钻孔、扩孔和铰孔,可安装端面铣刀铣削平面;可利用其上的平旋盘安装车刀车削端面和短的外圆柱面;利用主轴后端的交换齿轮可以车削内、外螺纹等。因此,卧式镗床能对工件一次安装后完成大部分或全部的加工工序。卧式镗床主要用于对形状复杂的大、中型零件如箱体、床身、机架等加工精度和孔距精度、形位精度要求较高的零件进行加工,其主要加工方法如图 9-24 所示。

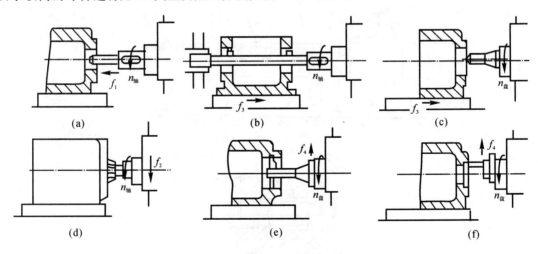

图 9-24 镗削主要加工方法

卧式镗床如图 9-25 所示,由底座 10、主轴箱 8、前支柱 7、带后支架 1 的后立柱 2、下滑座 11、上滑座 12 和工作台 3 等部件组成。主轴箱 8 可沿前立柱 7 的导轨上下移动。在主轴箱中,装有主轴部件、主运动和进给运动变速机构以及操纵机构。根据加工情况不同,刀具可以装在镗杆 4 上或平旋盘 5 上。加工时,镗杆 4 旋转完成主运动、并可沿轴向移动完成进给运动。平旋盘只能作旋转主运动。装在后立柱 2 上的后支架 1,用于支承悬伸长度较大的镗杆的悬伸端,以增加刚性。后支架可沿后立柱1的导轨与主轴箱同步升降,以保持其上的支承孔与旋转轴在同一轴线上。后立柱2可沿底座10的导轨左右移动,以适应镗杆不同长度的需要。工件安装在工作台3上,可与工作台一起随下滑座11、上滑座12作纵向或横向移动。工作台还可绕上滑座的圆导轨在水平平面内转动,以便加工互相成一定角度的平面或孔。当刀具装在平旋盘5的径向刀架上时,径向刀架可带着刀具作径向进给,以镗削端面,如图9-24(c)所示。

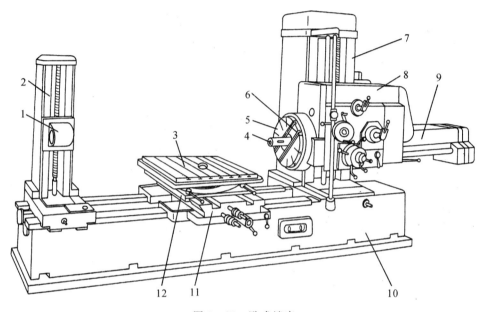

图9-25 卧式镗床
1—后支架;2—后立柱;3—工作台;4—镗杆;5—平旋盘;6,7—支柱;8—主轴箱;9—导轨;
10—底座;11—下滑座;12—上滑座

综上所述,卧式镗床具有下列工作运动:镗杆的旋转主运动、平旋盘的旋转主运动、镗杆的轴向进给运动、主轴箱垂直进给运动、工作台纵向进给运动、工作台横向进给运动和平旋盘径向刀架进给运动。

辅助运动:主轴箱、工作台在进给方向上的快速调位运动、后立柱纵向调位运动、后支架垂直调位运动、工作台的转位运动。这些辅助运动由快速电动机传动。

2. 坐标镗床

坐标镗床是一种高精度机床。由于它装有精密光学仪器——坐标测量装置,机床的主要零部件的制造和装配精度很高,并有良好的刚度和抗震性。因此,它主要用来镗削精密的孔(IT5级或更高)和位置精度要求很高的孔系(定位精度达0.002~0.01 mm),如钻模、镗模等的精密孔。

坐标镗床的加工范围较广,除镗孔、钻孔、扩孔、铰孔、精铣平面和沟槽外,还可进行精密刻线和划线,以及孔距和直线尺寸的精密测量等工作。坐标镗床的主参数是工作台的宽度。

坐标镗床有立式单柱、立式双柱和卧式等主要类型。图9-26(a)所示为立式单柱坐标镗床,图9-26(b)所示为立式双柱坐标镗床。下面对立式单柱坐标镗床的主要结构及运动作简单介绍。

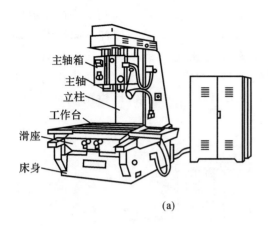

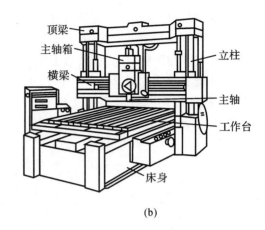

(a)　　　　　　　　　　　　(b)

图 9-26　坐标镗床

(a)立式单柱坐标镗床；(b)立式双柱坐标镗床

这种机床的主轴在水平面上的位置是固定的，镗孔坐标位置由工作台沿床鞍导轨的纵向移动和床鞍沿床身导轨的横向移动来确定。装有主轴组件的主轴箱装在立柱的垂直导轨上，可上下调整位置以适应加工不同高度的工件。主轴由精密轴承支承在主轴套筒中（旋转精度和刚度都有很高的要求），主轴的旋转运动是由立柱内的电动机经带轮和变速箱传动，以完成主运动。当进行镗孔、钻孔、扩孔、铰孔等工序时，主轴由主轴套筒带动。在垂直方向作机动或手动进给运动。

这种机床工作台的三个侧面部是敞开的，操作比较方便。立式单柱的布局形式多为中、小型坐标镗床采用。

二、镗削加工的工艺特点和应用

1. 镗孔的工艺特点

（1）刀具结构简单，且径向尺寸可以调节，用一把刀具就可加工直径不同的孔；在一次安装中，既可进行粗加工，也可进行半精加工和精加工；可加工各种结构类型的孔如不通孔、阶梯孔等，因而适应性广，灵活性大。

（2）能校正原有孔的轴线歪斜与位置误差。

（3）由于镗床的运动形式较多，工件放在工作台上，可方便准确地调整被加工孔与刀具的相对位置，因而能保证被加工孔与其他表面间的相互位置精度。

（4）由于镗孔质量主要取决于机床精度和工人的技术水平，因而对操作者技术要求较高。

（5）与铰孔相比较，由于单刃镗刀刚性较差，且镗刀杆为悬壁布置或支撑跨距较大，使切削稳定性降低，因而只能采用较小的切削用量，以减少镗孔时镗刀的变形和震动，同时，参与切削的主切削刃只有一个，因而生产率较低，且不易保证稳定的加工精度。

（6）不适宜细长孔的加工。

2. 镗孔的应用

如上所述，镗孔特别适合于单件小批生产中对复杂的大型工件上的孔系进行加工。这些孔除了有较高的尺寸精度要求外，还有较高的相对位置精度要求。镗孔尺寸公差等级一般可达 IT9～IT7，表面粗糙度 R_a 值可达 $1.6～0.8~\mu m$。此外，对于直径较大的孔（直径大于

80 mm)、内成形表面、孔内环槽等,镗孔是唯一适合的加工方法。

第四节 特形表面的加工

一、螺纹的加工

1. 螺纹的种类

螺纹是一种特定的成形面,种类多、应用广。若按用途的不同,可分为以下两类:

(1)连接螺纹:它用于零件间的固定连接。普通螺纹是最常用的一种连接螺纹,螺纹截面形状呈三角形。米制螺纹牙型角为 $60°$,英制螺纹牙形角为 $55°$。另一类连接螺纹为圆柱管螺纹和圆椎管螺纹;对普通螺纹的主要要求是可旋入性和连接的可靠性;对管螺纹的主要要求是密封性和连接的可靠性。

(2)传动螺纹:它用于传递动力、运动和位移,如丝杠和测微螺杆的螺纹等,常用梯形螺纹、方牙螺纹和锯齿形螺纹。

对于传动螺纹的主要要求是传动准确、可靠、螺纹牙侧表面接触良好及耐磨等。

螺纹的技术要求:

(1)对于连接螺纹和无传动精度要求的传动螺纹,一般只要求中径和顶径(外螺纹的大径,内螺纹的小径)的精度。

(2)对于有传动精度要求或用于读数的螺纹,除要求中径和顶径的精度外,还要求螺距和牙型角的精度。此外,对螺纹表面的粗糙度和硬度等,也有较高的要求。

国标 GB/T 197—1981 对普通内螺纹的中径和小径,普通外螺纹的中径和大径分别规定了尺寸公差等级(见表 9-1)。其中 6 级为基本级。

表 9-1 普通螺纹公差等级
(GB/T 197—1981)

螺纹直径	公差等级
内螺纹小径 D_1	4,5,6,7,8
内螺纹中径 D_2	4,5,6,7,8
外螺纹大径 d	4,6,8
外螺纹中径 d_2	3,4,5,6,7,8,9

2. 螺纹的加工方法

螺纹的加工方法有车削、铣削、攻螺纹与套螺纹、滚压、磨削、研磨等。

螺纹加工的切削运动要点为:工件每转过一转,刀具相对于工件在工件轴向位移一个导程。其加工可以用于手工操作,也可以在车床、钻床、螺纹铣床、螺纹磨床、滚丝机、搓丝机等机床上利用不同的刀具进行。

3. 螺纹加工方法的选择

螺纹加工方法的选择主要取决于螺纹种类、精度等级、生产批量及零件的结构特点等,详见表 9-2。

表9-2　常用螺纹加工方法的特点及应用

序号	工艺方法	图例	可达加工精度	可达 R_a 值/μm	相对生产率	相对劳动强度	主要限制	适用范围
1	车螺纹		6级	1.6~0.8	低	大	不适于较大批量生产	各直径（M8以下除外）、各牙型的外螺纹，大、中直径内螺纹，硬度低于50HRC；单件、小批生产，大螺纹预加工
2	盘铣刀铣螺纹		7级	1.6	较高	一般	不宜加工小螺纹、内螺纹	大螺距、大直径外螺纹，硬度低于30HRC；成批生产，大批生产，常用于丝杠等件的预加工
3	旋风铣加工螺纹		7~6级	1.6	高	较低	不宜加工短螺纹	大、中直径较大螺距外螺纹，大直径内螺纹，硬度低于30HRC；较大批生产
4	攻螺纹		7~6级	1.6	较高	手攻较大，机攻一般	小螺距的丝锥、板牙易崩牙，小丝锥易折断，切削速度低，手攻有一定技术要求	M16以下的内螺纹，直径大时，螺距小于2 mm，批量不限，精攻亦可
5	套螺纹							M16以下的外螺纹，直径大时，螺距须小于2 mm，工件硬度低于30HRC，批量不限，精攻亦可

续表

序号	工艺方法	图 例	可达加工精度	可达 R_a 值/μm	相对生产率	相对劳动强度	主要限制	适用范围
6	滚螺纹	滚螺纹轮 工件 托板	5~6级	0.4~0.2	很高	低	只能加工塑性好、径向刚度好的外螺纹	中、小直径小螺距外螺纹,工件硬度宜低、塑性宜好。成批、大量生产,材料利用率高,易实现自动化加工,常用于螺纹标准件生产
7	搓螺纹	静板 工件 动板	6级	0.8~0.2	最高	低		
8	单线砂轮磨螺纹	$\alpha_中$	4~5级	0.4~0.1	一般	一般	M30以下内螺纹磨削无法磨出,工件塑性不宜过大	螺距≤1.5 mm可直接磨出,可磨较大螺距,较长硬度旋合长度的螺纹,工件硬度不限,生产批量不限,用于精加工

续表

序号	工艺方法	图　例	可达加工精度	可达 R_a 值/μm	相对生产率	相对劳动强度	主要限制	适用范围
9	多线砂轮磨螺纹		5级	0.4~0.2	高	较大	砂轮与工件接触线宜短,工件塑性不宜过大	螺距<1.5 mm可直接磨出,一般用于较小螺距的螺纹精加工;工件硬度不限,生产批量基本不限
10	研磨		4~5级	降低至原有的1/2~1/4	低	手研大于机研	牙根部难研	常用于精度高、表面质量好的螺纹最后加工,批量不限
11	其他加工方法							铸造、粉末冶金、电火花、压制成形(橡胶、塑性、陶瓷等),用于相应特殊范围

二、齿轮的加工

齿轮是机械产品中应用较多的零件之一,主要用来传递运动和动力。它的主要部分——轮齿的齿面——也是一种特定形状的成形面,有摆线形面、渐开线形面等。最常见的是渐开线形面。渐开线齿轮精度按现行标准规定分为 12 级,其中 1 级最高,12 级最低,1～2 级精度为远景级,一般不用。在实际应用中 3～5 级为高精度等级,如测量齿轮、精密机床、航空发动机重要齿轮;6～8 级为中等精度等级,如内燃机、电气机车、汽车、拖拉机的重要齿轮;9～12 级为低精度等级,如起重机、农业机械中的一般齿轮。

齿轮的切削加工,按轮齿齿廓的形成过程来分,有两种方法,即成形法和展成法。成形法就是在普通铣床上用盘形齿轮铣刀或指状齿轮铣刀来加工齿轮。用这种方法加工出的齿轮齿槽形状与成形铣刀形状完全相同,如图 9-27 所示。

对齿轮加工来说,齿形加工是主要的工序,常用的加工方法有滚齿、插齿、剃齿、珩齿、磨齿等。一般来说,它们的加工精度按以上次序递增。常用的齿轮齿形加工设备有铣床、滚齿机、插齿机、剃齿机、珩齿机、磨齿机等。

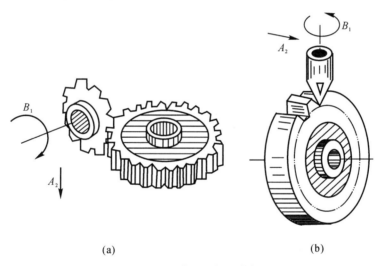

(a)   (b)

图 9-27 成形法加工齿轮

成形法加工齿轮也可以用成形刀具在刨床上刨齿,或在插床上插齿。由于齿轮的齿廓形状决定于基圆的大小,而基圆直径 $D_{基} = mZ\cos\alpha$(m 为模数,Z 为齿数,α 为齿形角),因此,对于相同模数、相同齿形角而不同齿数的齿轮,其齿廓形状是不同的。齿轮在实际加工时,不可能做到每一种齿轮就有一把铣刀,而是采用 8 把一套或 15 把一套的齿轮铣刀。每把铣刀可切削几种齿数的齿轮。因此,用成形法加工出的齿廓形状存在误差,这种加工方法一般只适用于单件小批生产和加工精度要求不高的修配行业中。

展成法加工齿轮利用齿轮啮合原理,其切齿过程模拟齿轮副的啮合过程。用啮合中一个齿轮做成刀具来加工另一个齿轮毛坯。被加工齿的齿形表面是在刀具和工件包络(展成)过程中,由刀具切削刃的位置连续变化而形成的。这种加工方法的优点是,用一把刀具可以加工模数相同、齿数任意的齿轮,生产率和加工精度都比较高。在齿轮加工中,展成法应用最为广泛。

1. 滚齿

滚齿是在滚齿机上切削加工齿轮齿形的一种常用方法。滚齿机的部件组成如图 9-28 所示。

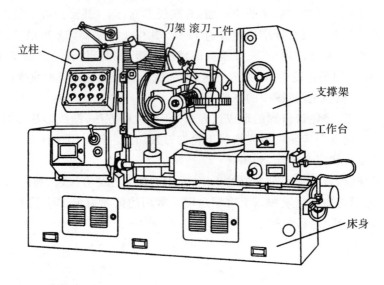

图 9-28　滚齿机

滚切齿形的刀具如图 9-29 所示。滚刀的刀齿是螺旋线分布。一般地,滚刀必须在其螺旋线的法向(或轴向)铣削加工出凹槽,目的是构成齿形和容纳切屑。滚刀的齿后刀面必须铲削加工形成一定的后角,以确保再次修磨前刀面后,齿形保持不变。

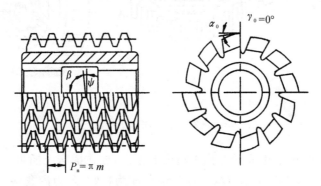

图 9-29　齿轮滚刀

滚切齿轮时,其运动关系近似于无啮合间隙的齿轮与齿条传动。当滚刀旋转一周时,也就是齿条的法向移动一个刀齿,滚刀的连续转动,犹如一根无限长的齿条在连续移动。当滚刀与齿轮坯之间严格按照齿轮与齿条的传动比强制啮合传动时,滚刀刀齿在一系列位置上的包络线就形成了工件的渐开线齿形,如图 9-30 所示。

滚切齿轮时有以下 3 个运动:

主运动:滚刀的旋转运动,转速用 $n_刀$(r/min)表示。

分齿运动:强制齿轮坯与滚刀保持正确的啮合运动关系,即符合关系式

$$n_刀/n_工=z_工/K$$

式中，$n_工$ 为被切齿轮的转速，r/min；$z_工$ 为被切齿轮的齿数；K 为滚刀螺旋线的线数。

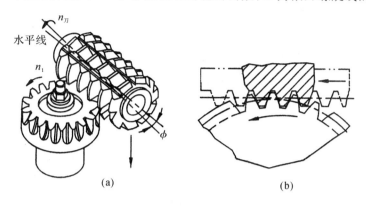

图 9 - 30　滚切齿形原理

(a)滚齿；(b)滚刀的法向剖面为齿条齿形

　　垂直进给运动：为了切出齿形的全部宽度，滚刀必须沿工件的轴线向下移动。工作台每转一转，滚刀垂直向下移动的距离(mm/ r)，称为垂直进给量。

　　滚齿的应用比较广泛，不但能加工直齿圆柱齿轮，还可加工斜齿圆柱齿轮和蜗轮；但不能加工内齿轮和多联齿轮。

　　2. 插齿

　　插齿是在插齿机上加工齿轮齿形的另一种常用方法。插齿机的部件组成如图9 - 31所示。

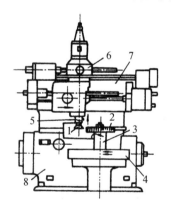

图 9 - 31　插齿机

1—插齿刀；2—工件；3—芯轴；4—工作台；5—刀轴；

6—刀架；7—横梁；8—床身

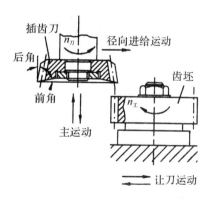

图 9 - 32　插齿刀与插齿加工

　　插齿加工相当于一对无啮合间隙的圆柱齿轮传动，如图9 - 32所示。切削加工时，插齿刀与齿轮坯之间严格按照一对齿轮的啮合速比关系强制传动，即插齿刀每转过一个齿，齿轮坯也转过相当一个齿的角度。同时，插齿刀上下往复运动，以便实现切削加工。其刀齿侧面运动轨迹所形成的包络线，就是

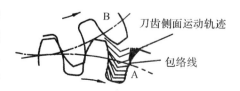

图 9 - 33　插齿时渐开线齿形的形成

被切齿轮的渐开线齿形,如图9-33所示。

插齿的过程中有下列5个运动:

主运动:插齿刀的上下往复运动。向下是切削加工,向上是返回空行程。插齿速度用每分钟往复行程次数(str/min)表示。

分齿运动:强制插齿刀与齿轮轮坯之间保持一对齿轮的啮合关系。即

$$n_刀/n_工 = z_工/z_刀$$

式中,$n_刀$,$n_工$为插齿刀和齿轮的转速;$z_工$,$z_刀$为插齿刀和被加工齿轮的齿数。

圆周进给运动:在分齿运动中,插齿刀每上下往复一次行程在其分度圆上所转过的弧长(mm/str)。

径向进给运动:为了切出整个齿形的高度,插齿刀沿齿轮坯径向的移动。即插齿刀每上下往复一次径向移动的距离(mm/str)。

让刀运动:为了避免插齿刀在返回空行程中擦伤已加工表面和加剧刀具的磨损,应使齿轮坯沿径向让开一段距离;当切削开始前,又恢复原位。

插齿广泛被用来加工内齿轮和多联齿轮。如果增加相应附件,还可加工内外斜齿轮。

常用的齿轮加工方法的工艺特点与应用见表9-3所示。

表9-3 常用齿轮加工方法的工艺特点及应用

序号	工艺方法	图例	可达加工精度	可达R_a值/μm	相对生产率	相对劳动强度	主要限制	适用范围
1	铣齿	 (a)　　　(b)	9级以下	1.6	低	大	不宜较大批量生产,不宜加工内齿轮	单件小批生产。工件硬度低于30HRC。用于修理或不重要齿轮加工
2	滚齿	滚刀 齿条 工件	7级	1.6	高	较低	不能加工内齿轮;双联或三联齿轮应留有足够的退刀槽	批量不限,常用于较大批量生产。工件硬度应低于30HRC。常用于外圆柱直齿、斜齿轮的生产及精密齿轮的预加工
3	插齿	插齿刀 α_0 γ_0	7~6级	1.6	较高	较低	插斜齿轮时刀具复杂机床调整复杂	批量不限,常用于成批生产,工件硬度应低于30HRC,适于加工各种圆柱齿轮,尤以加工内齿轮或扇形齿轮为佳。既可用于一般齿轮生产,也可用于精密齿轮的预加工

续 表

序号	工艺方法	图　例	可达加工精度	可达 R_a 值 /μm	相对生产率	相对劳动强度	主要限制	适用范围
4	剃齿	芯轴 剃齿刀轴线 β	6级	0.2	高	低	刀具制造与刀具刃磨很复杂,只能微量纠正预加工中产生的形位误差	用于轮齿精加工。加工精度可在预加工基础上提高1～2级,可用于渐开线各种齿轮的精加工,工件硬度应低于30HRC
5	弧齿铣		7级	1.6	较低	较低	盘铣刀的制造、刃磨、安装复杂;机床调整复杂	生产批量不限,工件的硬度应低于30HRC。适于加工各种规格的圆弧齿轮
6	成形砂轮磨齿	v_c 间隙进退 $f_径$ 间隙分度	6～5级	0.2	稍高	一般	较小内齿轮难以磨削	生产批量不限,工件硬度不限,但塑性不宜太好。可加工各种渐开线外圆柱齿轮,其中成形砂轮可磨尺寸稍大的内齿轮,也可磨削各种非渐开线齿轮,可纠正预加工产生的形位误差。适于精密齿轮的关键工序加工
7	锥形砂轮磨齿	α' W　W' ω v r' α'	5级	0.2	一般	一般		

续表

序号	工艺方法	图例	可达加工精度	可达R_a值/μm	相对生产率	相对劳动强度	主要限制	适用范围
8	碟形砂轮磨齿		5～4级	0.1	一般	一般	较小内齿轮难以磨削	生产批量不限,工件硬度不限,但塑性不宜太好。可加工各种渐开线外圆柱齿轮,其中成形砂轮可磨尺寸稍大的内齿轮,也可磨削各种非渐开线齿轮,可纠正预加工产生的形位误差。适于精密齿轮的关键工序加工
9	珩磨齿	被珩齿轮 磨料齿圈 金属轮体	5～4级（在预加工基础上提高1级左右）	0.2～0.1	稍高	低	只能微量纠正预加工中产生的形位误差	生产批量不限,工件硬度不限,对工件的塑性要求可低于磨削。可精加工各种规格的渐开线齿轮。在提高精度的同时,表面完整性得到改善
10	研齿	研轮 被研齿轮 研轮 研轮	5～4级（在预加工基础上提高1级左右）	0.1～0.025	低	最低	只能微量纠正预加工中产生的形态误差	生产批量不限,工件的硬度不限,塑性不限,可加工各种规格的渐开线齿轮,主要用以提高齿面的表面完整性,加工精度相应得到提高

思 考 题

1. 牛头刨床、龙门刨床、插床有哪些相同之处和不同之处?

2. 牛头刨床为什么在滑枕工作行程时速度慢,而回程时速度快?

3. 为什么把插床称为刨削类机床?

4. 谈谈你操作此类机床的体会,并举例说明。

5. 试比较铣削与刨削加工精度、表面质量、生产率和应用场合。

6. 拉刀由哪几部分组成？

7. 拉削加工有什么特点？其切削运动与一般机械加工方法有什么不同？

8. 试比较钻孔、扩孔、铰孔、镗孔的加工精度和表面粗糙度、生产率和应用场合。

9. 简述滚齿原理，滚齿应具备哪几个运动？

10. 简述插齿原理，插齿应具备哪几个运动？

11. 对于精度高的齿轮，应如何进行加工？

12. 怎样加工高频淬火齿轮？

13. 试述齿轮加工的方法及各自的特点。

第十章

磨削、光整加工与精密加工

安全常识

1. 多人共用一台磨床时，只能一个人操作并应注意他人的安全。
2. 严禁面对砂轮站立。
3. 砂轮启动后，必须慢慢引向工件，严禁突然接触工件；禁止大切深磨削工件。

第一节 概 述

磨削加工是利用砂轮的高速旋转对工件表面进行切削加工的一种方法。在机械制造业中，它是对机械零件进行精密加工的主要方法之一。常见的各种磨削方式如图10-1所示。

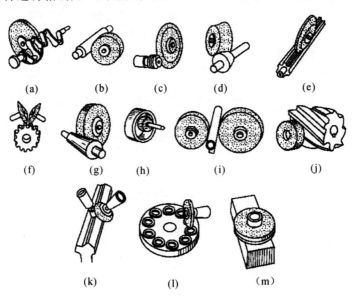

图 10-1 常见的各种磨削方式

(a)曲轴磨削；(b)外圆磨削；(c)螺纹磨削；(d)成形磨削；(e)花键磨削；(f)齿轮磨削；(g)圆锥磨削；
(h)内圆磨削；(i)无心外圆磨削；(j)刀具刃磨；(k)导轨磨削；(l)卧轴平面磨削；(m)立轴平面磨削

一、磨削运动

在磨削外圆加工中，采用的设备是外圆磨床，工具是平形砂轮，如图10-2所示。其运动方式有如下几种：

主运动：砂轮的旋转运动是主运动；

184

圆周进给运动:工件的旋转运动是圆周进给运动;

轴向进给运动:工作台带动工件所作的直线往复运动就是轴向进给运动;

径向进给运动:砂轮沿工件径向的移动是径向进给运动。

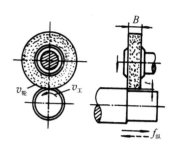

图 10-2 磨削外圆示意图

二、磨削用量

在磨削外圆的过程中,相对于磨削运动的磨削用量如下:

1. 磨削速度

砂轮在旋转过程中,外圆的线速度就是磨削速度,可用下列公式计算:

$$v_s = \pi d_s n_s / (1\,000 \times 60) \qquad (\text{m/s})$$

式中,d_s 为砂轮直径,mm;n_s 为砂轮转速,r/min。

2. 进给速度

工件磨削处外圆的线速度称为圆周进给速度,可用下列公式计算:

$$v_w = \pi d_w n_w / (1\,000 \times 60) \qquad (\text{m/s})$$

式中,d_w 为工件磨削处外圆直径,mm;n_w 为工件的速度,r/min。

3. 轴向进给量

工件每转一转相对于砂轮轴向进给运动方向上的位移就是轴向进给量,单位为 mm/r。

4. 径向进给量

工作台每往复一次行程砂轮相对于工件径向移动的距离就是径向进给量,单位为 mm/str。

三、磨削加工的工艺特点和应用

磨削加工本质上也是切削加工。它与车削、铣削、刨削等相比有如下特点:

(1)加工精度高、表面粗糙度小。磨削加工属于多刃、微刃切削,可以达到的加工精度为 IT7 ~ IT5,表面粗糙度 R_a 值一般为 0.8 ~ 0.2 μm。

(2)磨削速度大、磨削温度高。磨削过程中,砂轮的圆周速度一般可达 2 000~3 000 m/min,故磨削时的温度很高,磨削区的瞬时温度可达 800~1 000℃。因此,磨削时一般都使用冷却液。

(3)加工范围较广。磨削不但可加工普通碳钢、铸铁等常用黑色金属材料,还能加工一般刀具难以加工的高硬度、高脆性材料,如淬火钢、硬质合金等。但是,磨削不适宜加工塑性很好的有色金属材料。

磨削的加工范围非常广泛,不仅可以加工平面、内外圆柱面、内外圆锥面,还可以加工螺纹、花键轴、曲轴、齿轮、叶片等成形表面。

第二节 常用磨床及其组成

磨床的种类很多,有外圆磨床、内圆磨床、齿轮磨床、螺纹磨床、导轨磨床、无心磨床、工具磨床等。其中外圆磨床和平面磨床应用最为广泛。

一、外圆磨床

1. 外圆磨床的型号

磨床型号是按照 JB1388—1985VBQ《金属切削机床型号编制方法》的规定表示的。例如 M1432A，其中各位的含义如下：

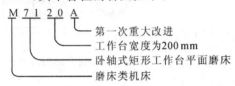

2. 外圆磨床的组成及作用

外圆磨床的构成如图 10-3 所示。

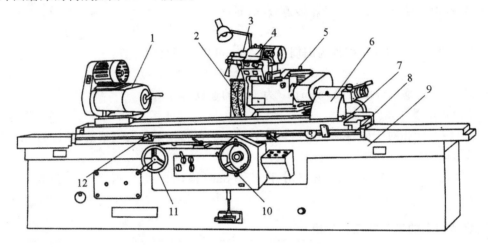

图 10-3 M1432A 万能外圆磨床

1—头架；2—砂轮；3—内圆磨头；4—磨架；5—砂轮架；6—尾座；7—上工作台；8—下工作台
9—床身；10—横向进给手轮；11—纵向进给手轮；12—换向挡块

外圆磨床主要由床身、工作台、头架、尾座、砂轮架、内圆磨头和砂轮等部分组成。工件安装在头架的主轴和尾座的顶尖之间，由头架上的电动机带动旋转；砂轮装在砂轮架的主轴上，由另一台电动机带动旋转，且砂轮架可以前后移动；工作台在床身上可做纵向往复运动，靠液压传动实现。

万能外圆磨床另装有转盘及内圆磨头等附件，因此可以磨削内圆柱面和外圆锥面。

3. 外圆磨床的液压传动

外圆磨床工作台往复运动的基本原理如图 10-4 所示。

启动油泵，液压油从过滤器进入油泵，再流经转阀、换向阀进入油缸的右腔，推动活塞带动工作台向左移动。油缸左腔的油则流经换向阀、节流阀回到

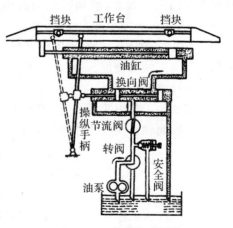

图 10-4 液压传动原理

油箱。

当工作台运行到左极点时,固定在工作台上的右挡块推动换向杠杆向左摆动,使换向阀阀心左移,此时油泵排出的液压油经过转阀、换向阀流入油缸的左腔,推动活塞带动工作台右移。油缸右腔的油则经过换向阀、节流阀流回到油箱。

反之,当工作台运行到右极点时,左挡块推动换向杠杆向右摆动,又实现工作台换向。如此不断反复,从而实现工作台自动往复运动。转动节流阀,可以改变液压油的流量,从而改变工作台的运动速度。

二、平面磨床

平面磨床用于磨削各种零件的平面。根据砂轮的工作面不同,平面磨床可分为用砂轮轮缘(即圆周)进行磨削和用砂轮端面进行磨削两大类。用砂轮轮缘磨削的平面磨床,砂轮主轴常处于水平位置(卧式),而用砂轮端面磨削的平面磨床,砂轮主轴常为立式。根据工作台的形状不同,平面磨床又可分为矩形工作台和圆形工作台两类。

因此,根据砂轮工作面和工作台形状的不同,普通平面磨床可分为卧轴矩台式平面磨床、卧轴圆台式平面磨床、立轴圆台式平面磨床、立轴矩台式平面磨床四大类,如图10-5所示。

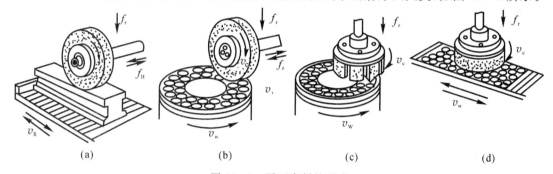

(a)　　　　　　(b)　　　　　　(c)　　　　　　(d)

图 10-5　平面磨削的形式

(a)卧轴矩台式平面磨床;(b)卧轴圆台式平面磨床;(c)立轴圆台式平面磨床;(d)立轴矩台式平面磨床

在上述四种平面磨床中,用砂轮端面磨削的平面磨床与用砂轮轮缘磨削的平面磨床相比较,由于端面磨削的砂轮直径往往比较大,能同时磨出工件的全宽,磨削面积较大,所以生产率较高。但是,端面磨削时,冷却困难,切屑也不易排除,所以加工精度和表面粗糙度较差。圆台式平面磨床与矩形式平面磨床相比较,圆台式的生产率较高,这是由于圆台式是连续进给,而矩形台式有换向时间损失。但是,圆台式只适用于磨削小零件和大直径的环形零件。

如图10-6所示是M7120A卧轴式矩形工作台平面磨床。它的型号含义如下:

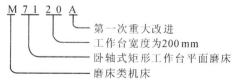

平面磨床主要由床身、工作台、磨头、立柱、砂轮修整器等部分组成。

工件由工作台上的电磁吸盘固定;工作台由液压传动实现往复运动;砂轮装在磨头上,由电动机直接驱动;磨头可沿着托板的水平导轴作横向进给运动,托板则沿着立柱的垂直导轴上下移动,实现垂直进给。工作台往复运动的液压传动系统如图10-4所示。

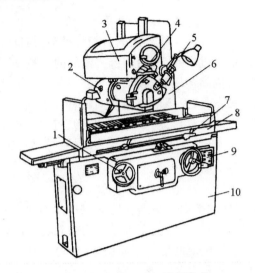

图 10-6　M7120A 平面磨床

1—工作台手轮；2—磨头；3—拖板；4—横向进给手轮；5—砂轮修整器；6—立柱；

7—行程挡块；8—工作台；9—垂直进给手轮；10—床身

三、内圆磨床

内圆磨床用于磨削各种圆柱孔（通孔、盲孔、阶梯孔和断续表面的孔等）和圆锥孔，其磨削方式又分下列几种，如图 10-7 所示。

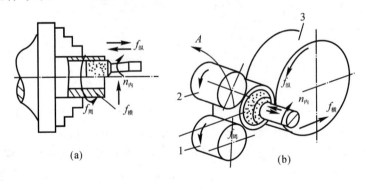

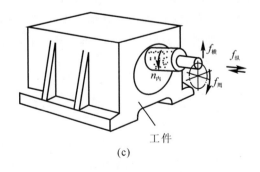

图 10-7　内圆磨床磨削方式

(a)普通内圆磨削；(b)无心内圆磨削；(c)行星内圆磨削

1. 普通内圆磨削

采用图 10-7(a)所示方式磨削时，工件用卡盘或其他夹具装夹在机床主轴上，由主轴带动旋转作圆周进给运动，砂轮高速旋转实现主运动，同时砂轮或工件往复移动作纵向进给运动，在每次（或 n 次）往复行程后，砂轮或工件作一次横向进给。这种磨削方法适用于形状规则，便于旋转的工件。

2. 无心内圆磨削

采用图 10-7(b)所示方式磨削时，工件支承在滚轮 1 和导轮 3 上，压紧轮 2 使工件紧靠导轮，工件即由导轮带动旋转，实现圆周进给运动。砂轮除了完成主运动外，还作纵向进给运动和周期横向进给运动。加工结束时，压紧轮沿箭头 A 方向摆开，以便装卸工件。这种磨削方式适用于大批、大量生产中，加工外圆表面已经精加工的薄壁工件，如轴承套圈等。

3. 行星内圆磨削

采用图 10-7(c)所示方式磨削时，工件固定不转，砂轮除了绕其自身轴线高速旋转实现主运动之外，同时绕被磨内孔的轴线公转，以实现圆周进给运动。纵向往复运动由砂轮或工件完成。周期性地改变砂轮与被磨内孔轴线间的偏心距，即增大砂轮公转运动的旋转半径，可实现横向进给运动。这种磨削方式适用于磨削大型或形状不对称，而且不便于旋转的工件。

内圆磨床的主要类型还有坐标磨床等。

四、无心外圆磨床

1. 磨削原理与磨削方法

在无心磨床上加工工件，不用顶尖定心和支承，而由工件的被磨削外圆面本身作定位面。如图 10-8 所示，工件 2 放在磨削砂轮 1 和导轮 3 之间，由托板 4 支承进行磨削。导轮是用树脂或橡胶为黏合剂制成的刚玉砂轮，它与工件之间的摩擦因数较大，所以工件由导轮的摩擦力带动作圆周进给。导轮的线速度通常在 $10\sim50$ m/min，工件的线速度基本上等于导轮的线速度。磨削砂轮就是一般的砂轮，线速度很高，所以，在磨削砂轮与工件之间有很大的相对速度，这就是磨削工件的切削速度。

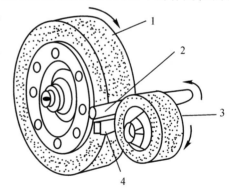

图 10-8 无心磨削加工示意
1—磨削砂轮；2—工件；3—导轮；4—托板

进行无心磨削时，工件的中心应高于磨削砂轮和导轮的中心连线，工件才能被磨圆。如果托板的顶面是水平的，而且调整得使工件中心与磨削砂轮及导轮的中心处于同一高度，当工件上有一凸起的点与导轮相接触，则凸起的点的对面就被磨成一凹坑，其深度等于凸起点的高度，如图 10-9(a)所示。工件回转 180°后，凸起的点转到与磨削砂轮相接触，此时凹坑也正好与导轮相接触，工件被推向导轮，凸起的点无法被磨去。此时，虽然工件各个方向上直径都相等，但工件不是一个圆形，而是一个等直径的棱圆。例如，一个有三等分凸起的原坯料，经过上述无心磨削后，就磨成一个等直径的三棱圆。

工件不能被磨圆的原因在于：工件中心同磨削砂轮和导轮的中心同高，使得工件的凸（凹）点与导轮接触时，总是它对面的凹（凸）点与磨削轮相接触，只要使工件的中心高于磨削砂轮和导轮的中心，就能消除这种现象，把工件磨圆。

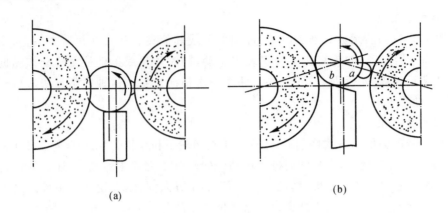

(a)　　　　　　　　　　　(b)

图 10 - 9　无心磨床加工原理

调整托板高度,使工件的中心高于磨削砂轮和导轮的中心连线,如图 10 - 9(b)所示。工件上的凸起点 a 与导轮接触时,使工件 b 点处被多磨去一些而相应地凹下去;但 b 点、a 点和圆心三者不在同一条直线上,所以当 b 点转到与导轮接触时,a 点尚未转到与磨削砂轮相接触;工件再转过一个角度,当凸起点 a 与磨削砂轮相遇时,工件上与导轮接触的那一点不是凹坑,凸起点 a 就被磨低了;磨削继续进行,凸起点不断被磨平,而凹坑也逐渐变浅,工件逐渐被磨圆。工件中心高出磨削砂轮和导轮中心连线的距离约为工件直径的 15％～25％。如果高出的距离增大,导轮对工件的方向向上的垂直分力也随着增大,在磨削过程中,容易引起工件的跳动,影响加工表面的表面粗糙度。

托板的顶面实际上是向导轮一边倾斜 20°～30°,这样,工件能更好的贴紧导轮。

在无心外圆磨床上磨削工件的方法有贯穿磨削法(纵磨法)和切入磨削法(横磨法)两种。贯穿磨削时,将工件从机床前面放到托板上,推入磨削区域后,工件旋转,同时又沿轴向移动,从机床的另一端移出磨削区,磨削完毕。工件的轴向进给是由导轮的中心线在竖直平面内向前倾斜了 α 角所引起的,如图 10 - 10(a)所示。为了保证导轮与工件间的接触线为直线形,这时,导轮的形状修成回转双曲线形。切入磨削法如图 10 - 10(b)所示,先将工件放在托板和导轮之间,然后横向切入进给,使磨削砂轮磨削工件。这时导轮的轴心线仅倾斜很小的角度(约 30′),对工件有微小的轴向推力,使它靠在挡块 4 上,得到可靠的轴向定位。切入磨削法适用于磨削具有阶梯或成形回转表面的工件。

2. 无心外圆磨床的布局、特点及适用范围

图 10 - 11 所示为无心外圆磨床的外形。砂轮架 3 固定在床身 1 的左边,砂轮主轴由装在床身内的电动机经带传动作高速旋转。导轮架装在床身右边的滑板 9 上,它由转动体 5 和座架 6 组成。转动体可在垂直平面内相对座架转位,使装在其上的导轮主轴相对水平线偏转加工所需的角度。导轮可以有级或无级变速,其传动装置在座架内。利用快速进给手柄 10 或微量进给手柄 7,可使滑板 9 连同导轮架和工件托架沿底座 8 的燕尾形导轨移动,实现横向运动。

在无心外圆磨床上磨削外圆表面,工件上不需打中心孔。这样,既排除了因中心孔偏心而带来的误差,又可节省装卸工件的时间。由于导轮和托板沿全长支承工件,刚度差的工件也可用较大的切削用量进行磨削,故生产率较高,但机床调整时间较长,不适用于单件、小批量生

产。此外,周向不连续的表面(如有键槽)或外圆和内孔的同轴度要求很高的表面,不宜在无心磨床上加工。

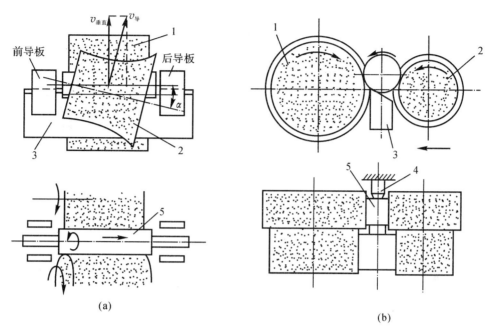

(a)

(b)

图 10-10　无心磨床的加工方法示意
1—磨削砂轮;2—导轮;3—托板;4—挡块;5—工件

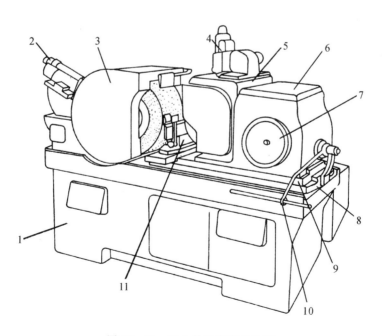

图 10-11　无心外圆磨床的外形
1—床身;2—砂轮修整器;3—砂轮架;4—导轮修整器;5—转动体;6—座架;7,10—进给手柄;
8—底座;9—滑板;11—托架

第三节　砂　　轮

砂轮是磨削用的切削工具。它是用结合剂或黏合剂将许多细微、坚硬和形状不规则的磨料磨粒按一定要求黏结制成的。其结构包括磨粒、结合剂和气孔三部分。如图 10-12 所示，磨粒即为切削刃；结合剂的作用是将磨粒黏结在一起，并使砂轮具有一定的形状和强度；气孔在磨削过程中起裸露磨粒棱角（即切削刃）、容屑和散热的作用。

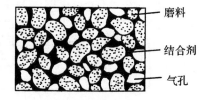

图 10-12　砂轮结构放大示意图

一、砂轮的特性及选用

1. 砂轮的组成

砂轮的特性直接影响工件的加工精度、表面粗糙度和生产率。其特性包括磨料、粒度、结合剂、硬度、组织、形状和尺寸等。

（1）磨料：磨料是砂轮的主要原料，直接担负切削工作。它应具有很高的硬度、耐热性及一定的韧性，以便磨削加工时，在高温下能经受剧烈的摩擦和挤压。

常用的磨料有：棕刚玉（代号 A）用于加工硬度较低的塑性材料，如中、低碳钢等；白刚玉（代号 WA）用于加工硬度较高的塑性材料，如高碳钢、淬硬钢和高速钢等；黑碳化硅（代号 C）用于加工硬度较低的脆性材料，如铸铁和铸铜等；绿碳化硅（代号 GC）用于加工硬度较高的脆性材料，如硬质合金、陶瓷、玻璃和宝石等。

（2）粒度：粒度是磨料颗粒的大小，常用粒度号表示。粒度号的数字越大，磨料颗粒越小。一般地，粗磨选用较粗的磨粒，如 $36^{\#} \sim 46^{\#}$；精磨选用较细的磨粒，如 $60^{\#} \sim 120^{\#}$。

（3）结合剂：结合剂是砂轮中用来黏结磨料颗粒的物质。它决定砂轮的强度、抗冲击性、耐热性及耐腐蚀性等。常用的结合剂有陶瓷结合剂（代号 V）、树脂结合剂（代号 B）、橡胶结合剂（代号 R）。

（4）硬度：砂轮硬度是砂轮工作时在外力作用下磨料颗粒脱落的难易程度。容易脱落的，则硬度低；反之则硬度高。GB2484—1984 中规定了 16 个级别，普通磨削常用 G～N 级硬度砂轮。

（5）组织：砂轮的组织是指砂轮中磨料、结合剂、气孔三者的体积比例关系。当磨粒的比率较大时，气孔体积小，则组织紧密；反之，则组织疏松。GB2484—1984 规定了 15 个组织号：0，1，2，…，14。号数愈小，组织愈紧密。普通磨削常用 4～7 号组织的砂轮。

（6）形状和尺寸：根据机床类型和加工需要，设计制作了各种标准形状和尺寸的砂轮。常用砂轮的形状、代号、用途如表 10-1 所示。

砂轮的特性一般标注在砂轮上。例如：P400×150×203A60L5B35。具体含义为：P 为形状代号；400×150×203 为外径、厚度、内径尺寸；A 为磨料代号；60 为粒度号；L 为硬度；5 为组织号；B 为结合剂代号；35 为最高工作线速度（m/s）。

2. 砂轮的选择

在实际生产中，应从实际情况出发加以分析，选用比较适合的砂轮。砂轮的选型原则如下：

（1）磨削硬材料,应选择软的、粒度号大的砂轮;磨削软材料,应选择硬的、粒度号小的、组织号大的砂轮。磨削软而韧的工件时,应选大气孔的砂轮。

（2）粗磨时为了提高生产率,应选择粒度号小,软的砂轮;精磨时为了提高工件表面质量,应选择粒度号大、硬的砂轮。

（3）大面积磨削或薄壁件磨削时,应选择粒度号小、组织号小,软的砂轮。

（4）成形磨削时,应选择粒度号大、组织号小,硬的砂轮。一般选用 $100^{\#}\sim240^{\#}$,ZR2～Z1,组织号 3～4 的砂轮。磨淬硬钢选用 R2～ZR1 的砂轮,磨未淬硬钢选用 ZR2～Z2 的砂轮。

（5）刃磨刀具,一般用 $3^{\#}\sim100^{\#}$ 的砂轮。刃磨高速钢刀具,一般用 R3～ZR1 的砂轮;刃磨硬质合金刀具,一般用 ZR2～Z2 的砂轮。

表 10－1 常用砂轮的形状、代号及用途(GB2484—1984)

砂轮名称	简　图	代　号	用　途
平行砂轮		P	磨削外圆、内圆、平面、并用于无心磨
双斜边砂轮		PSX	磨削螺纹和齿轮的齿形
杯形砂轮		B	磨削平面、内圆及刀具
碗形砂轮		BW	刃磨刀具、磨削导轨
碟形砂轮		D	磨削铣刀、铰刀、拉刀及齿轮的齿形
薄片砂轮		PB	切断和开槽

二、砂轮的检查、安装、平衡和修整

砂轮在安装使用前一般都要进行检查,查看是否有裂纹存在,目的是防止砂轮在高速旋转时破裂造成意外人身伤害。检查方法一是查看外观有无裂纹;二是轻轻敲击,声音清脆表示无裂纹。

砂轮的安装是用法兰盘、平衡块、弹性垫圈将砂轮套在主轴上,再用螺栓紧固,如图 10－13 所示。

砂轮在使用前还要进行平衡试验,其目的是让砂轮的重心与旋转中心重合,以防止不平衡的砂轮在高速旋转时造成震动,从而影响磨削质量和机床精度。砂轮的平衡分静平衡和动平衡两种。一般只作静平衡,但在高速磨削和高精磨削时须做动平衡。砂轮静平衡装置如图 10－14所示。平衡的砂轮可以在平衡导轴上的任何位置静止不动;而不平衡的砂轮,较重部分总是转到下面。这时可移动平衡块的位置使其达到平衡。

砂轮工作一段时间后,出现磨粒变钝、表面孔隙堵塞、磨削表面变形等现象时,就必须重新修磨砂轮表层,以恢复砂轮的切削能力和外形精度。砂轮常用金刚石笔进行修整。

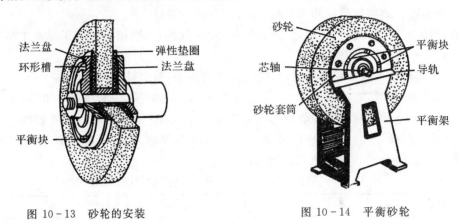

图 10-13　砂轮的安装　　　　　　　　　图 10-14　平衡砂轮

第四节　磨削加工

一、磨平面

磨削平面时,采用平面磨床。一般是以一个平面为定位基准,磨削另一个平面。如两平面要求平行,可互为基准磨削。

常用磨削平面的方法有两种。

1. 周磨法

如图 10-15(a)所示,用砂轮外圆周面磨削工件。周磨法的砂轮与工件的接触面积小,排屑和冷却条件好,能获得较高的加工精度和较低的表面粗糙度数值,但生产效率低,适合于单间小批量生产的精磨。

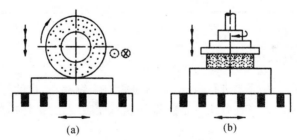

图 10-15　磨平面的方法
(a)周磨法;(b)端磨法

2. 端磨法

如图 10-15(b)所示,用砂轮端面磨削工件。端磨法的砂轮与工件的接触面积大,磨削生产效率高,但磨削精度低,表面粗糙度数值较大,适合于大批量生产的精磨。

磨削过程中,要施加大量的磨削液,其目的是:降低磨削区的温度,起冷却作用;减小砂轮与工件之间的摩擦,起润滑作用;冲走磨屑和脱落的砂粒,起防止砂轮堵塞的作用。

二、磨外圆

磨削外圆(包括外锥面)在外圆磨床上进行,方法有纵磨法和横磨法。常用的装夹方法有顶尖装夹、卡盘装夹和芯轴装夹三种。

1. 纵磨法

如图 10-16 所示为纵磨法磨削外圆。其特点是:磨削时,工件旋转并随工作台作纵向直线往复移动,每次纵向行程结束时,使砂轮横向进给一次。如此反复,最终磨削至工件尺寸要求为止。

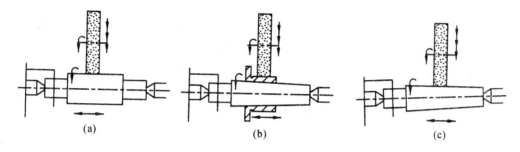

图 10-16　纵磨法磨外圆

(a)磨轴零件外圆;(b)磨盘套零件外圆;(c)磨轴零件锥面

纵磨法加工精度较高,R_a 值较小,但生产率较低,适应范围广,可用于单件小批量和大批量生产。

2. 横磨法

如图 10-17 所示为横磨法磨外圆。其特点是:磨削时,工件不随工作台作纵向直线往复运动,砂轮沿工件作横向进给运动,直到磨至尺寸要求为止。

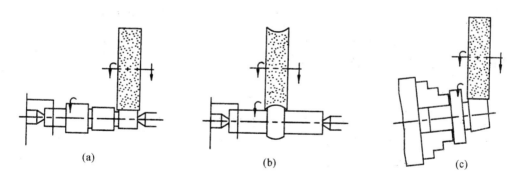

图 10-17　横磨法磨外圆

(a)磨轴零件外圆;(b)磨成形面;(c)扳转头架磨短锥面

横磨法加工精度较低,R_a 值较大,但生产率较高,适宜于大批大量生产。

三、磨内圆

磨内圆时,通常在内圆磨床或万能外圆磨床上进行,其方法如图 10-18 所示。

与磨削外圆相比,磨内圆的砂轮受孔径限制,切削速度难以达到磨外圆的速度;砂轮轴直径小,悬伸长,刚度差,易弯曲变形和震动;砂轮与工件成内切圆接触,接触面积大,磨削发热量大,散热条件差,表面易烧伤。因此,磨内圆的加工精度和表面质量难以控制,生产效率低。

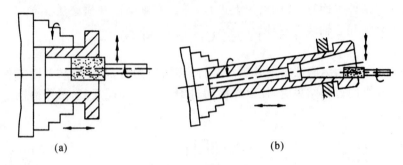

图 10 - 18　磨内圆的方法
(a)磨内圆;(b)扳转上工作台磨锥孔

第五节　光 整 加 工

　　光整加工是生产中常用的一种高精度小粗糙度值的加工方法,通常在精车、精镗和精磨之后进行,能达到的加工尺寸公差等级为 IT5 以上,表面粗糙度 R_a 可达 0.1～0.05 μm。

一、研磨

　　研磨是用游离磨粒和研具对工件表面进行微量去除的工艺方法,可以获得高精度和低粗糙度值的工件。研磨的尺寸精度可达亚微米级,表面粗糙度 R_a 值达 0.01 μm。研磨是传统的光整、精密加工方法之一。

　　1. 研磨剂

　　研磨剂由磨料、研磨液及辅料调配而成。磨料一般只用微粉。研磨液用煤油或有机油,它能起润滑、冷却及使磨料能均匀地分布在研具表面的作用。辅料指油酸、硬脂酸或工业用甘油等强氧化膜,以提高研磨效率。

　　2. 研具

　　研磨工具简称研具,它是研磨剂的载体,用以涂敷和镶嵌磨料,发挥切削作用。要求研具的材料比工件软,常用铸铁作研具。

　　3. 研磨方法

　　(1)手工研磨外圆:将工件安装在车床顶尖间或三爪自定心卡盘上,在加工表面上涂上研磨剂,再把研具套上,工件低速旋转,手握研具轴向往复移动。在研磨过程中,不断检测工件尺寸,直至研磨尺寸合格为止。如图 10 - 19(a)所示。

　　(2)手工研磨内圆:将研具安装在车床顶尖间或三爪自定心卡盘上,在加工表面上涂上研磨剂,把工件套上,研具低速旋转,手握工件轴向往复移动。在研磨过程中,不断调节研具锥套外圆尺寸,使之对工件内圆表面产生一定的压力,至研磨尺寸合格为止,如图 10 - 19(b)所示。

　　(3)手工研磨平面:将研磨剂涂在研具(即研磨平板)上,手持工件作直线往复运动或其他轨迹的运动。研磨一定时间后,将工件调转 90°或 180°,以防工件倾斜。对于两对面有平行度要求的工件,通过检测可针对较厚的部位加大压力,加长研磨时间,直至各处厚度尺寸均达到要求时为止,如图10-20所示。

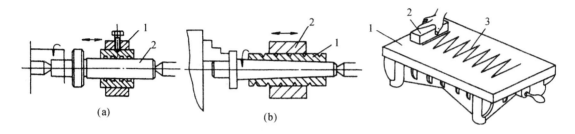

图 10-19　研磨内外圆的方法

(a)研磨外圆的方法;(b)研磨内圆的方法

1—研具;2—工件

图 10-20　研磨平面的方法

1—研具(研磨平板);2—工件;

3—研磨运动轨迹

研磨可加工钢、铸铁、铜、铝及其合金、硬质合金、半导体、陶瓷、玻璃、塑料等材料;可加工常见的各种表面。单件小批量生产中用手工研磨;大批量生产中在研磨机上进行机械研磨。

4. 研磨的特点

研磨的主要特点如表10-2所示。

表 10-2　研磨的主要特点

主要特点	说　　　　　明
可获得很高的尺寸精度	1. 研磨可以实现微量切削,其主要原因有 (1)研磨采用极细的微粉磨料切削 (2)机床、工具、工件处于弹性浮动工作状态,可实现自动微量进给 2. 加工过程中可随时中断工作,取出工件进行测量,随时按需要修正加工精度
可获得很高的形状精度和一定的位置精度	1. 研磨属创成加工,可按或然原则自然消除工件的误差 2. 研磨时工件基本处于自由状态,受力均匀,运动速度低而平稳,切削热量较小,且运动精度不影响形位精度的提高
可获得很低的表面粗糙度值	1. 研磨属微量切削,切削深度小,且运动轨迹复杂,有利于降低工件表面粗糙度值 2. 研磨时基本不受工艺系统震动的影响
可改善工件表面质量	1. 研磨一般在低速低压条件下进行,切削热量小,工件变质层薄,表面质量好 2. 经研磨的工件表面能降低摩擦系数,提高耐磨性和表面强度,增强抗腐蚀能力,同时研磨表面不会出现细微裂纹
适用范围广	1. 研磨既适用于单件手工生产,又适用于成批机械生产 2. 研磨不苛求设备的精度条件,可在一定条件下以较简单的、精度较差的设备加工精度高的工件 3. 可用于加工各种金属和非金属材料 4. 可用于加工各类简单或复杂的型面或平面

续 表

主要特点	说 明
对研具的要求	1.所采用的研具较简单,不要求具有极高的精度 2.研具材料的硬度一般应比工件软 3.研具在研磨过程中也受到切削及磨损,故应注意及时修整或更换

二、珩磨

珩磨是一种以固结磨粒压力进给进行切削的光整加工方法,它不仅可以降低加工表面的粗糙度,而且在一定的条件下还可以提高工件的尺寸及形状精度。珩磨加工主要用于内孔表面,但也可以对外圆、平面、球面或齿形表面进行加工。珩磨时,有切削、摩擦、压光金属的过程。可以认为它是磨削加工的一种特殊形式,只是珩磨所用的磨具是由几根粒度很细的油石组成的珩磨头。

珩磨的工作原理如图 10-21(a)所示,珩磨加工时工件固定不动,珩磨头与机床主轴浮动连接,在一定压力下通过珩磨头与工件表面的相对运动,从而从加工表面上切除一层极薄的金属。珩磨加工时,珩磨机主轴带动珩磨头作旋转和往复运动,并通过珩磨头中的胀缩机构使珩磨条伸出,向孔壁施加压力作进给运动,从而实现珩磨加工。珩磨加工的几何形状精度和切削效率在很大程度上取决于珩磨头的结构形式及其合理性。珩磨时珩磨头的旋转速度和往复速度所合成的速度即为其切削速度。其运动轨迹是沿孔表面的螺旋线。为使每颗磨粒在加工表面上的切削轨迹不重复,珩磨头每一往复行程的起始位置都与上一次错开一个角度,从而形成均匀交叉的珩磨网纹,如图 10-21(b)所示。

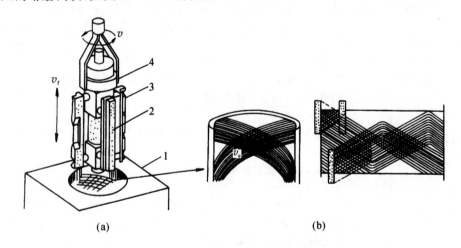

图 10-21　珩磨头机珩磨条的切削轨迹
(a)珩磨头;(b)切削轨迹
1—工件;2—磨条;3—磨条座;4—联轴器

三、抛光

抛光是用微细磨粒和软质工具对工件表面进行加工,是一种简便、迅速、廉价的零件表面的最终光饰加工方法。其主要目的是去除前工序的加工痕迹（刀痕、磨纹、划印、麻点、毛刺、尖棱等），改善工件表面粗糙度或使零件获得光滑光亮的表面。这种方法一般不能提高工作的形状精度和尺寸精度。通常用于电镀或油漆的衬底面、上光面和凹表面的光整加工，抛光的工件表面粗糙度 R_a 可达 0.4 μm。随着技术的发展，又出现了一些新的抛光加工方法，如浮动抛光、水合抛光等，这些方法不仅能降低表面粗糙度，改善表面质量，而且能提高形状精度和尺寸精度。抛光应用广泛，从金属材料到非金属材料制品，从精密机电产品到日常生活用品，均可使用抛光加工提高表面质量。

抛光的加工要素与研磨基本相同，研磨时有研具，抛光时有抛光器（或称抛光工具）。抛光与研磨是不同的。抛光时所用的抛光器一般是软质的，其塑性流动作用和微切削作用较强，其加工效果主要是降低表面粗糙度，研磨时所用的研具一般是硬质的，其微切削作用、挤压塑性变形作用较强，在精度和表面粗糙度两个方面都强调要有加工效果。近年来，出现了用橡胶、塑料等制成的抛光器或研具，它们是半硬半软的，既有研磨作用，又有抛光作用，因此是研磨和抛光的复合加工，可以称之为研抛，这种方法能提高加工精度和降低表面粗糙度，而且有很高的效率。由于考虑到这一类加工方法所用的研具或抛光器总是带有柔性的，故都归于抛光加工一类。

第六节　精密和超精密加工

一、精密和超精密加工的概念

所谓超精密加工技术，不是指某一特定的加工方法，也不是指比某一给定的加工精度高一个量级的加工技术，而是指在机械加工领域中，某一个历史时期所能达到的最高加工精度的各种精密加工方法的总称。如何区分和定义精密加工与超精密加工很困难，因为精密和超精密是与那个时代的加工与测量技术水平紧密相关的。随着科学技术的进步，精密与超精密的标准也在不断地变化和提高。尤其是当今科学技术突飞猛进地发展，昨天的超精密，在今天就变成为精密，而今天的精密，到明天又会成为普通了。

究竟达到什么样的精度才算得上是超精密加工呢？目前对它有两种概念。

一种是随着科学技术的进步，每个时代都有该时代的加工精度界限。达到或突破本时代精度界限的高精度加工，可称为超精密加工。例如，在瓦特时代发明蒸汽机时，加工汽缸的精度是用厘米来衡量的，所以能达到毫米级的精度即为超精密加工。从那以后，大约每 50 年加工精度便提高一个量级。进入 20 世纪以后，大约每 30 年提高一个量级。如图 10-22 所示，在 50 年代，把 0.1 μm 精度的加工技术称为超精密加工，而到了 80 年代，则把 0.05 μm 的精度称为超精密加工。

如果要把每个时代的普通加工、精密加工与超精密加工区别开来，是否可这样区分：在所处的时代里，用一般的技术水平，即可以实现的精度称为普通精度。而对于必须用较高精度的加工机械、工具及高水平的加工技术才能达到的精度，属于精密加工技术。超精密加工技术是在所处的时代里，并非可以用较高技术轻而易举地就达到，而是采用先进的技术经过探讨、研究、实验之后才能达到的精度，并且实现这一精度指标尚不能普及的加工技术称为超精密加工技术。目前，如果从零、部件的加工精度来划分的话，可以把亚微米以上精度的加工，称为超精密加工。

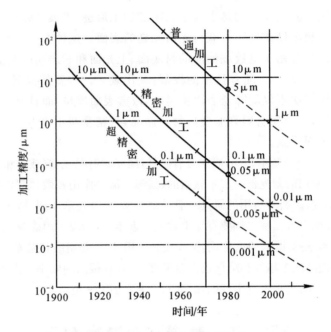

图 10-22 加工精度的发展趋势

另一种概念是从被加工部位发生破坏和去除材料大小的尺寸单位来划分各种加工。

物质是由原子组成的,从机械破坏的角度看,最小则是以原子级为单位,原子颗粒的大小为几埃($Å$,$1Å=10^{-8}$ cm)。如果在加工中能以原子级为单位去除被加工材料,即是加工的极限,从这一角度来定义,可以把接近于加工极限的加工技术称为超精密加工。如果用去除材料的大小尺寸单位来区分各种加工,可分为四种情况,如图 10-23 所示。去除材料的单位为 10^{-3} cm 将以龟裂的形式发生破坏(见图 10-23 中的Ⅳ);以微米(μm)级尺寸去除,则表现为位错(见图 10-23 中的Ⅲ);以 10^{-7} cm 级去除则为晶格破坏(见图 10-23 中的Ⅱ);而以 $Å$ 级去除则为原子单位去除(见图 10-23 中的Ⅰ)。按去除尺寸单位分,可以把Ⅲ～Ⅳ区间称为普通精度,Ⅱ～Ⅲ区间为精密加工,Ⅰ～Ⅱ区间为超精密加工。

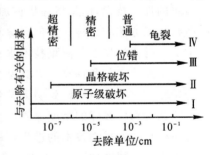

图 10-23 去除单位与其相关因素

二、精密和超精密加工方法

1. 金刚石刀具超精密切削加工

金刚石刀具可分为三类:天然金刚石单晶体、烧结金刚石多晶体和金刚石硬质合金复合体。后两种属人造金刚石烧结材料。

用金刚石刀具对铝合金、无氧铜、黄铜及其合金材料进行超精密加工,能达到的尺寸精度和形状精度为 $0.1\ \mu m$,表面粗糙度 R_a 值为 $0.01\ \mu m$。采用单晶体金刚石车刀实现镜面车削,加工余量仅为几微米,切屑非常薄($0.1\ \mu m$ 以下),所以车刀刃口必须锋利,刀片必须经仔细的研磨,刃口圆角半径可达到 $0.005\ \mu m$,刀刃的直线度达 $0.1\sim0.01\ \mu m$。该车刀导热率较高,硬度比硬质合金高 6 倍左右,耐磨性极高,且与有色金属的亲合力极低,摩擦因数小,不易产生积屑瘤。

金刚石车刀是将金刚石刀片用机械夹持或黏接方式固定在刀杆上的。在刀体上铣出一条小槽,金刚石刀片上下两面各垫一层 $0.1~\text{mm}$ 厚退火的纯铜片,以防止将刀片压裂;再通过螺钉和压板将金刚石刀片固定于刀体上。用金刚石刀具超精密加工高密度硬磁盘的铝合金基片,其平面度可达 $0.2~\mu\text{m}$,表面粗糙度 R_a 值可达 $0.003~\mu\text{m}$。

金刚石刀具超精密车削属微量切削,其机理和普通切削有较大差别。普通加工的精度在 $10~\mu\text{m}$ 级,其加工深度一般远大于材料的晶格尺寸,切削加工是以数十计的晶粒团为加工单位,在切应力的作用下从基体上去除。而精密切削时要达到 $0.1~\mu\text{m}$ 的加工精度和 $0.01~\mu\text{m}$ 的表面粗糙度,刀具必须具有切除亚微米级以下金属层厚度的能力。由于切深一般小于材料晶格尺寸,切削是将金属晶体一部分一部分地去除,因此,普通加工去除材料时起主要作用的晶格间位错缺陷,在精密切削中不起作用。精密切削在切除多余材料时,刀具切削要克服的是晶体内部非常大的原子结合力,于是刀具上的切应力就急剧增大,刀刃必须能够承受这个比普通加工大得多的切应力。因此,精密切削时,刀具的尖端将会产生很大的应力和很大的热量,尖端温度极高,处于高应力高温的工作状态,这对于一般刀具材料是无法承受的。因为普通材料的刀具,其刀刃的刃口不可能磨得非常锐利,平刃性也不可能足够好,这样在高应力和高温下会快速磨损和软化,不能得到真正的镜面切削表面。而金刚石刀具却有很好的高温强度和高温硬度,能保持很好的切削性能,而不被软化和磨损。

另外,刀具能否从工件表面切下如此薄的金属层,还取决于刀具刃口的锋利程度。

2. 精密和超精密磨削加工

单晶金刚石刀具不适应对钢、铁、玻璃及陶瓷等材料进行精密和超精密切削,因为对这些材料进行微量切削时剪切应力很大,切削刃口的高温将使刀刃很快发生机械磨损,金刚石刀具中的碳原子很容易扩散到钢铁类工件铁素体中而造成扩散磨损,所以加工此类工件宜采用精密和超精密磨削加工。

精密磨削是在精密磨床上,选择细粒度砂轮,并通过对砂轮的精细修整,使磨粒具有微刃性和等高性,磨削后,使被磨削表面所留下的磨削痕迹极其微细、残留高度极小,再加上无火花磨削阶段的作用,获得高精度和低表面粗糙度的表面。

超精密磨削是一种极薄切削,切屑厚度极小,磨削深度可能小于晶粒的大小,磨削就在晶粒内进行,因此磨削力一定要超过晶体内部非常大的原子、分子结合力,从而磨粒上所承受的剪切应力就急速地增加,并变得非常大,可能接近被磨材料的剪切强度极限。同时,磨粒切削刃处受到高温和高压作用,要求磨粒材料有很高的高温强度和高温硬度。对于普通磨料,在这种高温高压和高剪切应力的作用下,磨粒将会很快磨损或崩裂,以随机方式不断形成新切削刃,虽然使连续磨损成为可能,但得不到高精度低表面粗糙度的磨削质量。因此,在超精密磨削时,一般多采用人造金刚石、立方氮化硼等超硬磨料砂轮。

精密和超精密磨削对砂轮的要求很高,砂轮需进行精细的修整,以便其具有很好的微刃性和等高性。超精密磨削采用人造金刚石、立方氮化硼等超硬磨料作为砂轮的材料。加工时,磨削余量很小($0.002\sim0.005~\mu\text{m}$),磨削过程中砂轮微刃对工件同时有滑挤、摩擦、抛光等作用,从而使工件获得很高的加工精度和很小的表面粗糙度值。

三、精密和超精密加工的特点和应用

精密加工与超精密加工的发展已从单纯的技术方法形成制造系统工程,简称精密工程,其工程的体系结构如图 10-24 所示。它以产品为核心,体现了以市场需求为导向;以人、技术、组织为基础,体现了人、技术、组织的三结合,强调了人的作用、技术的关键性和组织的重要性;它涉及微量和超微量去除、结合、变形加工技术,高稳定性和高净化加工环境,检测与误差补偿,工况监测与质量控制,被加工材料等,可见范围很广。

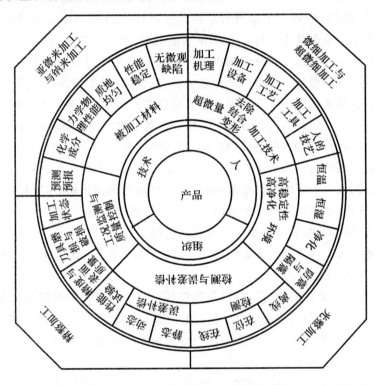

图 10-24　精密加工系统工程体系结构

精密工程是一个制造系统,其系统由物质分系统、信息分系统、能量分系统所构成,与一般制造系统有许多相同的共性技术、基础和关键问题,但在精密度的层次上要高得多、涉及面很广。精密加工和超精密加工是一个总称,可简称精密加工。精密加工和超精密加工在当前应包括亚微米加工、纳米加工、微细加工、超微细加工、光整加工、精整加工等,这些都是其组成部分,各部分的侧重点不同。亚微米加工是指加工精度在 1 μm 以下,纳米加工是指加工精度在纳米级,上面两者可合称微纳米加工;微细加工和超微细加工侧重于微小零件和微小尺寸的加工,多以集成电路与微型机械为对象,与微电子技术联系密切;光整加工强调了表面粗糙度值的降低和去除毛刺;精整加工是在光整加工的基础上强调了精度的提高。近年来,由于工业技术发展的需要,出现了许多新的组成部分,甚至形成了新的学科,如微型机械。

精密工程的技术难度大、产品技术要求高、投资很大,除基础共性技术外,产品个性比较突出,其实施大多靠产品投资支持,因此,应该以需求为牵引,以高新技术为基础,以产品为核心。

影响精密加工和超精密加工的因素很多,主要有加工机理、被加工材料、加工设备及其基础元部件、加工工具、检测与误差补偿、工作环境、工艺过程设计、夹具设计、人的技艺等,如图 10-25 所示。

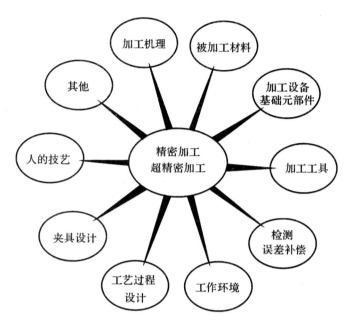

图 10-25　影响精密加工和超精密加工的因素

超精密车削的应用如表 10-3 所示。

表 10-3　超精密车削的应用

领域	加 工 零 件	可 达 到 的 精 度
航空及航天	高精度陀螺仪浮球	球度 $0.2 \sim 0.6\ \mu m$,表面粗糙度 $R_a\ 0.1\ \mu m$
	气浮陀螺和静电陀螺的内外支承面	球度 $0.5 \sim 0.05\ \mu m$,尺寸精度 $0.6\ \mu m$,表面粗糙度 $R_a 0.025 \sim 0.012\ \mu m$
	激光陀螺平面反射镜	平面度 $0.05\ \mu m$,反射率 99.8%,表面粗糙度 $R_a\ 0.012\ \mu m$
	液压泵、液压马达转子及分油盘	转子柱塞孔圆柱度 $0.5 \sim 1\ \mu m$,尺寸精度 $1 \sim 2\ \mu m$,分油盘平面度 $1 \sim 0.5\ \mu m$,表面粗糙度 $R_a 0.1 \sim 0.012\ \mu m$
	雷达波导管	内腔表面粗糙度 $R_a\ 0.01 \sim 0.02\ \mu m$,平面度和垂直度 $0.1 \sim 0.2\ \mu m$
	航空仪表轴承	孔轴的表面粗糙度 $R_a \geqslant 0.001\ \mu m$
光学	红外反射镜	表面粗糙度 $R_a 0.01 \sim 0.02\ \mu m$
	其他光学元件	表面粗糙度 $R_a < 0.01\ \mu m$

续表

领域	加工零件	可达到的精度
民用	计算机磁盘	平面度 0.1～0.5 μm，表面粗糙度 R_a 0.03～0.05 μm
	磁头	平面度 0.04 μm，表面粗糙度 R_a <0.1 μm，尺寸精度 ±2.5 μm
	非球面塑料镜成形模	形状精度 1～0.3 μm，表面粗糙度 R_a 0.05 μm
	激光印字用多面反射镜	平面度 0.08 μm，表面粗糙度 R_a 0.016 μm

超精密磨削的应用主要有以下几方面。

（1）磨削钢铁及其合金等金属材料，如耐热钢、钛合金、不锈钢等合金钢，特别是经过淬火等处理的淬硬钢，也可用于磨削铜、铝及其合金等有色金属。

（2）可用于磨削非金属的硬脆材料，如陶瓷、玻璃、石英、半导体、石材等，这些材料都比较难加工，超硬磨料砂轮超精密磨削是其主要的超精密加工方法。

（3）磨削作为一种典型的传统加工方法，有外圆磨削、内圆磨削、平面磨削、无心磨削、坐标磨削（行星磨削）、成形磨削等多种形式，用途广泛，超精密磨削也是如此。目前，主要有外圆磨床、平面磨床、内圆磨床、坐标磨床等超精密磨床问世，用于超精密磨削外圆、平面、孔和孔系。

（4）超精密磨削和超精密游离磨料加工是相辅相成的。超精密游离磨料加工，主要有研磨、抛光、超精加工、珩磨等，其中研磨除普通精密和超精密研磨外，还有油石研磨、磁性研磨、滚动研磨等；抛光除普通精密和超精密抛光外，还有弹性发射加工、液体动力抛光、磁流体抛光、水合研抛、挤压研抛、喷射加工、砂带研抛、超精研抛等，还有各种复合加工。但超精密磨削具有精度、表面质量、效率等多方面的优势，可替代部分超精密游离磨料加工。

思 考 题

1. 磨削外圆时必须有何种运动？

2. 磨削属于精加工，为什么不适宜加工有色金属材料？

3. M1432A 的含义是什么？

4. 砂轮的硬度和磨料的硬度有何不同？

5. 为什么砂轮在安装前要进行平衡？使用一段时间后为何要进行修整？怎样修整？

6. 磨削外圆的常用方法有几种？如何应用？

7. 轴类零件在磨削前为何要修研中心孔？

8. 什么叫砂轮的自锐性？有何意义？

9. 磨削加工为什么能达到高精度与高表面质量？

10. 写出实习中你所操作的磨床的型号及各符号所代表的意义。

11. 简述研磨的加工原理。

12. 试从对工件表面质量的改善程度、工艺特点、应用范围等方面对本章所介绍的光整加工的几种方法加以比较。

13. 试述精密和超精密加工的概念、特点及其重要性。

14. 超精密加工为什么能加工出高精度、低表面粗糙度的工件？

第十一章

钳工及装配

第一节 概　　述

一、钳工工作

钳工主要是利用虎钳,加之各种手用工具和一些机械工具完成某些零件的加工、机器或机器零部件的装配和调试,以及各类机械设备的维护与修理工作。其基本操作包括:零件测量、划线、錾削、锯割、钻孔、锪孔、铰孔、攻螺纹、套螺纹、刮削、研磨、矫直、弯曲、去毛刺、铆接、钣金下料以及装配等。

二、钳工分类

钳工根据所从事的主要工作可分为普通钳工(如去毛刺、钻孔等),划线钳工,修理钳工,装配钳工,模具钳工,工具样板钳工,钣金钳工等,各钳工之间并无严格区别,只是工作内容的侧重点不同。

三、钳工工作特点

钳工的工作特点是所用工具简单,加工灵活多样,操作方便,移动性强,适应面广,工人劳动强度大。随着机械工业的发展,虽然有各种先进的加工方法,但许多工作还需要由钳工来完成,如一些机床难以完成或工具无法进入的零件的加工,机器的装调、维修,形状复杂的样板,量具等的加工都离不开钳工。因此,钳工目前仍在机械制造业中起着十分重要的作用,是不可缺少的工种之一。

第二节　钳工常用器具

一、钳工工作台和虎钳

1. 钳工工作台

钳工工作台简称钳台,如图 11-1 所示,一般用硬质木材或钢材做成,要求平稳结实,台桌上必须装有防护网以免工作时溅起的铁屑或工具伤人。

2. 虎钳

虎钳用来夹持工件,如图 11-2 所示,其规格以钳口宽度来表示,常用的有 100 mm,125 mm,150 mm 等,使用虎钳时应注意工件尽量夹持在钳口中部,只能以手扳紧手柄夹紧,禁用套管、接长手柄或锤敲击手柄。

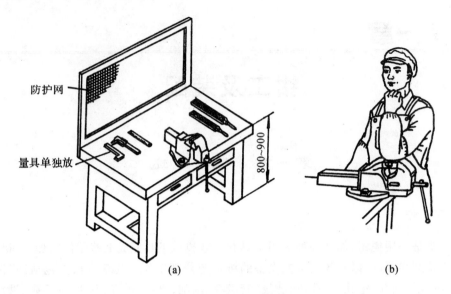

图 11-1 钳工工作台

(a)工作台；(b)虎钳的合适高度

二、钢尺和直角尺

1. 钢尺

钢尺的长度规格有 150 mm,300 mm,500 mm, 1 000 mm四种,常用的有 150 mm 和 300 mm 两种。钢尺主要用来测量零件某一部位的长度或作为钳工划线时截取尺寸用,其使用方法如图 11-3 所示。

2. 直角尺

直角尺主要用来检查零件的垂直度,以及划线时画出与某一基准边(线)相垂直的直线,其使用方法如图 11-4 所示。

三、游标卡尺

游标卡尺是一种结构简单、比较精密的量具,可以直接量出工作的外径、内径、长度和深度的尺寸,其结构如图 11-5 所示,它由主尺和副尺组成。主尺与固定卡脚制成一体,副尺与活动卡脚制成一体,并能在主尺上滑动。游标卡尺有 0.02 mm,0.05 mm,0.1 mm 三种测量精度。

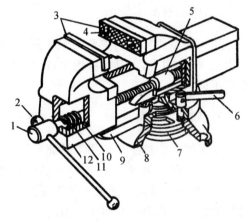

图 11-2 虎钳

1—丝杆；2—摇动手柄；3—淬硬的钢钳口；4—钳口螺钉；5—螺母；6—紧固手柄；7—夹紧盘；8—转动盘座；9—固定钳身；10—弹簧；11—垫固；12—活动钳身

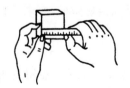 

图 11-3 钢尺的使用方法

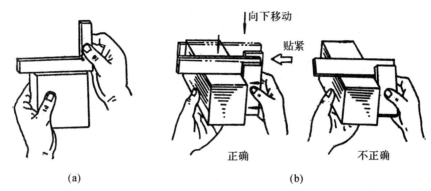

正确　　　　不正确
(a)　　　　　　　　　　　　　(b)

图 11-4　直角尺及其使用方法
(a)检查直线度;(b)检查垂直度

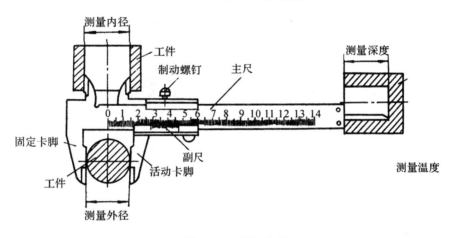

图 11-5　游标卡尺

1. 游标卡尺刻线原理

图 11-6 所示为 0.02 mm 游标卡尺的刻线原理,主尺每小格是 1 mm,当两卡脚合并时,主尺上 49 mm 刚好等于副尺上 50 格,副尺每格长为(49/50)mm,即 0.98 mm,主尺与副尺每格相差为 1−0.98＝0.02 mm 因此它的测量精度为 0.02 mm。

2. 游标卡尺的读数方法

游标卡尺上读数时可分为三步:

(1)读整数,即读出副尺零线左面主尺上的整毫米数;

(2)读小数,即读出主尺与副尺对齐刻线处的小数毫米数;

(3)把两次读数加起来。

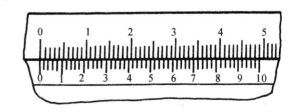

图 11-6　0.02 mm 游标卡尺刻线原理

图 11-7 所示是 0.02 mm 游标卡尺的读数方法。

用游标卡尺测量工件时,应使卡脚逐渐靠近工件,并轻微地接触,注意不要歪斜和用力过大,以防读数误差,为避免人为读数误差(判断主、副尺刻线对齐的误差)现已研制成功数显式和千分表游标卡尺,使读数显得更为方便,并且提高了测量精度。

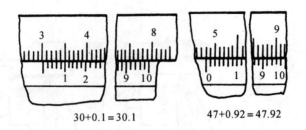

$$30+0.1=30.1 \qquad 47+0.92=47.92$$

图 11-7 0.02 mm 游标卡尺的尺寸读数

四、角度尺

角度尺主要用来测量零件的角度和划线时截取角度尺寸,最常用的是万能游标量角测量器,其使用方法和结构如图 11-8 所示。

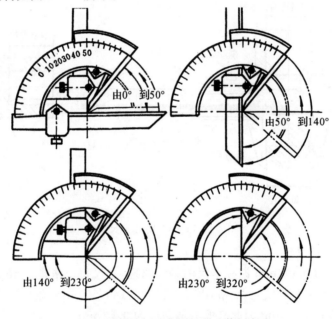

图 11-8 万能游标量角测量器及使用方法

第三节 划 线

一、划线的目的

划线的目的是根据图样的尺寸的要求,用划线工具在毛坯或半成品工件上划出待加工部位的轮廓线或作为基准的点、线,以便于确定工件或毛坯的加工界限,检查毛坯或工件的形状和尺寸,合理分配各加工表面的加工余量,及早剔除不合格品,使材料得到合理利用。

二、划线工具

划线工具按用途有以下几类:

1.基准工具

划线平台是划线的主要基准工具,如图 11-9 所示。其上平面应保持一定的平面度要求(高于待加工零件的平面度要求),安放时应平稳牢固,不应敲击、碰撞其表面,注意工作表面保持清洁。

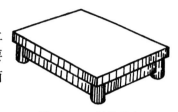

图 11-9 划线平台

2.量具

量具有钢尺、直角尺、高度尺等。其中钢尺和直角尺如前所述,高度尺如图 11-10 所示,由钢尺和底座组成配合划线盘量取高度尺寸,其读数原理与游标卡尺一致。

3.直接绘画工具

直接绘画工具有划针、划规、划卡、划针盘和样冲。

(1)划针:划针(见图 11-11)是在工件表面上划线用的工具。常用的是用 $\phi3\sim$ 6 mm 的工具钢或弹簧钢丝制成,尖端磨成 $15°\sim20°$。划线时应向划线方向倾斜 $45°\sim$ $75°$以便使划针的尖端尽量贴近工件与导向工具的贴合面。

(2)划规:划规是用来划圆或弧线、等分线段或求线段交点以及量取尺寸而用的工具,如图 11-12 所示。划线时,先在钢尺上量取尺寸,再在工件上划线。

(3)划针盘:划针盘主要用于立体划线和校正工件位置。使用时注意划针装夹牢固,底座与平板紧贴,移动平稳。如图 11-13 所示。

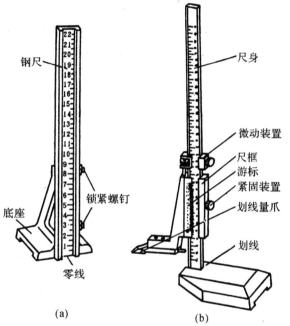

图 11-10 高度游标卡尺
(a)量高尺;(b)高度游标卡尺

(4)划卡:划卡是用来确定轴和孔的中心位置的工具,使用方法如图 11-14 所示。

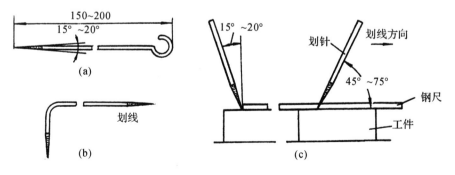

图 11-11 划针的种类及使用方法
(a)直划针;(b)弯头划针;(c)用划针划线的方法

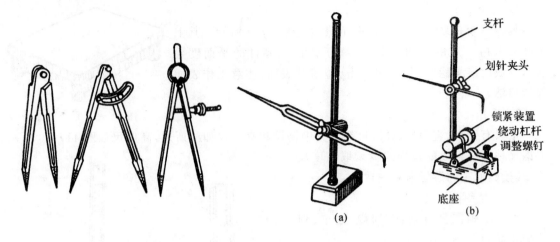

图 11-12　划规

(a)普通划针盘;(b)可调试划针盘

图 11-13　划针盘

(a)定轴心;(b)定孔中心

支杆

划针夹头

锁紧装置

绕动杠杆

调整螺钉

底座

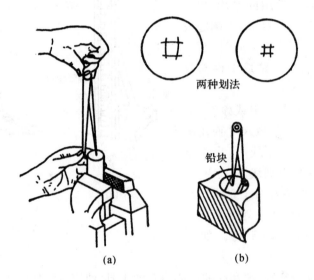

两种划法

铅块

(a)　　　　　(b)

图 11-14　用划卡定中心

(5)样冲:样冲(见图 11-15)是在划好的线上冲眼用的工具。冲眼是为了强化显示用划针划出的加工界限,也就是使划出的线条具有永久性的位置标记,再者,就是为划圆弧和钻孔做定心用。样冲用工具钢制成,尖端处磨成 45°~60°并淬火硬化。冲眼时要注意以下几点:

1)冲眼位置要准确、冲心不偏离线条。

2)冲眼间距离要以划线的形状和长短而定,直线可稀,曲线稍密,转折交叉处需冲点。

3)冲眼大小要根据工件材料,表面情况而定,薄浅粗深软轻,精加工表面禁止冲眼。

4)圆中心的冲眼,最好打得大一些,正一些,以便钻孔时钻头对中。

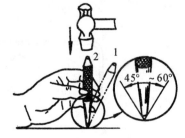

图 11-15　样冲及其用法

1—对准位置;2—冲孔

4. 夹持工具

夹持工具有方箱、千斤顶、V形铁、分度盘等。

(1)方箱:方箱(见图 11-16)是用铸铁制成的空心立方体,它的六个面都经过精加工,相邻各面互相垂直。方箱用于夹持、支承尺寸轻小而加工面较多的工件,通过翻转方箱,便可在工件表面划出互相垂直的线条。

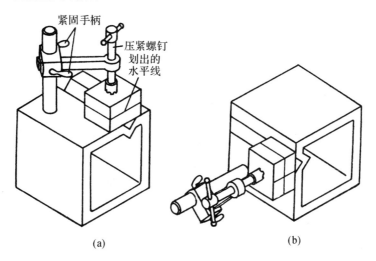

图 11-16 用方箱夹持工件
(a)将工件压紧在方箱上,划出水平线;(b)方箱翻转 90°划出垂直线

(2)千斤顶:千斤顶(见图 11-17)在平板上用做支承工件,其高度可以调整,用于不规则或较大工件的划线找正。

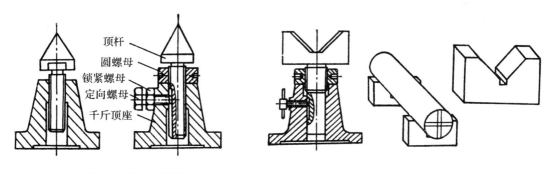

图 11-17 千斤顶   图 11-18 V形铁

(3)V形铁:V形铁(见图 11-18)用于支承圆柱形工件,使工件轴心与平台平面平行。

(4)分度头:分度头主要用于圆形零件分度用,分度方法有直接分度法、简单分度法、角度分度法和差动分度法等,其使用方法见铣削加工。

三、划线方法

划线时按下面步骤进行。

1. 划线前准备

(1)工作准备:检查工件外形尺寸是否与图纸相符,在需要划线的表面涂色。

(2)工具准备:按工件图纸要求,选择所需工具。

(3)零件图纸准备:分析零件图纸,查明要划哪些线,选择划线基准,尽量选择重要孔的轴线作为基准。

2. 操作时应注意的事项

(1)分析零件的加工程序和加工方法。

(2)工件夹持或支撑稳当,以防滑倒和移动。

(3)毛坯划线时,做好找正工作。

(4)在一次支撑中将全部要划出的平行线全部划出,以免再次支撑补划造成误差。

3. 划线后的复核

划完线后要反复核对尺寸,直到确实无误后才能转入机械加工。

第四节　锉　　削

锉削是利用锉刀对工件表面进行切削,使它达到零件图所要求的形状、尺寸和表面粗糙度的加工过程。其特点是加工简便,工作范围广,可对工件上的平面、曲面、内外圆弧、沟槽以及其他复杂表面进行加工,主要适用于成形样板、模具形腔以及部件。机器装配时的工件修整是钳工的主要操作内容之一。

一、锉削的注意事项

进行锉削操作时应注意以下事项:

(1)不准使用无柄锉刀锉削,以免被锉舌戳伤手。

(2)不准用嘴吹锉屑,以防锉屑飞入眼中。

(3)锉削时,锉刀柄不要碰撞工件,以免锉刀柄脱落伤人。

(4)放置锉刀时不要把锉刀露出钳台外面,以防锉刀掉落砸伤操作者。

(5)锉削时不可用手摸被锉工件表面,因手有油污会使锉削时锉刀打滑而造成事故。

(6)锉刀齿面塞积切屑后,用钢丝刷顺着锉纹方向刷去锉屑。

二、锉刀及其选用

1. 锉刀的材料

锉刀常用碳素工具钢 T12,T13 制成,经热处理淬硬至 62～67HRC。

2. 锉刀的组成

锉刀由锉刀面、锉刀边、锉刀舌、锉刀尾、木柄等部分组成,如图 11-19 所示。

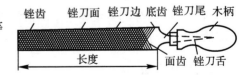

图 11-19　锉刀各部分名称

3. 锉刀的分类

按用途锉刀可分为普通锉、特种锉和整形锉(什锦锉)三类。

(1)普通锉:按其截面形状可分为平锉、方锉、圆锉、半圆锉和三角锉五种(见图 11-20)。

按其长度可分 100 mm,150 mm,200 mm,250 mm,300 mm,350 mm 以及 400 mm 等七种。
按其齿纹可分单齿纹、双齿纹。按其齿数粗细可分粗齿、中齿、细齿、粗油光、细油光五种。

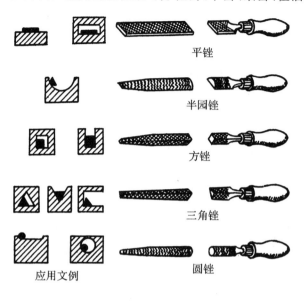

平锉

半园锉

方锉

三角锉

应用文例　　　　圆锉

图 11－20　普通锉刀

(2)整形锉:主要用于精细加工及整修工件上难以机加工的细小部位(见图 11－21)。根据其锉刀面上是否粘附有金刚石细粉而分为普通整形锉和金刚石整形锉,金刚石整形锉主要用于锉削淬火后硬度较高的工件,一般将若干各种截面形状的锉刀组成一套。

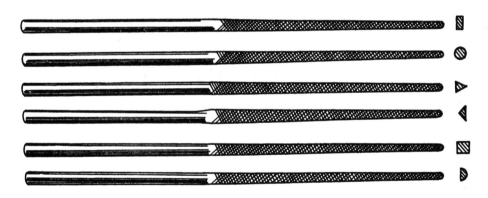

图 11－21　整形锉

(3)特种锉:是加工零件上特殊表面用的,它有直的、弯曲的两种,其截面形状很多,如图 11－22所示。

4. 锉刀的选用

选用锉刀的一般原则是:根据工件的形状和加工面的大小选择锉刀的形状和规格;根据材料软硬,加工余量、精度和粗糙度的要求选择锉刀齿纹的粗细。

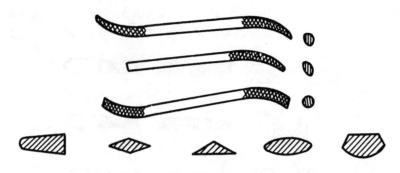

图 11-22　特种锉及其截面形状

三、锉削方法

1. 锉刀的握法

根据锉刀大小和形状的不同,采用相应的握法。

(1)大锉刀的握法:右手心抵着锉刀木柄的端头,大拇指放在锉刀木柄的上面,其余四指弯在下面,配合大拇指捏住锉刀木柄。左手则根据锉刀大小和用力轻重有多种姿势,如图 11-23 所示。

(2)中锉刀的握法:右手握法与大锉刀相同,左手用大拇指和食指捏住锉刀前端(见图 11-24(a))。

(3)小锉刀的握法:右手食指伸直,拇指放在锉刀木柄上面,食指靠在锉刀的刀边,左手几个手指压在锉刀中部(见图 11-24(b))。

(4)整形锉刀的握法:只用右手拿着锉刀,食指放在锉刀上面,拇指放在锉刀的左侧(见图 11-24(c))。

2. 锉削的姿势

锉削时,操作者的步位和姿势应便于用力,左腿弯曲,右腿伸直,身体向前倾斜,重心落在左腿上,如图 11-25 所示。

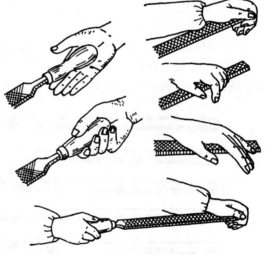

图 11-23　大锉刀的握法

3. 平面锉削方法

平面锉削是最基本的锉削,常用的方法有三种:

(1)顺向锉法:锉刀沿着工件表面横向或纵向移动,锉削平面可得到正直的锉痕,比较整齐美观。一般用于工件锉光、锉平或锉顺锉纹(见图 11-26(a))。

(2)交叉锉法:是以交叉的两方向顺序对工件进行锉削,交叉锉法去屑较快,一般用于平面的粗锉。因为锉痕是交叉的,容易判断锉削平面不平程度,所以也容易把表面锉平(见图 11-26(b))。

(3)推锉法:两手对称握住锉刀,用两大拇指推锉刀进行锉削。推锉法一般用于较窄面且已经锉平、加工余量小的情况下,来修正尺寸和减小表面粗糙度(见图 11-26(c))。

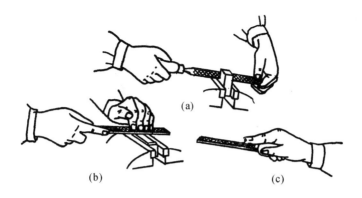

图 11 - 24　中小锉刀的握法

(a)中锉刀的握法;(b)小锉刀的握法;(c)更小锉刀的握法

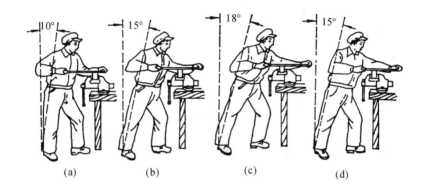

图 11 - 25　锉削动作

(a)开始锉削时;(b)锉刀推出 1/3 行程时;(c)锉刀推出 2/3 行程时;(d)锉刀行程推尽时

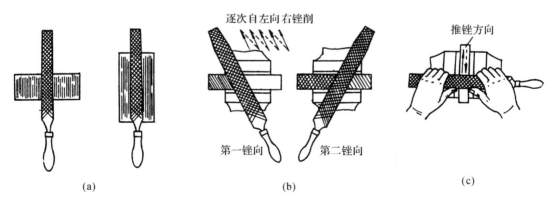

图 11 - 26　平面锉削

(a)顺向锉法;(b)交叉锉法;(c)推锉法

4．圆弧面的锉削

(1)外圆弧面锉削:锉刀要同时完成前推运动和绕圆弧面中心的转动。

前者主要是完成锉削,后者是保证锉出圆弧形状。常用的外圆弧面锉削方法有两种:使锉刀顺着圆弧面锉削的为滚锉法,用于精锉外圆弧面;还有一种是使锉刀横着圆弧面锉削的横锉

215

法,用于粗锉或不能用滚锉法的情况下,如图 11 - 27 所示。

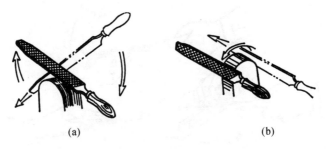

(a)   (b)

图 11 - 27　外圆弧面锉削

(a)滚锉法;(b)横锉法

　　(2)内圆弧面锉削:锉刀要同时完成锉刀前推运动,锉刀的左右移动和锉刀自身的转动三个运动。三者缺一,就锉不好内圆弧面,如图 11 - 28 所示。

　　5. 通孔的锉削

　　根据通孔的形状、工件材料、加工余量、加工精度和表面粗糙度来选择所需的锉刀。方法如图 11 - 29 所示。

图 11 - 28　内圆弧面锉削　　　　　图 11 - 29　通孔的锉削

第五节　锯　　割

　　锯割是用手锯对工件或材料进行分割的一种切削加工过程,它具有方便、简单和灵活的特点,不需任何辅助设备、不消耗动力。它可分割各种材料或半成品;锯掉工件上多余部分;在工件上锯槽。

一、锯割的注意事项

进行锯割操作应注意如下事项:

(1)锯条要装得松紧适当,锯割时不要突然用力过猛,以防止锯条折断伤人。

(2)工件要夹持牢固且要经常注意锯缝的平直情况。

(3)工件将要锯断时压力要小,一般要用左手扶住工件断开部分,以免造成事故。

(4)在锯割时,可加些机油,减小摩擦。

二、锯割工具

锯割工具——手锯——是由锯弓和锯条两部分组成。

1. 锯弓

锯弓分固定式和可调节式两种。固定式锯弓的弓架是整体的,只能装一种长度规格的锯条(见图 11-30(a));可调式锯弓的弓架分成前后两段,由于前段在后套内可伸缩,因此可以安装几种长度规格的锯条(见图 11-30(b))。

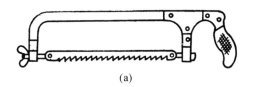 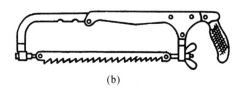

图 11-30　锯弓的结构
(a)固定式;(b)可调式

2. 锯条

锯条用碳工具钢或合金工具钢制成,并经热处理淬硬。其规格以锯条两端安装孔间的距离表示,常用手工锯条长 300 mm、宽 12 mm、厚 0.8 mm,锯条切削部分是由许多锯齿组成,锯齿起切削作用。常用的锯条后角为 40°～45°,楔角 β 为 45°～50°,前角 γ 约为 0°(见图 11-31)。

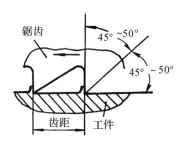

图 11-31　锯齿形状

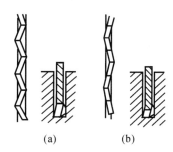

图 11-32　锯齿的排列形状
(a)交叉排列;(b)波浪排列

3. 锯条形状及选用

(1)锯条形状:锯条上的锯齿按一定形状左右错开,排列成一定形状称为锯路,锯路有交叉、波浪等不同排列形状,如图 11-32 所示。锯路的作用是使锯缝宽度大于锯条背部的厚度,以减小摩擦力,并使排屑顺利,锯割省力,提高效率。

(2)锯条的选用:锯齿的粗细是按锯条上每 25 mm 长度内的齿数表示的。14～18 齿为粗齿,24 齿为中齿,32 齿为细齿。根据加工材料的硬度、厚薄来选择锯齿的粗细。锯割软材料或厚材料时用粗齿锯条;锯割硬材料或薄材料时用细齿锯条;一般中等硬度材料选用中齿锯条。

三、锯割方法

1. 工件的夹持

工件应尽可能夹持在虎钳的左面,以方便操作;工件夹持应稳当,牢固不可有抖动,以防锯割时工件移动而使锯条折断。同时也要防止夹坏已加工表面和工件变形。

2. 锯条的安装

手锯是向前推时进行切削,向后返回不起切削作用,安装时应保证齿尖的方向朝前。锯条松紧要适当,太紧失去了弹性,易崩断;太松会使锯条扭曲,锯缝歪斜,锯条也易折断。

3. 起锯

起锯是锯割工作的开始,它的好坏直接影响锯割质量。起锯有远边起锯和近边起锯两种,如图 11-33 所示。一般采用远边起锯,因锯齿逐步进入材料,不易被卡住。近边起锯时,因锯齿突然锯入且较深,易被卡住。无论采用哪种方法,起锯角度以 15°为佳。起锯角度太大,锯齿易被工件棱边卡住;太小,不易切入材料,还可能打滑,锯坏工件表面。为了使起锯的位置准确平衡,可用左手大拇指挡住锯条来定位。

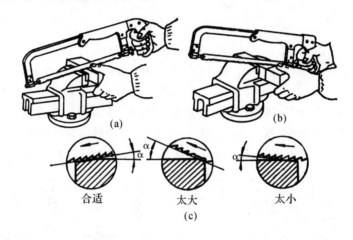

图 11-33 起锯方法
(a)远边起锯;(b)近边起锯;(c)起角太大或太小

4. 锯割姿势

锯割时的站立姿势为人体质量均匀分在两腿上,右手握稳锯柄,左手扶在锯弓前端,锯割时推力和压力主要由右手控制(见图 11-34)。

5. 锯割方法

(1)圆管锯割:锯薄管时,应将管子夹在木制 V 形槽垫之间,以免夹扁管子,且锯割时不能从一个方向锯到底,应多次变换方向并向锯条推进方向转动,不反转,否则锯齿会被管壁勾住(见图 11-35)。

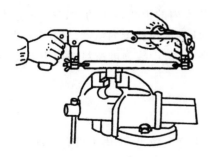

图 11-34 手锯的握法

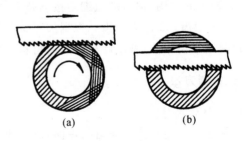

图 11-35 锯管子的方法
(a)正确;(b)不正确

（2）薄板锯割：锯割薄板时尽可能从宽面锯下去，如只能从窄面锯下去时，可夹在两木板之间锯割，以免锯齿勾住，同时还可增加板的钢性。当板料太宽，不便装夹时，采用横向斜推锯割（见图11-36）。

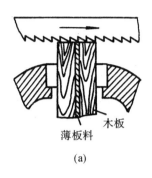
薄板料
木板
（a）

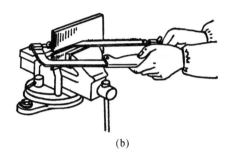
（b）

图11-36 薄板锯割

（3）深缝锯割：当锯缝的深度超过锯弓的高度时（见图11-37(a)），应将锯弓转过90°重新安装，把锯弓转到工件旁边（见图11-37(b)），当锯弓横下来后锯弓高度仍然不够时，可把锯条转过180°把锯条锯齿安装在锯弓内进行切割（见图11-37(c)）。

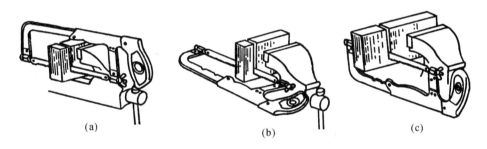
（a）　　　　　　　　　（b）　　　　　　　　　（c）

图11-37 深缝的锯法
(a)锯缝深度超过锯弓高度；(b)将锯条转过90°安装；(c)将锯条转过180°安装

第六节　钻孔、扩孔与铰孔

各种零件上的孔加工，除去一部分由车、铣等机床完成外，很大一部分是由钳工利用钻床和钻孔工具完成的。钳工加工孔的方法有钻孔、扩孔和铰孔。

一、钻孔、扩孔与铰孔的注意事项

进行钻孔、扩孔和铰孔操作时应注意如下事项：

（1）操作者衣袖扎紧，严禁戴手套，女同学必须带帽子。

（2）工件夹紧必须牢固，尽量减小进给力。

（3）不准用手拉或嘴吹钻屑，以防伤手和伤眼。

（4）钻通孔时，工件底面应放垫块，或将钻头对准工作台的T形槽。

（5）使用手电钻时应注意用电安全。

二、钻孔

钻孔是用钻头在实心工件上加工孔的一种方法，其加工精度一般在IT10级以下，表面粗糙度 R_a 为 12.5 μm 左右。

1. 钻孔机床及工具

常用的钻孔机床有台式钻床、立式钻床、摇臂钻床、手电钻。

2. 钻头

钻头是钻孔的主要刀具，用高速钢制造，工作部分经热处理淬硬至 62～65HRC。它由柄部、颈部及工作部分组成（见图 11-38）。

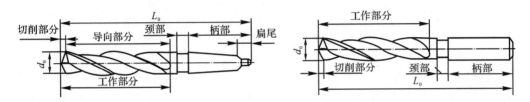

图 11-38　麻花钻头的构造

(1)柄部：是钻头夹持部分，起传递动力作用，有直柄和锥柄两种。

(2)颈部：是在制造钻头时砂轮磨削退刀用的，钻头直径、材料、厂标一般也刻在颈部。

(3)工作部分：包括导向部分和切削部分。

3. 钻孔用的夹具

(1)钻头夹具：常用的有钻夹头和钻套（见图 11-39）。

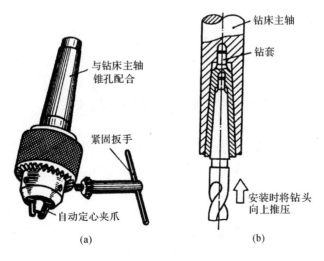

图 11-39　钻夹头及钻套

(a)钻夹头；(b)钻套不正确

钻夹头适用于装夹直柄钻头。

钻套又称过渡套筒,用于装夹锥柄钻头。

(2)工件夹具:根据钻孔直径和工件形状来合理使用工件夹具。装夹时要牢固可靠,但又不能损伤工件。常用的有手虎钳、平口钳、V形铁、压板(见图 11-40)。

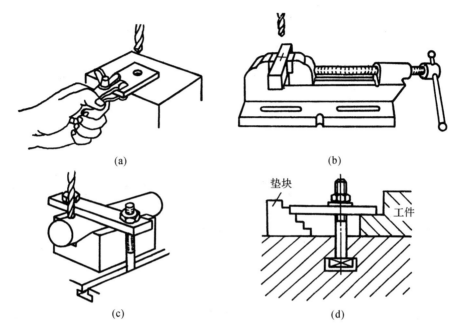

(a) (b)

(c) (d)

图 11-40 工件夹持方法

(a)手虎钳夹持;(b)平口钳夹持;(c)V形铁夹持;(d)压板螺栓夹持

4.钻孔方法

(1)按划线位置钻孔:工件上的孔径圆和检查圆均须打上样冲眼作为加工界线,中心眼应打大一些,先用钻头在孔的中心锪一小窝,检查小窝与所划圆是否同心,如偏离,则需矫正。

(2)钻通孔:在快钻透时,进给量应减小,变自动进给为手动进给,以免钻穿的瞬间抖动,出现"啃刀"现象。

(3)钻盲孔:注意钻孔深度,以免出现质量问题。控制钻孔深度的方法有:调整好钻床上的深度标尺挡块;安置控制长度量具或用粉笔作标记。

(4)钻深孔:当孔深超过孔径的 3 倍时,要经常退出钻头或及时排屑和冷却。

(5)钻大孔:直径超过 30 mm 的孔应分两次钻。第一次用 $(0.5\sim0.7)D$ 的钻头钻,再用所需直径的钻头将孔扩大到所要求的直径。

三、扩孔与铰孔

精度高、粗糙度小的中小直径孔($D<50$ mm),在钻削之后,常需要采用扩孔和铰孔来进行半精加工和精加工。

1.扩孔

扩孔是用扩孔钻对工件上已有的孔进行扩大加工。可以校正孔的轴线偏差,获得较正确的几何形状和较小的表面粗糙度,一般精度为 IT9~IT10 级,R_a 为 3.2~6.3 μm。可作为要

221

求不高的孔的最终加工,也可作为精加工(铰孔)前的预加工。扩孔加工余量为 0.5~4 mm。

2. 铰孔

铰孔是用铰刀从工件壁上切除微量金属层,也是应用较为普遍的孔精加工方法之一,一般加工精度可达 IT9~IT7,R_a 为 0.4~1.6 μm。

铰刀是多刃切削工具,有 6~12 个切削刃,铰孔时导向性好。铰刀按使用方法分为手用和机用两种,按所铰孔形状分为圆柱形和圆锥形两种(见图 11-41)。

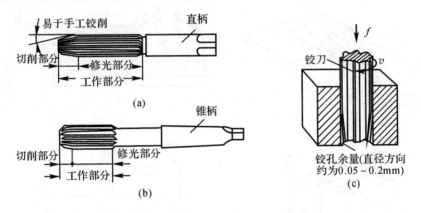

图 11-41 铰刀和铰孔

(a)圆柱形手铰刀;(b)圆柱形机铰刀;(c)铰孔

铰孔因余量很小,而且切削刃的前角 $\gamma_0=0°$,实际上是修刮过程。铰孔时一般切削速度较低($v=1.5~10$ m/min)。加工过程中不能倒转,可采用冷却润滑液,提高孔壁表面精度。

第七节 攻螺纹与套螺纹

工件圆柱上的螺纹又称外螺纹,孔内侧面上的螺纹为内螺纹,常用的三角形螺纹工件,其螺纹除采用机械加工外,还可采用钳加工方法的攻螺纹和套螺纹获得。

一、攻螺纹与套螺纹的注意事项

进行攻螺纹、套螺纹操作时应注意以下事项:

(1)攻螺纹(套螺纹)感到很费力时,不可强行转动,应将丝锥倒退出,清理切屑后再攻(套)。

(2)攻制不通螺孔时,注意丝锥是否已经到底。

(3)使用成组丝锥,要按头锥、二锥、三锥依次使用。

二、攻螺纹

攻螺纹是用丝锥加工出内螺纹。

1. 丝锥和铰杠

(1)丝锥:专门用来加工小直径螺纹的成形刀具(见图 11-42(a)),一般用合金工具钢 9SiCr 制成,并经热处理淬硬,基本结构形状像一个螺钉,由工作部分和柄部组成,其中工作部分由切削部分与校准部分组成。

丝锥分手用丝锥和机用丝锥,为减少切削力和提高丝锥使用寿命,一般是两支或三支组成一套,它们的圆锥角(κ_r)不同;标准部分外径也不同,所负担的切削工作量,头锥为$60\% \sim 75\%$,二锥为 $30\% \sim 25\%$,三锥为10%。

(2)铰杠:是夹持丝锥的工具,常用的为可调式铰杠,旋动右边手柄,即可调节方孔的大小,以便夹持不同尺寸的丝锥。

2. 攻螺纹前钻底孔直径和深度的确定

对钢料及韧性金属,有
$$d_0 \approx d - P$$
对铸铁及脆性材料,有
$$d_0 \approx d - (1.05 \sim 1.1)P$$
式中,d_0 为底孔直径;d 为螺纹公称直径;P为螺纹公称直径。

攻盲孔的螺纹时,因丝锥不能攻到底,所以孔的深度要大于螺纹长度,盲孔深度可按下列公式计算:
$$孔的深度 = 所需螺纹深度 + 0.7d$$

3. 攻螺纹方法

先将螺纹钻孔端面孔口倒角,以利于丝锥切入。先用头锥攻螺纹,先旋入1~2圈,检查丝锥是否与孔端面垂直,再使铰杠轻压旋入。其切削部分已经切入工件后,可只转动而不加压,每转一圈反转1/4圈,以便切屑断落,再攻二锥、三锥。每更换一锥,先要旋入1~2圈,扶正定位,再用铰杠,以防乱扣。

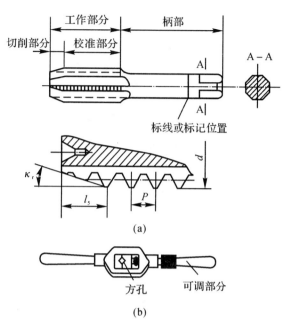

图 11-42　丝锥与铰杠

(a)丝锥的结构;(b)铰杠

三、套螺纹

1. 板牙和板牙架

(1)板牙:是加工外螺纹的工具,由合金工具钢 9SiGr 制成并热处理淬硬,外形像一圆螺母,只是上面钻有几个排屑孔,并形成刀刃(见图 11-43(a))。

(2)板牙架:板牙是装在板牙架上使用的(见图 11-43(b)),板牙架不仅是用来夹持板牙的工具,而且是传递扭矩的工具。

2. 套螺纹前圆杆直径的确定

圆杆直径应稍大于螺纹公称尺寸。

计算圆杆直径的经验公式为
$$圆杆直径 \approx 螺纹外径 - 0.13P$$

3. 套螺纹的方法

套螺纹的圆杆顶端部应倒角(见图 11-44(a)),使板牙容易对准工件中心,同时也容易切入。套螺纹过程与攻螺纹相似(见图 11-44(b)),板牙端应与圆杆垂直,用力均匀。开始时,稍加压力,套入三四扣后,只转动不加压,并常反转,以便排屑。

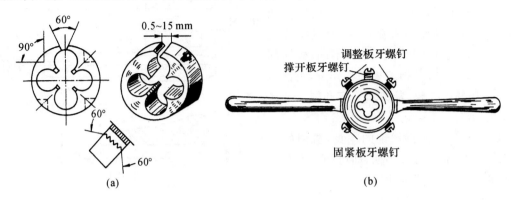

图 11-43　板牙与板牙架

图 11-44　圆杆倒角和套螺纹

(a)圆杆倒角;(b)套螺纹

第八节　刮　　削

在工件已加工表面上用刮刀刮去一层很薄金属的加工方法为刮削。刮削时,刮刀对工件既有切削作用,又有压光作用。刮削是一种精加工方法,在机械制造,工具、量具制造和修理工作中占重要地位,得到广泛的应用。

一、刮削的注意事项

进行刮削操作时,应注意以下事项:

(1)工件安放高度要适当,一般低于腰部。

(2)刮削姿势要正确,力量发挥要好,刀迹控制正确,刮点准确合理,不产生明显的震痕和起刀、落刀痕迹。

(3)用力要均匀,刮刀的角度、位置要准确。刮削方法要常调换,成网纹形进行。

(4)涂抹显示剂要薄而均匀。

(5)推磨研具时,推研力量要均匀。

二、刮削工具

1. 刮刀

用碳素钢工具 T10A～T12A 或轴承钢锻成,也有的在刀头焊上硬质合金用以刮削硬金属。

(1)平面刮刀:适合刮削平面,分普通刮刀和活头刮刀两种(见图 11-45),平面刮刀按所刮表面精度又分为粗刮刀、细刮刀和精刮刀(见图 11-46)。

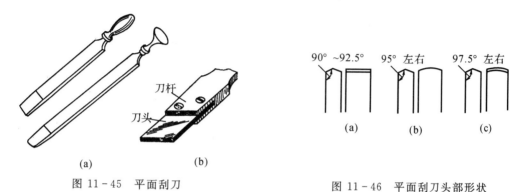

图 11-45　平面刮刀

(a)普通刮刀;(b)活头刮刀

图 11-46　平面刮刀头部形状

(a)粗刮刀;(b)细刮刀;(c)精刮刀

(2)曲面刮刀:用于刮削内弧面(主要是滑动轴承的轴瓦),曲面刮刀式样很多(见图 11-47),其中以三角刮刀最常见。

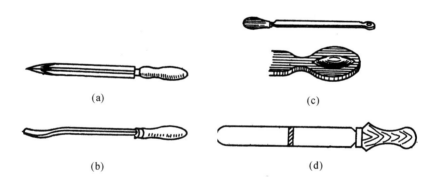

图 11-47　曲面刮刀

(a)三角刮刀;(b)匙形刮刀;(c)蛇头刮刀;(d)圆头刮刀

2. 校准工具

校准工具一是用来刮削表面磨合,以接触点的多少和分布的疏密程度来显示刮削表面的平整程度,提供刮削依据;二是用来检验刮削表面的精度。常用的刮削平面校准工具有校准平板、桥式直尺、工字形直尺、角度直尺(见图 11-48)。

3. 显示剂

为了显示被刮削表面间贴合程度而涂抹的一种辅助材料。常用的有红丹粉和蓝油。

4. 刮削质量检验

依据刮削点的多少、高低误差、分布情况及粗糙度来确定刮削质量。

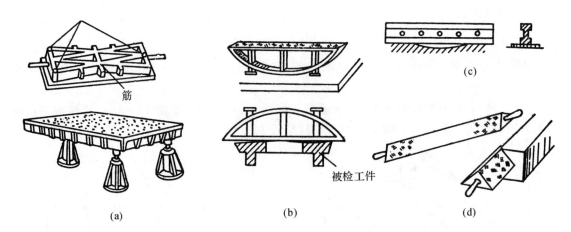

图 11-48　平面刮削用校准工具

(a)校准平板；(b)桥式直尺；(c)工字形直尺；(d)角度直尺

三、刮削方法

1. 平面刮削

平面刮削分为挺刮式和手刮式两种。

(1)挺刮式：将刮刀柄放在小腹右下侧，距刀刃约 80～100 mm 处双手握住刀身，用腿部和臂部的力量使刮刀向前挤刮，如图 11-49(a)所示。

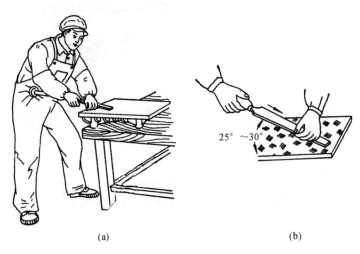

图 11-49　平面刮削方式

(a)挺刮式；(b)手刮式

(2)手刮式：右手握刀柄，左手握住刮刀于近头部约 50 mm 处，刮刀与刮削平面约成 25°～30°，刮削时右臂向前推，左手向下压并引导刮刀方向，双手动作与挺刮式相似，如图 11-49(b)所示。

2. 刮削步骤

刮削操作按以下步骤进行：

（1）粗刮：若工件表面较粗糙，加工痕迹较深或表面严重生锈、不平或扭曲，刮削余量在 0.05 mm 以上时，应先粗刮。粗刮采用长刮刀，行程长，刮刀痕迹顺向，成片不重复。机械加工时刀痕刮除后，即开研点，并按显出时高点刮削。

（2）细刮：就是将粗刮后的高点刮去，采用短刮法，分散研点快。细刮时，朝着一定方向刮，刮完一遍，刮第二遍时要成 45°或 60°方向交叉刮网纹。

（3）精刮：在细刮的基础上进行，采用小刮刀或带圆弧的精刮刀，刀痕宽约 4 mm。

（4）刮花：刮花一是为了美观，二是有积存润滑油的功能。

3. 曲面刮削

对于要求较高的某些滑动轴承的轴瓦，通过刮削，可以得到良好的配合。刮削轴瓦时，用三角刮刀。研点子的方法是，在轴上涂上显示剂，然后与轴瓦配研。曲面刮削原理与平面刮削一样，只是使用刀具和掌握刀具的方法有所不同（见图 11-50）。

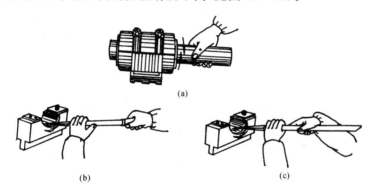

（a）

（b）　　　　　　　　　　（c）

图 11-50　内曲面的显示方法与刮削姿势
（a）显示方法；（b）短刀柄刮削姿势；（c）长刀柄刮削姿势

第九节　装　　配

一、装配的概念

装配是按规定的技术要求将若干个合格的零件组合成部件，或将若干个零件和部件组合成机器的工艺过程。装配是最后一道工序，因此它是保证机器达到各项技术要求的关键。

二、装配方法

装配时要把各部件或零件连接在一起，根据连接方式可分为固定连接和活动连接两类。固定连接零件相互之间没有相对运动，活动连接零件相互之间在工作情况下可按规定要求作相对运动。

为了保证机器的工作性能和精度，达到零、部件相互配合的要求，根据产品结构、生产条件和生产批量不同，其装配方法有四种。

（1）完全互换法：装配精度由零件制造精度保证，在同类零件中，任取一个不经修配即可装入部件中，并能达到规定的装配要求。

（2）调整法：装配过程中调整一个或几个零件的位置，以消除零件积累误差，达到装配要求,如用不同尺寸的可换垫片、衬套,可调节螺母或螺钉、镶条等进行调整。

(3)选配法(不完全互换法):把零件的制造公差适当放宽,然后选取其中尺寸相当的零件进行装配,以达到配合要求。

(4)修配法:当装配精度要求较高,采用完全互换不够经济时,常用修正某个配合零件的方法来达到规定的装配精度。

典型装配方法如下:

(1)螺纹连接装配(见图 11-51):装配螺纹连接的技术要求是获得规定的预紧力,螺母、螺钉不产生歪曲和偏斜,防松装置可靠等。

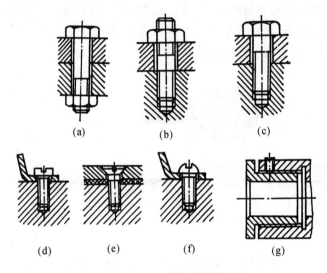

图 11-51　螺纹连接形式

装配螺钉和螺母一般是用扳手。常用的扳手有活扳手(见图 11-52),专用扳手(见图 11-53)和特殊扳手。装配一组螺纹连接时,应按一定的拧紧顺序,做到分次、对称、逐步地旋紧(见图 11-54)。对于在变载荷和震动条件下工作的螺纹连接,必须采用防松保险装置(见图 11-55)。

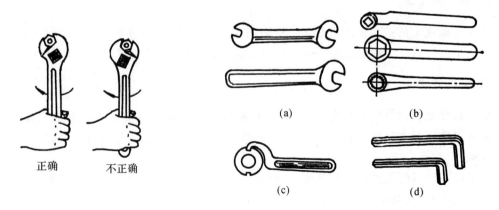

图 11-52　活扳手及其使用时的用力方向

图 11-53　专用扳手

(a)呆扳手;(b)整体扳手;(c)侧面孔钢扳手;(d)内六角扳手

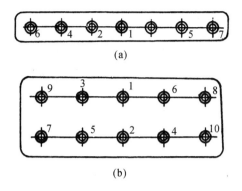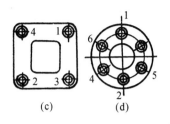

图 11-54 成组螺母旋紧次序

(a)条形;(b)长方形;(c)方形;(d)圆形

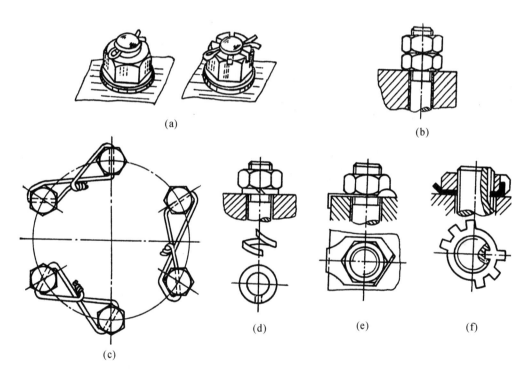

图 11-55 螺纹连接防松保险方法

(2)滚动轴承的装配:滚动轴承的装配,多数为较小的过盈配合,装配时可采用手锤或机械施力。将轴承压到轴颈上时,要施力于内环端面上(见图 11-56(a));压到座孔内时,要施力于外环端面上(见图 11-56(b));当同时压到轴颈和座孔内时,压入工具(套筒)要同时顶住内外环的端面压入(见图 11-56(c))。

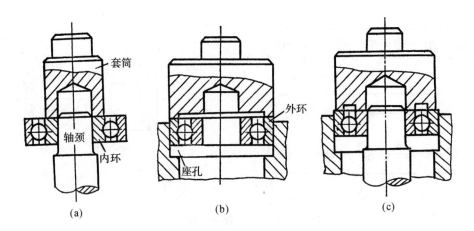

图 11-56 用套筒装配滚珠轴承

(a)压入轴颈;(b)压入座孔;(c)同时压入轴颈和座孔

三、拆卸机器的基本要求

拆卸机器的基本要求如下:

(1)机器拆卸工作,应按其结构的不同预先考虑操作程序,避免先后倒置,或贪图省事、猛拆、猛敲,造成零件的损伤或变形。

(2)拆卸的顺序与装配顺序相反,一般应先拆外部附件,然后按总成、部件进行折卸,在拆卸部件或组件时,应按从外到内、从上到下顺序,依次拆卸。

(3)拆卸时,使用的工具必须保证对合格零件不会造成损伤,应尽可能使用专门工具。严禁用手锤直接在零件的工作表面上敲击。

(4)拆卸时,螺纹零件的旋松方向必须辨别清楚。

(5)拆下的部件和零件必须有次序、有规则地放好,并按原来结构套在一起,在配合件上作上记号,以免搞乱。

(6)对丝杠、长轴类零件必须用绳索将其吊起,以防弯曲变形和碰伤。

思 考 题

1. 划线的作用是什么? 如何划出工件上的水平线和垂直线?

2. 什么叫划线基准? 如何选择划线基准?

3. 划线工具有哪些? 划线方箱、V形块、千斤顶各有何用途?

4. 如何选择锯条? 起锯和锯削时的操作要领有哪些?

5. 常用的锉刀有哪几种? 如何选择?

6. 平面锉削有哪几种? 各适合于何种场合?

7. 钻孔、扩孔和铰孔时,所用的刀具和操作方法有何区别?

8. 试述攻螺纹和套螺纹的操作方法。

9. 什么是装配? 常用的装配方法有哪些?

10. 提高装配效率和质量的途径有哪些?

第十二章

常用非金属材料的加工

第一节　塑料的成形

一、工程塑料的一般工艺性能

1.吸湿性

塑料的吸湿性是指其吸湿或黏附水分的性能。将塑料按照其对水分的亲疏程度来分类，可分为两类：具有明显的吸湿或黏附水分倾向的塑料，如有机玻璃、ABS 等；基本不吸湿也不黏附水分的塑料，如聚乙烯、聚氯乙烯等。水分的存在对吸湿性塑料的成形有很大影响：当塑化温度高于 100℃ 时，水分将汽化，从而导致制品内产生气泡，外观出现水迹，制品强度也因此而降低；有些塑料在高温下会发生水解反应，从而影响制品的外观质量，降低机械强度，或者因树脂起泡、黏度下降而使成形过程变得困难。因而，在对吸湿性塑料进行成形加工前，必须进行干燥处理，将其含水量控制在允许的范围内。

2.流动性

塑料的流动性指在一定的温度和压力的作用下，能够充满模腔各个部分的性能。塑料的流动性不好，充型就差，所需施加的成形压力就大。例如，流动性差的塑料在注射成形时就难以充满模腔，需施加的注射压力也较大；但流动性过大会导致注射成形时的"溢边"现象，对制品产生挤压而使之变形。因此，在成形过程中，必须适当地控制塑料的流动性。塑料的流动性受以下因素的影响：树脂分子的大小与结构，填料增塑剂和润滑剂。具有线型分子结构、没有或很少有交联结构的树脂的流动性最好。加大填料，会使塑料的流动性变差，加入增塑剂和润滑剂，可以提高塑料的流动性。

3.结晶性

塑料的结晶性是指结晶型塑料具有结晶现象的性质。结晶型塑料（如聚乙烯、聚甲醛等）是相对于无定型塑料（如有机玻璃、ABS 等）而言的。塑料的结晶性常用其结晶度的大小来表征，它是确定塑料成形工艺条件时必须考虑的因素之一。结晶型塑料成形时，如果温度高、熔融体的冷却速度慢、制品的结晶度大，则其密度大、硬度高、刚性好、抗拉和抗弯等性能好、耐磨性及耐腐性等均能提高；反之，如果熔融体的冷却速度快，制品的结晶度小，则可使其获得较好的柔软性、透明性、较高的伸长率和冲击强度等性能。

4.热敏性

有些塑料，如聚氯乙烯、聚甲醛等，对热较为敏感。当将其较长时间置于较高温度下时，就会发生解聚、分解、变色等现象。塑料的这种性质称为热敏性。为了避免出现这类缺陷，在对热敏性塑料进行成形加工时，必须正确控制温度和受热时间，恰当选用加工设备，或在塑料配方中加入稳定剂。

5.收缩性

塑料在成形及冷却过程中发生体积收缩现象的性质称为收缩性。塑料的收缩性不仅取决于塑料的品种,还与其成形方法、工艺条件、添加剂的种类与数量、制品厚度、是否有金属嵌件等因素密切相关。

二、热塑性塑料和热固性塑料的工艺特性

按受热后表现的性能不同,塑料可分为热塑性塑料和热固性塑料两类。前者加热时软化并熔融,成为可流动的黏稠液体,冷却后成形且保持既得形状;在重新加热后,又可软化、熔融,如此可反复多次,其塑化过程仅是物理过程,且是可逆的。后者则先受热熔融软化,转变成黏流状态,随后逐渐固化成最终制品;固化后不能再加热软化,其过程是不可逆的。当温度升高至分解温度时,将会发生分解,而不能再软化。

1.热塑性塑料的工艺特性

热塑性塑料的稠度随着温度的变化将发生明显的变化:当温度低于玻璃态转变温度时,塑料呈玻璃态或固态;当温度上升到玻璃态转变温度以后,塑料便具有与橡胶一样的弹性,此时称之为高弹态;当温度继续上升到黏流温度时,塑料便有自由流动状态,此时叫它黏流态。由于热塑性塑料在不同的温度下以不同的状态存在,有可能采用各种不同的方法对其进行加工:

(1)以玻璃态或固态存在时,可以采用机械加工方法(如车削、铣削、钻削、刨削等)进行加工。

(2)以高弹态存在时,可以采用多种不同的成形工艺进行加工,如吹塑法、真空成形法等。

(3)以黏流态存在时,常采用挤压或注射成形法加工。大多数热塑性塑料的成形是在黏流态下进行的。

2.热固性塑料的工艺特性

热固性塑料的稠度与性能不因温度的升高而发生明显变化,只有当温度很高时,它才发生化学分解而破坏。

热固性塑料的成形,一般在非固化态或半固化态下进行,也可以在固态下通过机械加工方法进行。

三、塑料的注射成形

注射成形是热塑性塑料制件的一种主要成形方法。除氟塑料外,几乎所有的热塑性塑料都可用此方法成形。近年来,注射成形已成功地用来成形某些热固性塑料制件。

注射成形的特点是:成形周期短,能一次成形外形复杂、尺寸精密、带有嵌件的塑料制件;对各种塑料的适应性强;生产效率高,产品质量稳定,易于实现自动化生产。因此,注射成形广泛地用于塑料制件的生产中,但注射成形的设备及模具制造费用较高,不适合单件及批量较小的塑料制件的生产。

1. 注射成形原理

注射成形的原理是将颗粒状态或粉状塑料从注射机的料斗送进加热的料筒中,经过加热熔融塑化成为黏流态熔体,在注射机柱塞或螺杆的高压推动下,以很高的流速通过喷嘴,注入模具型腔,经一定时间的保压冷却定型后可保持模具型腔所赋予的形状,然后开模分型获得成形塑件。这样就完成了一次注射工作循环,如图12-1所示。

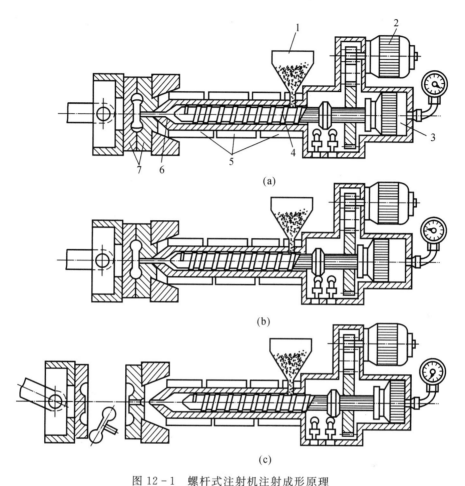

图 12-1　螺杆式注射机注射成形原理

(a)塑化阶段;(b)注射阶段;(c)塑件脱模

1—料斗;2—螺杆转动传动装置;3—注射液压缸;4—螺杆;5—加热器;6—喷嘴;7—模具

2. 注射成形工艺过程

注射成形工艺过程包括:成形前的准备、注射成形过程以及塑件的后处理三个阶段。

(1)成形前的准备。为使注射过程能顺利进行并保证塑料制件的质量,在成形前应进行一系列必要的准备工作,包括:原料外观的检验和工艺性能的测定;物料的预热和干燥;嵌件的预热;料筒的清洗;脱模剂的选用等内容。有时还需对模具进行预热。

(2)注射成形过程。完整的注射成形过程包括加料、加热塑化、加压注射、保压、冷却定型、脱模等工序。

1)加料:将粒状或粉状塑料加入到注射机的料斗中。

2)塑化:加入的塑料在料筒中进行加热,使其由固体颗粒转变成熔融状态并具有良好的可塑性。这一过程称为塑化。

3)充模:塑化好的熔体被柱塞或螺杆推挤至料筒前端,经过喷嘴、模具浇注系统进入并充满型腔,这一阶段称为充模。

4)保压:在模具中熔体冷却收缩时,柱塞或螺杆迫使料筒中的熔料不断补充到模具中。从而成形出形状完整、质地致密的塑件,这一阶段称为保压。

5)倒流:保压结束后,柱塞或螺杆后退,型腔中压力解除,这时型腔中的熔料压力将比浇口前方的高,如果浇口尚未冻结,型腔中的熔料就会通过浇口流向浇注系统,这一过程称为倒流。倒流使塑件产生收缩、变形及质地疏松等缺陷。如果保压结束时浇口已经冻结,那就不会存在倒流现象。

6)冷却:塑件在模内的冷却过程是指从挠口处的塑料熔体完全冻结时起到塑件将从模腔内推出为止的全部过程。实际上冷却过程从塑料注入型腔起就开始了,它包括从充模完成、保压开始到脱模前的这一段时间。

7)脱模:塑件冷却到一定的温度即可开模,在推出机构的作用下将塑件推出模外。

(3)塑件的后处理。塑件后处理包括:退火和调湿处理。退火处理是指将塑件在定温的加热液体介质(如热水、热的矿物油、甘抽、乙二醇和液体石蜡等)或热空气循环烘箱中静置一段时间,然后缓慢冷却。其目的是减少塑件内部产生的内应力,这在生产厚壁或带有金属嵌件的塑件时更为重要。调湿处理是指将刚脱模的塑件放在热水中,隔绝空气。防止塑件的氧化,加快吸湿平衡速度。其目的是使塑件的颜色、性能以及尺寸稳定。通常聚酰胺类塑件须进行调湿处理。

3. 注射成形工艺条件

注射成形工艺条件主要是指成形时的温度、压力以及各作用时间。

(1)温度。注射成形过程需控制的温度有料筒温度、喷嘴温度和模具温度等。

1)料筒温度:料筒温度是决定塑料塑化质量的主要依据。料筒温度低,塑化不充分;料筒温度过高,塑料可能会发生分解。

料筒温度的选择与各种塑料的特性有关,温度的分布一般应遵循前高后低的原则,即料筒的后端温度最低,喷嘴处的前端温度最高。

2)喷嘴温度:喷嘴温度应控制在防止塑料发生"流涎"现象。喷嘴温度一般略低于料筒最高温度。

3)模具温度:模具温度对塑料熔体的充型能力及塑件的内在性能和外观质量影响很大。模具温度高,塑料熔体的流动性就好,塑件的密度和结晶度就会提高,但塑件的收缩率和塑件脱模后的翘曲变形会增加,塑件的冷却时间会变长,生产率下降。

模具温度的选择与塑料结晶性的有无、塑件的尺寸和结构、性能要求以及其他工艺条件(熔料温度、注射速度、注射压力、成形周期)等有关。

(2)压力。注射成形过程中的压力包括塑化压力和注射压力两种,它们直接影响塑料的塑化和塑件质量。

1)塑化压力:又称背压,是指采用螺杆式注射机时,螺杆头部熔料在螺杆转动后退时所受到的压力。一般操作中,塑化压力应在保证塑件质量的前提下越低越好,其具体数值随所用塑料的品种而异,但很少超过 20 MPa。

2)注射压力:是指注射机柱塞或螺杆头部对塑料熔体所施加的压力。其大小取决于注射机的类型、模具结构、塑料品种、塑件壁厚等。

(3)时间(成形周期)。完成一次注射成形过程所需的时间称为成形周期。它包括以下各部分:

$$成形周期\begin{cases} 注射时间\begin{cases} 充模时间(柱塞或螺杆前进时间) \\ 保压时间(柱塞或螺杆停留在前进位置的时间) \end{cases} \\ 闭模冷却时间(柱塞后退或螺杆转动后退的时间均包括在这段时间内) \\ 其他时间(指开模、脱模涂拭脱模剂、安放嵌件和闭模等时间) \end{cases}$$

常用的热塑性塑料注射成形工艺参数见表 12-1。

表 12-1 常用热塑性塑料注射成形的工艺参数

项目 \ 塑料		低压聚乙烯 LDPE	高压聚乙烯 HDPE	乙丙共聚 PP	聚丙烯 PP	玻璃纤维增强 PP	软聚氯乙烯 PVC	硬聚氯乙烯 PVC	聚苯乙烯 PS	HIPS	ABS
注射机类型		柱塞式	螺杆式	柱塞式	螺杆式	螺杆式	柱塞式	螺杆式	柱塞式	螺杆式	螺杆式
螺杆转速/(r·min⁻¹)		—	30~60	—	30~60	30~60	—	20~30	—	30~60	30~60
喷嘴	形式	直通式	直通式	直通式	直通式	直通式	直通式	直通式	直通式	直通式	直通式
	温度/℃	150~170	150~180	170~190	170~190	180~190	140~150	150~170	160~170	160~170	180~190
料筒温度/℃	前段	170~200	180~190	180~200	180~200	190~200	160~190	170~190	170~190	170~190	200~210
	中段	—	180~200	190~220	200~220	210~220	—	165~180	—	170~190	210~230
	后段	140~160	140~160	150~170	160~170	160~170	140~150	160~170	140~160	140~160	180~200
模具温度/℃		30~45	30~60	50~70	40~80	70~90	30~40	30~60	20~60	20~50	50~70
注射压力/MPa		60~100	70~100	70~100	70~120	90~130	40~80	80~130	60~100	60~100	70~90
保压压力/MPa		40~50	40~50	40~50	50~60	40~50	20~30	40~60	30~40	30~40	50~70
注射时间/s		0~5	0~5	0~5	0~5	2~5	0~8	2~5	0~3	0~3	3~5
保压时间/s		15~60	15~60	15~60	15~60	15~40	15~40	15~40	15~40	15~40	15~30
冷却时间/s		15~60	15~60	15~50	15~50	15~40	15~30	15~40	15~30	10~40	15~30
成形周期/s		40~140	40~140	40~120	40~120	40~100	40~80	40~90	40~90	40~90	40~70

续　表

项目		高抗冲击ABS	耐热ABS	阻燃ABS	透明ABS	PMMA		共聚POM	尼龙PA6	尼龙PA11	尼龙PA66
						螺杆式	柱塞式				
注射机类型		螺杆式	螺杆式	螺杆式	螺杆式	螺杆式	柱塞式	螺杆式	螺杆式	螺杆式	螺杆式
螺杆转速/(r·min⁻¹)		30~60	30~60	20~50	30~60	20~30	—	20~40	20~50	20~50	20~50
喷嘴	形式	直通式	直通式	直通式	直通式	直通式	直通式	直通式	直通式	直通式	自锁式
喷嘴	温度/℃	190~200	190~200	180~190	190~200	180~200	180~200	170~180	200~210	180~190	250~260
料筒温度/℃	前段	200~210	200~220	190~200	200~220	180~210	210~240	170~190	220~230	185~200	255~265
料筒温度/℃	中段	210~230	220~240	200~220	220~240	190~210	—	180~200	230~240	190~220	260~280
料筒温度/℃	后段	180~200	190~200	170~190	190~200	180~200	180~200	170~190	200~210	170~180	240~250
模具温度/℃		50~80	60~85	50~70	50~70	40~80	40~80	90~100	60~100	60~90	60~120
注射压力/MPa		70~120	85~120	60~100	70~100	50~120	80~130	80~120	80~110	90~120	80~130
保压压力/MPa		50~70	50~80	30~60	50~60	40~60	40~60	30~50	30~50	30~50	40~50
注射时间/s		3~5	3~5	3~5	0~4	0~5	0~5	2~5	0~4	0~4	0~5
保压时间/s		15~30	15~30	15~30	15~40	20~40	20~40	20~90	15~50	15~50	20~50
冷却时间/s		15~30	15~30	10~30	10~30	20~40	20~40	20~60	20~40	20~40	20~40
成形周期/s		40~70	40~70	30~70	30~80	50~90	50~90	50~160	40~100	40~100	50~100

续表

项目 \ 塑料	玻璃纤维增强PA66 螺杆式	PA610 螺杆式	PA1010 螺杆式	玻璃纤维增强PA1010 柱塞式	透明PA 螺杆式	PC 螺杆式	PC 柱塞式	玻璃纤维增强PC 螺杆式	PC/PE 螺杆式	PC/PE 柱塞式
注射机类型	螺杆式	螺杆式	螺杆式	柱塞式	螺杆式	螺杆式	柱塞式	螺杆式	螺杆式	柱塞式
螺杆转速/(r·min^{-1})	20~40	20~50	20~50	—	20~50	20~40	—	20~30	20~40	—
喷嘴 形式	直通式	自锁式	自锁式	直通式	直通式	直通式	直通式	直通式	直通式	直通式
喷嘴 温度/℃	250~260	200~210	190~210	180~190	220~240	230~250	240~250	240~260	220~230	230~240
料筒温度/℃ 前段	260~270	220~230	200~210	240~260	240~250	240~280	270~300	260~290	230~250	250~280
料筒温度/℃ 中段	260~290	230~250	220~240	—	250~270	260~290	—	270~310	240~260	—
料筒温度/℃ 后段	230~260	200~210	190~200	190~200	220~240	240~270	260~290	260~280	230~240	240~260
模具温度/℃	100~120	60~90	40~80	40~80	40~60	90~100	90~110	90~110	80~100	80~100
注射压力/MPa	80~130	70~120	70~100	100~130	80~130	80~130	110~140	100~140	80~120	80~130
保压压力/MPa	40~50	30~50	20~40	40~50	40~50	40~50	40~50	40~50	40~50	40~50
注射时间/s	3~5	0~5	0~5	2~5	0~5	0~5	0~5	2~5	0~5	0~5
保压时间/s	20~50	20~50	20~50	20~40	20~60	20~80	20~80	20~60	20~80	20~80
冷却时间/s	20~40	20~50	20~40	20~40	20~40	20~50	20~50	20~50	20~50	20~50
成形周期/s	50~100	50~110	50~100	50~90	50~110	50~130	50~130	50~110	50~140	50~140

注射机是塑料注射成形所用的设备。

1. 注射机分类

(1)注射机按外形特征可分为三类：立式、卧式和直角式，见表12-2。

表 12-2 注射机按外形特征的分类

类别	简　图	说　明
立式注射机	1—注射装置；2—机身；3—锁模装置	注射装置与锁模装置的轴线呈一直线垂直排列。 优点：占地少，模具拆装方便，易于安放嵌件。 缺点：重心高，加料困难；推出的塑件要由手工取出，不易实现自动化；容积较小
卧式注射机	1—锁模液压缸；2—锁模机构；3—移动模板；4—顶杆； 5—固定模板；6—控制台；7—料筒及加热器；8—料斗； 9—定量供料装置；10—注射液压缸	注射装置与锁模机构的轴线呈一直线水平排列，使用广泛。 优点：重心低，稳定；加料、操作及维修方便；塑件可自行脱落，易实现自动化。 缺点：模具安装麻烦，嵌件安放不稳，机器占地较大
角式注射机	1—注射装置；2—机身；3—锁模装置	注射装置与锁模装置的轴线相互垂直排列。 优点、缺点介于立式注射机和卧式注射机之间。 特别适用于成形中心不允许有浇口痕迹的平面塑件

（2）注射机按塑料在料筒的塑化方式不同可分为两类：柱塞式和螺杆式注射机，见表12-3。

表 12-3 注射机按塑料在料筒的塑化方式分类

类别	示意图	说明
柱塞式注射机	1—注射模；2—喷嘴；3—料筒；4—分流梭；5—料斗；6—注射柱塞	注射柱塞直径为 20～100 mm 的金属圆杆，当其后退时物料自料斗定量地落入料筒内，柱塞前进，原料通过料筒与分流梭的腔内。将塑料分成薄片，均匀加热，并在剪切作用下塑料进一步混合和塑化，并完成注射。 多为立式注射机，注射量小于 30～60 g，不易成形流动性差、热敏性强的塑料
螺杆式注射机	1—喷嘴；2—料筒；3—螺杆；4—料斗	螺杆在料筒内旋转时，将料斗内的塑料卷入，逐渐压实、排气和塑化，将塑料熔体推向料筒的前端，积存在料筒顶部和喷嘴之间，螺杆本身受熔体的压力而缓慢后退。当积存的熔体达到预定的注射量时，螺杆停止转动，在液压缸的推动下，将熔体注入模具。 卧式注射机多为螺杆式

2. 注射机规格及主要参数

目前，在注射机的标准中，有用注射量为主参数的，也有用合模力为主参数的，但大多以注射量/合模力来表示注射机的主要特征。

国内标准主要有轻工部标准、机械部标准和国家标准。注射机型号中的字母 S 表示塑料机械，Z 表示注射机，X 表示成形，Y 表示螺杆式（无 Y 表示柱塞式）等。

表12-4列出了部分国产常用注射机的主要技术参数。

注射模是安装在注射机上，完成注射成形工艺所使用的模具。

注射模的种类很多，其结构与塑料的品种、塑件的结构和注射机的种类等很多因素有关。一般情况，注射模是由成形部件、浇注系统、导向部件、推出机构、调温系统、排气系统和支承零部件组成，如果塑件有侧向的孔或凸台，注射模还包括侧向分型与抽芯机构。图12-2所示为最具有代表性的单分型面注射模，表12-5为常见注射模模具的结构组成。

表 12-4 部分国产常用注射机的主要技术参数

型号 项目	XS-ZS-22	XS-Z-30	XS-Z-60	XS-ZY-125	G54-S200/400	SZY-300	XS-ZY-500	XS-ZY-1000	SZY-2000	XS-ZY-4000
额定注射量/cm³	30,20	30	60	125	200~400	320	500	1 000	2 000	4 000
螺杆(注塞)直径/mm	25,20	28	38	42	55	60	65	85	110	130
注射压力/MPa	75,115	119	122	120	109	77.5	145	121	90	106
注射行程/mm	130	130	170	115	160	150	200	260	280	370
注射方式	双注塞(双色)	注塞式	注塞式	螺杆式	螺杆式	螺杆式	螺杆式	螺杆式	螺杆式	螺杆式
锁模力/kN	250	250	500	900	2 540	1 500	3 500	4 500	6 000	10 000
最大成形面积/cm²	90	90	130	320	645	340	1 000	1 800	2 600	3 800
最大开合模行程/mm	160	160	180	300	260	340	500	700	750	1 100
模具最大厚度/mm	180	180	200	300	406	355	450	700	800	1 000
模具最小厚度/mm	60	60	70	200	165	285	300	300	500	700
喷嘴圆弧半径/mm	12	12	12	12	18	12	18	18	18	
喷嘴孔直径/mm	2	2	4	4	4		3,5,6,8	7.5	10	
顶出形式	四侧设有顶杆,机械顶出	中心设有顶杆,机械顶出	两侧设有顶杆,机械顶出	中心设有顶杆,机械顶出	动模板设顶,开模时定模板上设有顶杆,顶杆固定板通过动模板的顶杆与顶板相碰,机械顶出塑件	中心及上、下两侧设有顶杆,机械顶出	中心液压顶出,两侧顶出,距100 mm,两侧机械顶出	中心液压顶出,两侧顶杆机械顶出	中心液压顶出,两侧顶出,距125 mm,两侧顶杆机械顶出	中心液压顶出,两侧顶出,机械顶出

续表

项目 \ 型号	XS-ZS-22	XS-Z-30	XS-Z-60	XS-ZY-125	G54-S200/400	SZY-300	XS-ZY-500	XS-ZY-1000	SZY-2000	XS-ZY-4000
动、定模固定板尺寸 $l \times b$/mm	250×280	250×280	330×440	428×458	532×634	620×520	700×850	900×1 000	1 180×1 180	
拉杆空间 $l \times b$/mm	235	235	190×300	260×290	290×368	400×300	540×440	650×550	760×700	1 050×950
合模方式	液压-机械	液压-机械	液压-机械	液压-机械	液压-机械	液压-机械	液压-机械	两次动作液压式	液压-机械	两次动作液压式
液压泵 流量/(L·min⁻¹)	50	50	70,12	100,12	170,12	103.9,12.1	200,25	200,18,1.8	175.8×2,14.2	50,50
液压泵 压力/MPa	6.5	6.5	6.5	6.5	6.5	7.0	6.5	14	14	20
机械外形尺寸 $l \times b \times h$/mm	2 340×800×1 460	2 340×850×1 460	3 160×850×1 550	3 340×750×1 550	4 700×1400×1 800	5 300×940×1 815	6 500×1 300×2 000	7 670×1 740×2 380	10 908×1 900×3 430	11 500×3 000×4 500

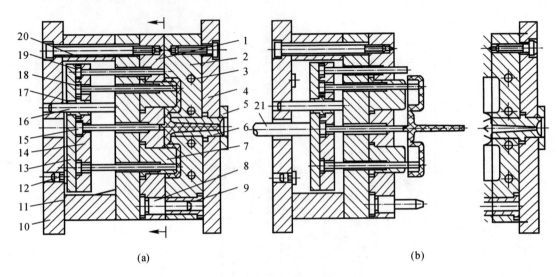

图 12-2 单分型面注射模的结构

(a)合模状态；(b)开模状态

1—动模板；2—定模板；3—冷却水道；4—定模座板；5—定位圈；6—浇口套；

7—型芯；8—导柱；9—导套；10—动模座板；11—支承板；12—支承钉；13—推板；14—推杆固定板；

15—拉料杆；16—推板导柱；17—推板导套；18—推杆；19—复位杆；20—垫板；21—注射机顶杆

表 12-5 注射模模具的结构

结构名称	说　明	零件名称(以图 12-2 为例)
成形部件	是指动、定模部分有关组成型腔的零件	动模板 1、定模板 2 和凸模 7
浇注系统	是将熔融的塑料从注射机喷嘴进入模具型腔所经的通道，它包括主流道、分流道、浇口及冷料穴	浇口套 6、拉料杆 15、动模板 1 和定模板 2
导向部件	在注射模中，用导向部件对模具的动定模导向，以使模具合模时能准确对合	导柱 8、导套 9
推出机构	是指分型后将塑件从模具中推出的装置	推板 13、推杆固定板 14、拉料杆 15、推板导柱 16、推板导套 17、推杆 18、支承钉 12 和复位杆 19
调温系统	为了满足注射工艺对模具温度的要求，需要有调温系统对模具的温度进行调整，一般热塑性塑料的注射模主要是设计模具的冷却系统	冷却水道 3
排气系统	为了将成形时塑料本身挥发的气体排出模外，常常在分型面上开设排气槽。对于小塑件的模具，可直接利用分型面或推杆等与模具的间隙排气	

续表

结构名称	说　　明	零件名称(以图12-2为例)
支承零部件	用来安装固定或支承成形零部件及前述的各部分机构的零部件	定模座板 4、定位圈 5、支承板 11、支承钉 12、垫板 20 和动模座板 10
侧向分型与抽芯机构	当有些塑件有侧向的凹凸形状的孔或凸台时,须先把侧向的凹凸形状的瓣合模块或侧向的型芯从塑件上脱开或抽出	

　　注射模的分类方法有很多,例如:可按所使用注射机的形式分为立式注射模、卧式注射模和角式注射模;按成形材料分为热塑性塑料注射模和热固性塑料注射模;按模具的型腔数目分为单型腔和多型腔注射模。但是,按注射模的总体结构特征分类最为常见。一般可将注射模具分为单分型面注射模、双分型面注射模、斜导柱(弯销、斜导槽、斜滑块)侧向分型与抽芯注射模、带有活动镶件的注射模具、定模带有推出装置的注射模具和自动卸螺纹注射模具等。

四、塑料的其他成形方法

1. 挤出成形

　　挤出成形又称挤塑。是将装在挤出机滚筒中的粉末、粒状塑料加热至熔融,在旋转螺杆搅拌和推动下,使熔融的塑料连续、均匀地通过机头口模成形。如图12-3所示为单螺杆式挤出机工作图。

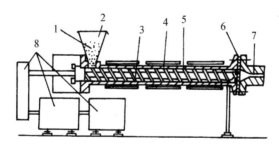

图 12-3　单螺杆挤出机结构示意图
1—原料;2—料斗;3—螺杆;4—加热器;
5—料筒;6—过滤板;7—机头(口模);8—动力系统

　　挤出成形是一种应用很广泛的塑料成形方法,挤塑制品约占热塑性塑料制品的40%～50%。它的特点是:连续成形,生产率高,操作简便,成本低。它主要用于生产塑料板材、管材、带材、异型材,也可进行塑料包覆电线、电缆工作。如图 12-4 所示为电线被覆工艺过程示意图。

2. 压制成形

　　压制成形的方法有多种,如模压法、层压法、压注法等。

　　模压成形是将松散的固态原料直接放入到已加热的压制模具型腔中,然后合上上模,加热、加压,使塑料熔融并充满型腔,经固化脱模后获得与模具型腔形状一样的塑料制品,如图

12-5所示。

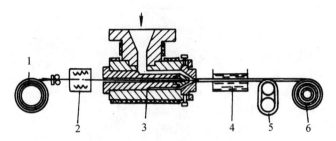

图 12-4 电线被覆工艺过程

1—导线;2—送料矫直机预热炉;3—十字模头;

4—冷却水槽;5—牵引辊;6—卷料

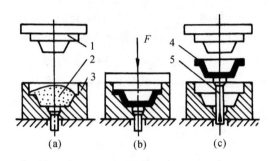

图 12-5 模压成形

(a)装料;(b)压制;(c)脱模

1—压头;2—原料;3—凹模 4—制品;5—顶杆

模压成形具有所需设备和模具简单、操作方便、能生产大型塑料制品等特点,适合于形状简单的热固性塑料制品。

3.吹塑成形

吹塑成形属于塑料的二次加工。常用的方法有中空吹塑成形和薄膜吹塑成形等。中空吹塑成形是将挤出或注射成形制得的半熔融状态的空心塑料型坯置于吹塑模具的型腔内,接着用压缩空气充入型坯中,将其吹胀并紧贴型腔的内壁,冷却后便可获得与型腔形状一样的中空塑料制品。如图12-6所示为吹塑成形工艺过程示意图。吹塑成形也可以用于制取薄膜,即吹塑薄膜。

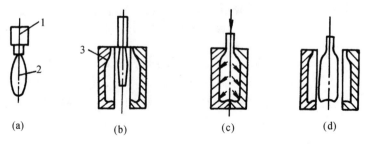

图 12-6 吹塑成形示意图

(a)挤出熔融的型坯;(b)型坯移入吹塑模;(c)压缩空气吹塑;(d)脱模

1—挤出机头;2—型坯;3—模具

泡沫塑料是以树脂为基体制成的内部含有无数微小气孔的塑料制品,又称多孔性塑料。泡沫成形是生产泡沫塑料的基本工序,它是用一定的发泡方法,使塑料内部产生气泡。常用的发泡方法有物理发泡、化学发泡和机械发泡等。

泡沫塑料由于具有质量轻、绝热、隔音、减震等优良性能得到极为广泛的应用。

第二节 工程陶瓷的成形

一、工程陶瓷制品的工艺过程

工程陶瓷制品与普通陶瓷制品的制造工艺基本相同,生产流程如图 12－7 所示。一般都包括原料配制、坯料成形和窑炉烧结三个主要工序。

图 12－7 陶瓷制品的工艺过程

1.原料配制

(1)原料:工程陶瓷的原料都是粉体。所谓粉体是大量固体粒子的集合系,其性质既不同于气体、液体,也不完全同于固体。工程陶瓷粉体的基本物理性能包括粉体的粒度与粒度分布、粉体颗粒的形态、表面特性（表面能、吸附与凝聚）及粉体充填特性等。组成粉体的固体颗粒的粒径大小对粉体系统的各种性质有很大的影响。其中最敏感的有粉体的体表面积,可压缩性和流动性。同时,固体颗粒粒径的大小也决定了粉体的应用范畴。

由于工程陶瓷粉料一般较细,表面活性较大,因受分子间的范德华引力、颗粒间的静电引力、吸附水分的毛细管力、颗粒间的磁引力及颗粒间表面不平滑而引起的机械纠缠力等,而更易发生一次颗粒间的团聚,必将影响粉体的成形特性,如粉料的填充特性等。

粉体的填充特征及其填充体的集合组织是工程陶瓷粉末成形的基础。当粉体颗粒在介质中以充分分散状态存在时,颗粒的种种性质对粉体性能起决定性影响,然而粉体的堆积、压缩、团聚等特性又具有重要的实际意义。比如,对工程陶瓷而言,因为它不仅影响生坯结构,而且在很大程度上决定烧结体的显微结构。而陶瓷的显微结构尤其是在烧结过程中形成的显微结构,对陶瓷的性能将造成很大的影响。一般认为粉体的结构由颗粒的大小、形状、表面性质等决定,并且这些性质决定粉体的凝聚性、流动性及填充性等。而填充特性又是诸特性的集中表现。

(2)坯料制备:根据陶瓷制品品种、性能和成形方法的要求,以及原材料的配方和来源等因素,可选择不同的坯料制备工艺流程,一般包括有煅烧、粉碎、除铁、筛分、称量、混合、搅拌、泥浆脱水、练泥与陈腐等多道工艺。工程陶瓷粉体的制备方法如图 12－8 所示。

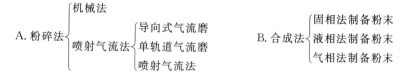

图 12－8 工程陶瓷粉体的制备方法

粉碎法适合于将团块或粗颗粒陶瓷粉碎而获得细粉。

合成法是由离子、原子、分子通过反应、成核和成长、收集后处理而获得微细颗粒,其特点是纯度、粒度可控,均匀性好,颗粒微细,并且可实现颗粒在分子级水平上的复合、均化。

制备时,要求坯料中各组元充分混合均匀,颗粒细度应达到技术要求,并且在坯料中尽可能不含空气气泡,以免影响坯料的成形及制品的强度。

2.成形方法

坯料配制好后,即可加工成形。有关成形的各种方法,将在后面详细介绍。

3.工程陶瓷的烧结

(1)烧结的一般概念:多晶陶瓷材料,其性能不仅与化学组成有关,还与材料的显微结构密切相关。在配方、混合、成形等工序完成后,烧结就是使材料获得预期的显微结构,赋予材料各种性能的关键工序。

陶瓷生坯在高温下的致密化过程称为烧结。烧结过程示意图如图 12-9 所示,烧结过程中主要发生晶粒和气孔尺寸及其形状的变化。陶瓷生坯中一般含有百分之几十的气孔,颗粒之间只有点接触,在表面能减少的推动力下,物质向颗粒间的颈部和气孔部位填充,使颈部渐渐长大,并逐步减少气孔所占的体积。连通的气孔不断缩小,两颗粒间的晶界与相邻晶界相遇,形成晶界网络。随着温度的上升和时间的延长,固体颗粒相互键联,晶粒长大,空隙(气孔)和晶界渐趋减少。通过物质的传递,其总体积收缩,密度增加,颗粒之

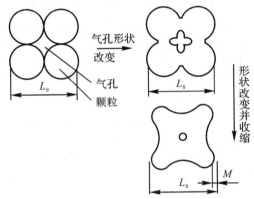

图 12-9　烧结现象示意图

间结合增强,力学性能提高,最后成为坚硬的具有某种显微结构的多晶烧结体。

(2)工程陶瓷的烧结方法:正确选择烧结方法是获得理想结构及预定性陶瓷性能的关键。陶瓷生产中通常采用在大气条件下(无特殊气氛,常压下)烧结,但为了获得高质量的不同种类的工程陶瓷,也常采用下列方法进行烧结:

1)低温烧结:目的是降低能耗,使产品价格便宜。其方法是,引入添加剂,或用压力烧结,或使用易于烧结的粉料等方法。

2)热压烧结:它是在加热粉体的同时进行加压,使烧结主要取决于塑性流动,而不是扩散,对同一材料而言,热压烧结可大大降低烧结温度,而且烧结体中气孔率低。因烧结温度低,就抑制了晶粒成长,所得的烧结体致密、晶粒小、强度高。热压烧结的缺点是必须采用特种材料制成的模具,成本高,且生产率低,只能生产形状不太复杂的制品。如制备强度很高的陶瓷车刀等(其抗弯强度为 700 MPa 左右)。

3)气氛烧结:对于空气中很难烧结的制品(如透光体或非氧化物,如 Si_3N,SiC 等),为防止其氧化等,需采用气氛烧结法,即在炉膛内通入一定气体,形成所要求的气氛,在此气氛下进行烧结。

二、工程陶瓷的成形方法

成形就是将制备好的坯料,用各种不同的工艺方法制成具有一定形状和尺寸的坯件(毛坯)。成形后的坯件仅为半成品,其后还要进行干燥、上釉、烧结等多道工序。因此,成形工序

应满足下述要求：

(1)坯件应符合制品所要求的形状和尺寸(由于有收缩,坯件尺寸应大于制品尺寸);

(2)坯件应有相当的力学性能,以便于后续操作;

(3)坯件应结构均匀,具有一定的致密性;

(4)成形过程应便于组织生产。

由于陶瓷制品的种类繁多,坯件性能各异,制品的形状、大小、烧结温度不一,以及对各类制品的性质和质量的要求也不相同,因此所用的成形方法多种多样,这造成了成形工艺的复杂性。从工艺角度而论,可根据坯料的性能和含水量的不同,将陶瓷材料的成形方法分为三大类。

1.可塑法成形

这是一种最古老也最广泛使用的成形方法。它是在外力作用下,对具有可塑性的坯料泥团进行加工,使坯料产生塑性变形,从而制成生坯。按其操作方法不同,可塑成形可分为雕塑、印坯、拉坯、旋压和滚压等种类,目前使用最广泛的是旋压和滚压两种。

2.注浆法成形

注浆法成形是陶瓷成形中一种基本方法,其成形工艺简单,即将制备好的坯料泥浆注入多孔性模型内。由于多孔性模型的吸水性,泥浆在贴近模壁的一层被模子吸水而形成一均匀的泥层。随时间的延长,当泥层厚度达到所需尺寸时,可将多余泥浆倒出,留在模型内的泥层继续脱水、收缩,并与模型脱离,出模后即得到制品生坯。注浆成形适用于形状复杂、不规则、薄壁、体积大且尺寸要求不严格的陶瓷制品。

3.干压法成形

干压成形、等静压成形和热压成形,都是新出现的成形方法。其中干压成形过程简单,产量大,缺陷少,并便于机械化,对成形形状简单的小型坯件,有广泛的应用价值。干压成形是利用压力,将干粉坯料在模中加压成致密坯件的一种成形方法。由于干压成形的坯料水分少,压力大,坯体致密,因此能获得收缩小、形状准确、易于干燥的生坯。

第三节 橡胶的成形

一、成形工艺过程

橡胶件的制造一般包括下列几个工序:原材料的准备→混合→成形→硫化,如图 12-10 所示。

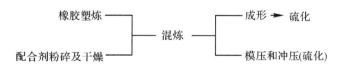

图 12-10 橡胶的制造工序

橡胶的塑炼是利用在较高的温度下氧的作用或较低温度下的机械作用,使橡胶分子裂解而使相对分子质量变小,将高弹态的橡胶转变成有塑性成形性能的塑炼胶的工艺过程。天然橡胶通常用机械塑炼法,在炼胶机上进行。炼胶机是由两个反向转动而转速不同的空心滚筒构成的。切好的橡胶碎片在炼胶机的两个滚筒之间受到扯裂、摩擦和挤压,并同时受到空气中氧的作用,橡胶分子发生裂解,因而塑性急剧增加。在塑炼中变软的橡胶紧贴在转速慢的滚筒上,形成橡胶片。塑炼的温度和时间依橡胶品种而定,天然橡胶为 40℃,15～20 min。

混炼是使各种配合剂均匀分散到橡胶中去的混合过程,是在混炼机上进行的。混炼机的结构和炼胶机相似,也是由两个反向转动的滚筒组成。混炼机分为开放式和密闭式两种。后者可防止粉状配合剂飞扬。混炼除了要严格控制温度和时间外,还要注意正确的加料顺序:塑炼胶——→防老剂——→填充剂——→软化剂——→硫化剂——→硫化促进剂。

混炼好的橡胶即可加工成形。有关成形的各种方法,将在下面详细介绍。

橡胶成形之后的硫化过程是一个不可逆的化学反应过程,是确保成形后的橡胶制品降低可塑性、提高力学性能和其他性能的重要环节。硫化作用是把橡胶和硫送到硫化罐内,利用加热和加压的方法使硫原子将卷曲的橡胶分子链连接起来,产生交联。最佳硫化条件温度、压力和时间是通过多次试验确定的,在硫化过程中应严格遵守和加以控制。同时,橡胶在硫化作用之后,不可能再进一步成形。

二、橡胶的加工成形方法

橡胶材料可通过多种工艺方法加工成为制品。要加工出高质量的橡胶制品,与许多因素有关:配合剂的选择、制件的设计、模具的设计、加工机械的设计和选用、成形过程中各种工艺参数的选定和控制(如压力、温度、时间等)。

1. 挤压成形

挤压成形(亦称挤出成形)工艺是加工橡胶最早的方法,也是最重要的一种方法。该工艺是利用螺旋推进原理,使橡胶颗粒在旋转的螺杆和料筒之间进行输送、压缩、熔融塑化,并定量地通过机头的模孔之后成形。

挤压成形是连续生产,生产效率高,可用来生产管材、棒材、各种异型材料、各种片、板材、薄膜、单丝等,还可生产金属的涂层、电缆包覆层、发泡材料、中空制品。

在挤压过程中,将颗粒状橡胶经料斗加入已预热的料筒,料筒中不断旋转的螺杆连续地挤压熔融的橡胶,并通过模孔获得制品。接近模孔的区段,应能使橡胶的流动呈流线形。一根螺杆可分为三段,各段功能不同:加料段起着输送未熔融固体橡胶的作用;在压缩段中,橡胶逐渐由固态向黏流态转变,这种转变是通过料筒的热量和螺杆旋转时剪切、搅拌、摩擦等复杂的作用实现的;匀化段是将压缩段送来的熔融橡胶流体的压力进一步加大,使物料均匀塑化,然后控制其压力,定量地从机头模孔挤出成形。这种成形方法应根据橡胶的种类选择有关参数,如挤出机机身料筒后、中、前部的温度,模孔内径和外径,螺杆转速等。

2. 注射成形

注射成形(亦称模型成形)是根据金属压铸成形原理发展起来的,是橡胶成形的一种重要加工方法。用这种方法成形的制品品种比用其他工艺方法生产的都多。

注射成形是将橡胶颗粒加入到已预热的料筒中,借助螺杆(螺杆式注射机)或柱塞(柱塞式注射机)的压力,将处于黏流态的熔体射入闭合的金属模中,经冷却固化成形后,开模得到制品。

注射成形法的工艺条件,如螺杆转速、料筒各段温度、注射压力和时间等,应根据橡胶种类进行选择。

注射成形的优点是能够一次得到外形复杂、尺寸精确或带有金属嵌件的制品,且不需要第二次加工,工艺过程容易实现自动化操作;在成形过程中,金属模一直是冷的,因此铸模一旦被填充,橡胶就立刻凝固,整个循环只需要几秒钟。其缺点是铸模可能非常昂贵,以至于需要生产多达 1 万个构件才能达到合理的经济效果;此外,注射机结构复杂而质量大,如 25－ZY－32000 型注射机,设备总重达 240 t,而公称注射质量只有 32 kg。因此,注射成形只适用于批量很大的中、小件日用品和工业品的橡胶制品制作。

3. 压延成形

压延成形是和金属板材轧制类似的成形工艺,是生产橡胶薄膜、薄板和有底复层品的主要方法。它是将熔融的橡胶挤进两个或多个平行滚筒之间,熔体通过滚筒时被拉伸或被挤压,或兼受拉伸和压缩,形成一定厚度的薄板和薄膜。

4. 其他成形方法

(1)吹塑成形:将管状坯料在可分开的型坯中加热软化后,压缩气体的压力使坯料向型坯模壁膨胀,冷却后脱模,从而获得和型腔形状相同的中空制品。如果该中空制品为一壁极薄的圆筒,再在拉伸机上进行单向或双向牵伸,使分子链取向,然后在拉伸状态下冷却变形成薄膜。因此,吹塑成形法是制作中空制品和薄膜的常用工艺。

(2)真空成形:将加热软化的橡胶板料覆盖在与真空系统相接的模具或型模上,模具或型膜型腔被抽成真空,靠负压(即真空吸力)将板材和模型相贴合,从而得到与模型外腔形状相同的薄壁构件。该成形工艺只适用于较大型构件的成形。

(3)压缩模塑成形:把适量的橡胶喂入加热的铸模,熔融后用冲头压缩,使熔料填满铸模,铸模闭合足够长的时间,让已成形的橡胶固化。该成形工艺适用于壁厚均匀、最好不超过 3 mm 的简单形状。

(4)传递模塑成形:该成形工艺需要使用一个双熔室。橡胶首先在一个熔室中加热、加压,熔融后被强迫通过一个小孔注入到相邻熔室的模腔内,待固化后起模。这种方法结合了压缩模塑成形以及注射成形两者的特点,可使制品的密度更均匀、尺寸公差更精密;但使用的铸模比压缩模塑使用的铸模昂贵。

(5)喷丝成形:这种方法实际上是一个挤压过程。熔融的橡胶被强制穿过一个有许多细孔的模型,该模型称为喷丝头,从而得到细丝状制品。

(6)发泡成形:可用化学方法或机械方法使橡胶制成泡沫制品,或在金属微粒上形成泡沫。化学方法就是添加低沸点溶质或化学药物,加热到放出蒸气或气体。机械方法包括用压力把气体压入软质橡胶;通过混料机械充气或机械发泡;在加压条件下把金属微粒和带有大量橡胶的气体混合,当卸压以后,在金属微粒上形成泡沫。

第四节　塑料的切削加工

塑料制品在一次成形后,有些只须切除其浇口和毛边即可,有些则还须进行切削加工和其他方法加工。

一、工程塑料切削加工的特点

一般工程塑料均可在金属切削机床上加工。但与金属材料切削相比有很多特点。

（1）塑料切削时，切削功率一般较切削金属小（因为其强度和硬度低）。

（2）塑料切削时，宜采用大前角、大后角的刀具，并保持刀刃锋利。精加工时，夹紧力不能过大，特别是镗孔时更要注意。

（3）宜采用较小的切削用量，以防止切削温度太高。但是，有时为了提高表面质量，也采用较高的切削速度（此时进给量、背吃刀量应较小）进行切削。为防止切削温度太高，加工时常采用风冷或水冷等方式进行冷却。

（4）性质较脆或易产生内应力的塑料，在进行机械加工时，其切入和切出操作都必须缓慢，最好采用手动走刀，以防崩裂。

（5）加工一般塑料可采用碳素工具钢、合金工具钢、高速钢、硬质合金等刀具；加工玻璃钢制品多采用单晶和多晶金刚石刀具。凡是切削金属材料的工艺方法，均可用于塑料的加工，如车、铣、刨、钻、镗、锯等。

二、工程塑料切削加工实例

由于塑料种类多，有的呈脆性，如酚醛塑料等热固性塑料。有的呈塑性，如尼龙、聚四氟乙烯等热塑性塑料。它们的加工特点各不相同，加工时必须区别对待。

1. 层压塑料

加工层压塑料所用车刀如图 12-11 所示。一般用 K20 加工。$v_c = 50 \sim 100$ m/min，$f \leqslant 0.2$ mm/r，$a_p = 0.3 \sim 1.0$ mm，$\gamma_0 = 18° \sim 20°$，$\alpha_0 = 12° \sim 15°$，$\lambda_s = -10° \sim -14°$，以防止表面起层、开裂和剥落。

2. 酚醛塑料（电木）

电木通常以木粉为填料，如酚醛电木，组织不均，性脆，切削时对刀具有磨损作用，应选耐磨性、导热性较好的硬质合金 K01，K20，$\gamma_0 = 20°$左右，$\alpha_0 = 6° \sim 12°$，$v_c = 100$ m/min左右，$f \leqslant 0.3$ mm/r，$a_p = 0.5$ mm，注意防止工件烧焦。

3. 有机玻璃（丙烯酸酯塑料板）

它是不含填料的热塑性塑料，切削加工性较好，但要

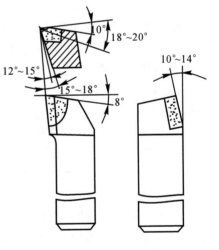

图 12-11 加工层压塑料车刀

注意防止过热及产生内应力，温度不要超过 40°，切削深度不宜大，以防碎裂，进给量不宜大，防止挤压变形。为保证表面光整透明，切削速度应低些，刀具前角要大，刃口要锋利。通常 $v_c = 15 \sim 20$ m/min，$f = 0.15 \sim 0.25$ mm/r，$a_p = 0.2 \sim 0.5$ mm。所用车刀如图 12-12 所示。用 T8A，T10A 锉刀改制即可。

4. 尼龙（聚酰胺）和聚四氟乙烯

两者均属热塑性塑料，塑性大，切削时不易断屑，到一定温度还会黏刀，使加工表面粗糙。线胀系数大，大多为$(160 \sim 170) \times 10^{-6}$/℃，约为金属材料的 10 倍左右，加工后尺寸变化大，必须使用切削液以降低切削温度。加工尼龙的车刀如图 12-13 所示。刀具材料：K10，$v_c = 80 \sim 130$ m/min，$f = 0.18$ mm/r，$a_p = 2$ mm。

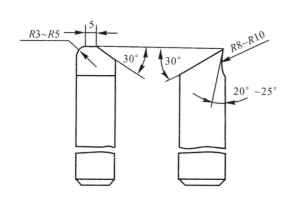

图 12-12　加工有机玻璃车刀

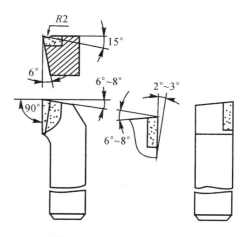

图 12-13　加工尼龙的车刀

第五节　工程陶瓷的切削加工

经烧结得到的工程陶瓷坯件,其尺寸收缩一般在 10% 以上。因此,其尺寸精度低,不能直接作为机械零件使用,必须经过切削加工,才能满足使用要求。工程陶瓷的切削加工包括用刀具进行的切削加工和用磨料进行的磨削加工。前者是用刀具直接切削陶瓷坯件,有车、铣、钻、刨等方法;后者是用砂轮磨削、珩磨,或用磨料进行研磨、抛光等,以得到精度高,表面粗糙度低的工件。

一、工程陶瓷切削加工的特点

工程陶瓷是脆性材料,具有硬度高、弹性模量大、抗压强度高、抗拉强度低、塑性差、韧性差、导热系数小、线胀系数小等特性,其切削加工特点与金属、塑料的切削不同,主要表现在以下几方面:

(1)工程陶瓷材料的去除机理是刀具刃口附近的被切削材料产生脆性破坏,而金属则是产生剪切滑移变形。

(2)只有金刚石和立方氮化硼（CBN）刀具才能胜任工程陶瓷的切削加工。

(3)刀具磨损快、耐用度低、加工效率低。

(4)切削所致的脆性龟裂会残留在已加工表面上,对零件的使用产生很大影响。

(5)磨削工程陶瓷时,磨削力大、砂轮磨损大,磨削效率低;零件磨削后的强度降低,且与磨削条件密切相关。

二、几种陶瓷材料的切削加工

陶瓷材料的切削加工性,依其种类、制造方法等的不同有很大差别。下面就 Al_2O_3 陶瓷、Si_3N_4 陶瓷、SiC 陶瓷、ZrO_2 陶瓷及 AlN 陶瓷等加以说明。

1. 切削加工特点

(1)刀具磨损:刀尖圆弧半径 r_ε 影响刀具的磨损。适当加大 r_ε,可增强刀尖处的强度和散

251

热性能,故减小了刀具磨损。切削液(乳化液)使用与否及切削刃研磨强化情况对刀具磨损也有影响。使用乳化液效果非常显著,当刀具磨损量 VB 相同时,切削时间可增加近 10 倍。因为干切时,切削温度高会使金刚石刀具产生氧化而碳化,加速刀具磨损。切削用量也影响刀具磨损量 VB;切削速度 v_c 高,VB 值就加大;切削深度 a_p 和进给量 f 越大,后面磨损值 VB 也越大。

(2)切削力:切削 Al_2O_3 陶瓷时,背向力 F_p 明显大于主力切削力 F_c 和进给力 F_f,这与硬质合金车刀车削淬硬钢极其相似,这也是切削硬脆材料的共同特点,原因是切削硬度高的材料时,刀具切削刃难以切入。切削力 F_c 小的原因在于陶瓷材料断裂韧度低。

(3)加工表面状态:由于陶瓷材料加工表面有残留龟裂纹,陶瓷零件强度将大大降低。切削量 v_c,a_p 和 f 对加工表面粗糙度的影响也与金属材料不完全相同。切削速度 v_c 越低,表面粗糙度值越小。a_p 和 f 的增加将使表面粗糙度值增大,加重了表面的恶化程度。

2.切削实例

切削实例见表 12-6。

表 12-6　Al_2O_3 陶瓷材料切削实例

Al_2O_3 陶瓷	$\rho=3.83$ g/cm^2,$\sigma_b=300$ MPa,$\sigma_s=2\,800$ MPa,2 100~3 000 HV
切削条件	$v_c=30\sim60$ m/min $a_p=1.5\sim2.0$ mm,湿切,烧结金刚石刀具,$\phi13$ mm 圆刀片 $f=0.05\sim0.12$ mm/r
结　果	加工效率为 83.3~240 mm^3/s,是金刚石砂轮磨削的 3~8 倍

Si_3N_4 陶瓷材料是共价键结合性强的混合原子结构,离子键与共价键的比为 3:7,因各向异性强,原子滑移面少,滑移方向被限定,变形更困难,就是在高温下也不易产生变形。

1.切削加工特点

(1)刀具磨损:用烧结金刚石刀具切削 Si_3N_4 陶瓷材料时,无论是湿切或干切,边界磨损为主要磨损形态。当 $v_c=50$ m/min 干切时,刀具磨损量较小,湿切时磨损量反而增大。其原因在于低速湿切时,温度升高不多,陶瓷强度没什么降低,刀具刃口附近的陶瓷材料破坏规模加大,作用在刀具上的负荷加大,使得金刚石颗粒破损、脱落。金刚石烧结体强度不同,切削 Si_3N_4 陶瓷时的耐磨性也不同。强度较高的 DA100 的磨损量比强度不足的烧结金刚石 B(B 的粒径为 20~ 30 μm)的磨损量要小得多。

(2)切削力:湿切时,各项切削分力均比干切大,F_p 大得最多,F_f 大得最少,F_c 居中。无论湿切或干切,均有 $F_p>F_c>F_f$ 的规律。

(3)加工表面状态:加工表面状态与 Al_2O_3 的加工表面状态类似。

2.切削实例

切削实例见表 12-7。

表 12 – 7 Si₃N₄ 陶瓷切削实例

Si₃N₄ 陶瓷	$\rho=3.15$ g/cm³，$\sigma_b=400$ MPa，$900\sim1000$ HV
切削条件	$v_c=50\sim80$ m/min 刀具 DA100，$\phi13$ mm 圆刀片，$v_0=-15°$ $a_p=1.0\sim2.0$ mm，湿切 $f=0.05\sim0.20$ mm/r
结果	加工效率为 $167\sim534$ mm³/s，是金刚石砂轮磨削的 $3\sim10$ 倍

SiC 陶瓷材料是共价键结合性特别强的混合原子结构，共价键与离子键之比为 9∶1，因各向异性强，高温下原子都不易移动，故切削加工更困难。

（1）刀具磨损：湿切时的刀具磨损 VB 比干切时要大，且随着 v_c 的增加 VB 增大很快，原因同切削 Si₃N₄。而干切时 v_c 对 VB 几乎无影响，原因在于 DA100 强度较高，不易产生剥落，也未引起组织上的化学和热磨损。

（2）切削力：切削刀背向力 F_p 最大，F_f 最小，F_c 居中，且湿切时切削力比干切时的要大，与切削 Si₃N₄ 相类似。

ZrO₂ 陶瓷材料是离子键为主的混合原子结构，易产生剪切滑移变形，具有较高韧性。

（1）刀具磨损：由于 ZrO₂ 的硬度比 Al₂O₃，Si₃N₄ 低，切削时刀具磨损较小，切削条件相同时，后面磨损值只是切削 Al₂O₃ 陶瓷的 1/2，是切削 Si₃N₄ 陶瓷的 1/10。当 $v_c=20$ m/min 时，切削 ZrO₂ 陶瓷材料 50 min 后，磨损 VB 才近似为 0.04 mm，还可继续切削；而切削 Si₃N₄ 陶瓷材料时仅 5 min，VB 就达到 0.12 mm，且有微小崩刃产生。

（2）切屑形态：干切 ZrO₂ 陶瓷材料，切屑为连续针状屑，而干切 Al₂O₃ 陶瓷材料时切屑为粉末屑。

（3）切削力：切削 ZrO₂ 时 F_p 也是三个切削分力中最大的，这与切削 Al₂O₃ 时相似，然而切削力 F_c 比进给力 F_f 大，这又与切削淬硬钢相似。

（4）加工表面状态：切削 ZrO₂ 时，a_p 和 f 的增大对表面粗糙度虽然有影响但不明显。从扫描电镜 SEM 图像可看到与切削金属一样的切削条纹，可认为这类似金属的切削机理。但也可看到加工表面有残留龟裂，这又是硬脆材料的切削特点。也有的研究认为，后者不是残留龟裂，而是气孔所致。

思 考 题

1. 工程塑料有哪些工艺性能？
2. 阐述注射成形的成形原理和工艺过程。
3. 非金属和金属的切削加工有什么区别？
4. 切削塑料时应注意的问题是什么？
5. 工程陶瓷的切削加工有什么特点？

第十三章

机械制造工艺综合分析

前面已经学习了各种传统加工方法的基础知识和操作技能,也了解了一些先进生产方法。各种生产方法都有自身的特点,但它们相互之间又是有联系的,即使是先进制造技术,往往也是在传统制造方法基础上发展起来的。本章旨在工程训练层面上,使学生将获得的比较离散的、浅显的知识加以综合和运用,使获得的知识系统化、一体化,并希望能够培养学生独立思考能力、综合运用知识能力、分析和解决问题能力、启发学生创新思维,从而逐步培养学生的创新能力。

第一节 金属材料及零件毛坯的选择

目前,机械行业主要使用金属材料,有时也可以选非金属材料和复合材料。机械零件多数是通过铸、锻、焊、冲压等方法把原材料制成毛坯,然后再切削加工制成合格零件,装配成机器。常用零件毛坯种类有铸件、锻件、焊接件、冲压件和型材等。

一、钢铁材料商品

市场供应的钢铁材料商品有铸锭、型材、板材、管材、线材和异型截面材等钢材。

1. 铸锭

将冶炼的生铁或钢浇注到砂模或钢模而成为供应市场的铸锭。生铁是由铁矿石在高炉中冶炼而成。生铁锭是生产各种铸铁件和铸钢件的主要原材料,铸钢锭则是生产大型锻压件和各种型材的坯料。

2. 型材

冶金企业生产的钢锭除一小部分直接作为商品供应市场以外,绝大部分是轧成各种型材、板材、管材、线材和异型截面材供应市场。

(1) 型钢:机械制造企业常用的型钢有圆钢、方钢、扁钢、六角钢、八角钢、工字钢、槽钢、等边角钢、不等边角钢等。型钢的规格以反映其断面形状特征的主要尺寸表示。如圆钢 20 表示直径 $d=20$ mm 的圆钢,等边角钢 $20\times20\times3$ 表示边宽 $d=20$ mm、边厚 $d=3$ mm 的等边角钢。

(2) 钢板:钢板厚度 $\delta\leqslant4$ mm 为薄钢板,$\delta>4$ mm 为厚钢板。钢带一般是厚度为 $0.05\sim7$ mm、宽度一般为 $4\sim520$ mm 的长钢板。市场以张供应的商品钢板规格以厚度×宽度×长度表示,以卷供应的商品钢板和钢带规格以厚度×宽度表示。

(3) 钢管:钢管按质量分为无缝钢管和有缝钢管两类。无缝钢管是用钢锭或钢坯进行冷轧或热轧连续轧制而成的,管子轴向无连接缝;有缝钢管是用板材卷压成管焊接而成的,管子轴向有焊接缝,因而强度不如无缝钢管。

钢管截面形状以圆形为多,还有扇形、方形或其他异形截面。圆形截面无缝钢管的规格以截面圆的外径×管壁厚表示,有缝钢管的规格以截面圆的内径表示公称口径(英寸in)。

(4)钢丝:钢丝的规格以直径的毫米数或相应的线号表示,线号越大,直径越细。

为了便于现场识别商品钢材的牌号,在供应商出厂时或机械制造企业内部管理中,都要按照标准(GB,YB)在两端端面涂上不同颜色的油漆标识。如Q235钢为红色,20钢为棕色＋绿色,45钢为白色＋棕色,40Cr钢为绿色＋黄色,60Mn钢为绿色三条,42CrMo钢为绿色＋紫色,20CrMnTi钢为黄色＋黑色,GCr15钢为蓝色一条,W18Cr4V钢为棕色一条＋蓝色两条。

二、毛坯的种类

毛坯的种类很多,有型材、铸件、锻件、焊接件以及冷冲压件和粉末冶金件等。

1. 型材

机械制造用的型材按截面形状可分为圆钢、方钢、六角钢、扁钢、角钢、槽钢和其他特殊截面的型材。按型材的成形方法又可分为热轧型材和冷拉型材两类。热轧型材尺寸较大,精度较低,多用于一般零件的毛坯;冷拉型材尺寸较小,精度较高,易实现自动送料,适用于毛坯精度要求较高的中小零件。

2. 铸件

形状复杂的毛坯,宜采用铸造方法制造。目前生产中的铸件大多数是用砂型铸造的。少数尺寸较小和精度较高的铸件可以采用特种铸造。砂型铸造的铸件精度较低,加工余量相应也比较大。砂型铸造铸件对金属材料没有限制,应用最广的是铸铁,其他材料如铸钢、铝合金、铜合金等也常被应用。

3. 锻件

锻件有自由锻锻件和模锻件两种。自由锻锻件精度低,加工余量大,多用于形状简单的毛坯。模锻件的精度、表面质量比自由锻件好。锻件的形状也可以复杂一些,加工余量也比较小。

4. 焊接件

焊接件是将型材或经过局部加工后的半成品用焊接的方法连接成一个整体,也称组合毛坯。焊接件的尺寸、形状一般不受限制,制造周期也比模锻件和铸件要短得多。

三、选择材料及毛坯的基本原则

1. 必须满足零件使用性能要求

零件的使用要求体现在对其形状、尺寸、加工精度、表面粗糙度等外部质量和对其化学成分、金属组织、力学性能、物理化学性能、工艺性能等内部质量的要求上。从零件的工作条件找出对材料力学性能要求,这是选材的基本出发点。零件实际工作条件包括零件工作空间、与其他零件之间的位置关系、工作时的受力情况、工作温度和接触介质等。根据零件的类型、用途和工作条件及形状、尺寸和设计技术要求等确定选用什么材料和何种类型的毛坯及制造方法。材料预选后,还应通过试验、进一步验证材料的可靠性。

2. 满足经济性要求

在满足零件使用性能要求的前提下,把几种可供选择的方案从经济上进行分析比较,从中选择成本低廉的材料。经济性应从降低零件整体的生产成本考虑,并注意材料的采购和管理的便利,既要能够在现有的工艺技术和装备条件下加工制造,又要考虑材料本身的价格及加工工艺的成本费用。视零件的质量和加工量的大小不同来权衡工艺性能和经济成本。例如当零件质量不大而加工量很大时,加工费用是构成零件制造成本的主要因素,选择材料时首先考虑其工艺性能。反之,则应重视相对价格。例如,在实践中常以灰铸铁件的价格为 1 单位,碳素钢铸件的价格与灰铸铁件价格之比即为碳素钢铸件的相对价格。毛坯材料的相对价格可参考表 13-1。

表 13-1　毛坯材料相对价格表

材　料	种类规格	相对价格
铸造金属	灰铸铁件	1
	碳素钢铸件	2
	铝合金铸件	8~10
圆　钢	Q235($\phi33\sim\phi42$)	1
	优质碳素结构钢($\phi29\sim\phi50$)	1.5~1.8
	合金结构钢($\phi29\sim\phi50$)	1.7~2.5
	弹簧钢(($\phi29\sim\phi50$)	1.7~3
	滚动轴承钢($\phi19\sim\phi50$)	3
	合金工具钢($\phi20\sim\phi50$)	3~20
	耐热合金钢($\phi29\sim\phi50$)	5

选择毛坯的依据如下:

(1)零件的类别、用途和工作条件:例如,采用脆性材料铸铁、铸造青铜等的零件,无法锻造只能铸造;承受交变的弯曲和冲击载荷的轴类零件,应该选用锻件。因为金属坯料经过锻压加工后,可使金属组织致密,从而可提高金属材料的力学性能。

(2)零件的结构和外型尺寸:例如,各台阶直径相差较大的阶梯轴,为节省材料和减少切削加工工时,不宜直接选用圆钢。套筒类零件如油缸,可选用无缝钢管。结构复杂的箱体类零件,多选用铸件。

3. 适应于生产批量和生产条件

生产批量对选择材料和毛坯类型及制造方法影响也很大。一般来说,在单件小批量生产中,应选择常用材料、通用设备和工具,较低精度、较低生产率的生产方法。这样,毛坯的生产周期短,能节省生产准备时间和工艺装备的设计制造费用。虽然单件产品消耗的材料和工时较多,但总的成本还是比较低的。

在小批量生产中,对于铸件应优先选用灰铸铁材料和手工砂型铸造方法;对于锻件应优先选用碳素结构钢材料和自由锻造方法;对于焊接件优先选用低碳钢材料和焊条电弧焊方法制造焊接结构毛坯。

在大批量生产中,应选择专用材料、专用设备和工具,以及高精度、高生产率的生产方法。

这样,毛坯的生产率及精度高。虽然专用的材料和工艺装备增加了费用,但材料用量和切削加工工时会大幅度下降,总的成本也比较低。

在大批量生产中,对于铸件应优先选用球墨铸铁材料和机器造型或特种铸造方法;对于锻件应优先选用合金结构钢材料和模型锻造方法;对于焊接结构应优先选用低合金高强度结构钢材料和机械化焊接方法。

生产条件是指一个企业的设备条件、技术水平及管理水平等,选择毛坯及制造方法需考虑本单位的生产条件,也可考虑与其他企业协作生产。

四、典型零件选材举例

1. 轴

轴是机械产品的主要零件和基础零件之一。在工作状态下,轴受到往复循环的应力的作用,有时还有冲击载荷的作用,其失效形式主要是疲劳裂纹和断裂,同时在轴颈与轴承配合处还会因相互摩擦而磨损。因此,轴类零件的材料应具有较高的强度、塑性、韧性、疲劳强度等综合机械性能,承受摩擦磨损处还应有高的硬度和耐磨性。

在轴类零件选材时,对形状简单、尺寸不大、承载较小和转动速度较低的轴可选用 45 钢、球墨铸铁等碳素钢或铸铁材料,不经热处理或经热处理制成;对形状复杂、尺寸较大、承载较大和转动速度较高的轴可选用 45,40Cr,35CrMo,42CrMo,40CrNi,38CrMoAl 等碳素钢或合金钢,经热处理制成。例如 C6132 车床的主轴就是用 45 钢按以下工艺过程制造的:

下料→锻造→正火→粗加工→调质→精加工→局部表面淬火→低温回火→精磨→成品

2. 齿轮

齿轮也是机械产品的主要零件和基础零件之一。齿轮的失效形式主要是齿面的疲劳裂纹、磨损和折断。齿轮的工作条件和失效形式要求其材料应具有高的弯曲疲劳强度和接触疲劳强度,齿面应有高的硬度和耐磨性,芯部则要有足够的强度和韧性。

对于工作较平稳、无强烈的冲击、负荷不大、转速不太高、形状不太复杂、尺寸不太大的齿轮,可选用 20,45,40Cr,40MnB 等低碳钢、中碳结构钢、中碳低合金钢等材料,经调质、表面淬火或渗碳淬火制造。对于工作条件较恶劣、负荷较大、转速较高,且频繁受到强烈的冲击,形状复杂,尺寸较大的齿轮,因其对材料性能和热处理质量的要求较高,故可选用 20CrMo,20CrMnTi,18Cr2Ni4W,40Cr,42CrMo 等合金钢,经调质、表面淬火或渗碳淬火等热处理制造。例如可用 20CrMnTi 钢按以下工艺过程制造汽车齿轮:

下料→锻造→正火→加工(制齿)→渗碳→淬火→低温回火→喷丸→精磨→成品

第二节　机械加工方法选择及其经济性分析

机器零件的表面通常是由外圆、内孔和平面等一些基本表面组成的。每一种表面可以有多种加工方法。加工方法的选择应符合产品的质量、产量和经济性的要求。

1. 外圆加工方案选择

外圆表面是轴类、圆盘类零件的重要表面之一。外圆表面的尺寸精度和表面粗糙度要求是选择加工方法的重要依据。外圆表面常见的加工方案如图 13-1 所示。

一般情况下,零件的外圆公差等级低于 IT9～IT8,表面粗糙度 R_a 大于 3.2 μm 时,可直接用车削加工完成。当零件外圆公差等级为 IT7～IT6,表面粗糙度值为 $0.8～0.4~\mu m$ 时,常采用粗车→半精车→磨削的加工方案。当公差等级要求高于 IT5,表面粗糙度值小于 $0.2~\mu m$ 时,可采用精磨或研磨作为最终加工。

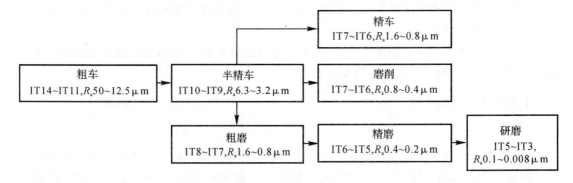

图 13-1　外圆表面加工方案

外圆表面加工方案的选择还与零件的材料、热处理要求以及零件的结构等密切相关。有色金属硬度低、韧性大,磨削时切屑易堵塞砂轮,不适于选择磨削,常采用粗车→半精车→精车的加工方案。钢件有表面硬度要求时,可采用粗车→半精车→淬火→磨削的加工方案。零件各表面之间有较高位置精度要求时,应在一次装夹中顺序车削各表面,以保证它们之间的位置精度要求。

2. 孔加工方法的选择

孔也是组成零件的基本表面之一。选择孔加工方法时,除要考虑孔的精度和表面粗糙度等要求外,还要考虑孔径的大小和深径比。常用的孔加工方案如图 13-2 所示。

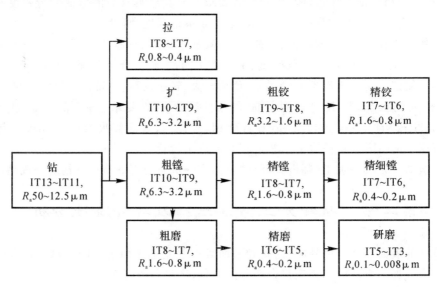

图 13-2　孔加工方案

为了使加工工艺合理从而提高生产率,在选择孔的加工方法时,应合理选择机床。对盘形零件中间轴线上的孔,为保证其与外圆、端面的位置精度,一般在车床上与外圆和端面一次装夹中同时加工出来。在大量生产时,可以采用拉削加工,其生产率极高。对箱体类零件上的轴承孔以及紧固螺钉孔,一般在镗床、铣床和钻床上加工出来。对直径 $\phi10\sim50$ mm,深径比较大的中小孔宜采用钻→扩→铰的加工方案。对于直径大于 $\phi30$ mm,深径比较小的孔,常采用镗孔。若零件需要淬火,则应在半精加工后淬火,再进行磨削。

3. 平面加工方法的选择

平面是盘形零件和板类零件的主要表面,也是箱体类零件的主要表面之一。平面常用的加工方案如图 13-3 所示。

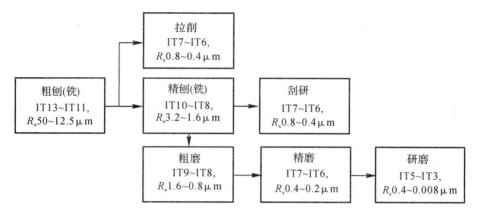

图 13-3　平面加工方案

除回转体零件上的端面常用车削加工之外,铣削、刨削和磨削是平面加工的主要方法。板类零件的平面常采用铣(刨)→磨方案。不论零件是否需要淬火,精加工都采用磨削,这比单一采用铣(刨)方案更经济。对铝合金、铜合金以及其他纯金属,常采用粗铣→精铣方案。

4. 切削加工经济性分析

各种切削加工方法的经济性是确定机械加工工艺过程和选择合理的加工方案的主要依据。

(1)按加工经济精度选择加工方法:各种切削加工方法所用的机床和加工条件不同,它们所能达到的精度也不一样,各种机床的平均台时成本(每台机床加工 1h 的成本)也有很大差别。如表 13-2 所示为常用机床的台时成本,可以参考它选择加工方法和计算加工成本。

表 13-2　常用机床台时成本

设备名称	台时成本/(元·h^{-1})	设备名称	台时成本/(元·h^{-1})	设备名称	台时成本/(元·h^{-1})
C6132 车床	10	B6065 牛头刨床	15	T618 卧式镗床	18
C6140 车床	12	X6125 万能铣床	18	坐式镗床	60
C61100 车床	30	4 m 龙门刨床	40	M1432A 万能外圆磨床	16
3 m 立式车床	40	6 m 龙门刨床	50	内圆磨床	16
3 m 落地车床	40	10 m 龙门刨床	80	平面磨床	16

由于加工过程中有各种因素影响加工精度,所以即使同一种加工方法,在不同的工艺条件

下,所能达到的加工精度也不同。一种加工方法可以获得相邻的几级加工精度。加工精度(误差)与成本曲线如图 13-4 所示。曲线 A 段为可达极限精度;C 段为保证达到精度,其成本不能再降低;B 段为精度与成本大致成正比例关系的经济精度范围。在选择各种表面加工方法时,通常按经济精度来考虑。

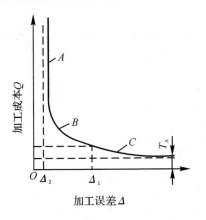

图 13-4 精度与成本的关系

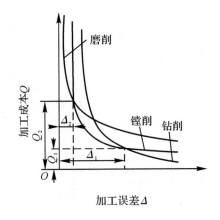

图 13-5 不同加工方法的精度与成本比较

生产实践中,相同表面的某一级精度可以采用不同的加工方法来达到。在生产条件允许的情况下。可以根据加工精度选择成本最低的加工方法。如图 13-5 所示为用磨削、镗削和钻削三种方法加工孔时的精度和成本比较。当零件内孔公差大于 Δ_1 时,三种加工方法都能达到精度要求,但采用钻孔最经济;当公差小于 Δ_2 时,应选用磨孔;当公差在 Δ_1 和 Δ_2 之间时,采用镗孔成本最低。

(2)按生产批量选择加工设备:在工业生产中,当生产的零件数量很少时,常采用通用设备加工,如卧式车床、铣床、钻床、磨床等。这时机床以及工夹量具等所需费用较少。但由于通用机床的生产率较低,使单件工艺成本较高,如图 13-6(a)中曲线 c 所示。在生产批量较大时,一般常采用专用机床、专用设备和专用工夹量具等。这些机床及工艺装备价格较高,基本投资较大,但其生产率高,在大量生产时,单件工艺成本随年产量的增大而降低,如图 13-6(a)中曲线 a 所示。曲线 b 是介于两者之间的中批量生产时的产量与成本关系。

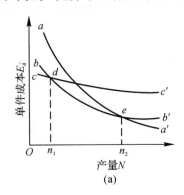

(a)

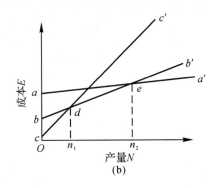

(b)

图 13-6 产量与成本的关系

对不同的工艺方案的经济性进行比较时,常以零件的全年工艺成本进行比较。因为它与年产量的关系是一条直线,使用起来很方便。如图 13－6(b)所示为三种加工工艺方案在年产量 N 相同时的全年工艺成本比较。当产量小于 n_1 时,为单件小批量生产,采用 c 方案(通用设备和通用工夹量具等)较经济。当产量大于 n_2 时,为大量生产,采用 a 方案(专用设备、专用工夹量具等)成本最低。当年产量在 n_1 与 n_2 之间时,为中批量生产,采用 b 方案最经济。

第三节　机械零件制造工艺的制定

一、机械零件制造工艺过程的基本概念

任何机器都是由若干个,甚至成千上万个零件组成的。其制造过程往往相当复杂,需要通过原材料的供应、保管、运输、生产准备、毛坯制造、机械加工、装配、检验、试车、油漆和包装等许多环节才能完成。

在实际生产中,绝大多数零件都不是单独在一种机床上,采用某一种加工方法就能完成的,而是要经过一系列的工艺过程才能完成。在每一个工艺过程中,又包含了一系列的工序、安装和工步。

工序是指在一个工作地点,对一个或一组零件所连续完成的那部分工艺过程。它是工艺过程的基本组成部分,也是安排生产计划的基本单元。图 13－7 所示的单件小批生产小轴的工艺过程包括了以下五道工序:①车削加工(外圆、端面、螺纹等);②钳工划线(两扁平面加工线及 2×M8－6H 中心线);③铣两扁平面;④钻 2×M8－6H 底孔;⑤攻 2×M8－6H 螺纹。

其余

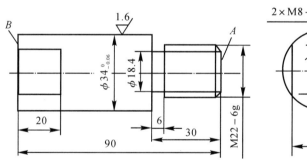
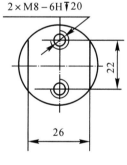

图 13－7　小轴

在一道工序中,工件可能需要经过几次装夹。在一次装夹中完成的那部分工艺过程称为安装。安装的目的是把工件安放在机床上,使之与刀具之间具有正确的相对位置,并在加工过程中始终保持正确的相对位置,又称为定位和夹紧。一道工序可能包含有几个安装。例如,图 13－7 所示小轴的车削加工工序即包含了以下两个安装:

(1)用三爪自定心卡盘夹持小轴 A 端外圆,车 $\phi 34$ mm 外圆并车 B 端端面;

(2)用三爪自定心卡盘夹持小轴 B 端 $\phi 34$ mm 外圆,车 A 端端面至尺寸,车螺纹及退刀槽。

每次安装中又包含有若干个工步。工步是指加工表面、切削刀具及切削用量均保持不变

时完成的那部分工艺过程。例如，图 13 - 7 所示小轴的加工工序(1)中即包含了以下三个工步：①粗车 $\phi34$ mm 外圆；②精车 $\phi34$ mm 外圆；③车 B 端端面。

进行工艺设计时，需要正确地选择材料，确定毛坯制造方法，选择与安排零件各个表面的加工方法及加工顺序，恰当地穿插材料的改性工艺，才能获得一个满意的工艺方案。对于一个具体的零件来说，往往可以采用不同的工艺方案进行加工。这样就必须综合分析、比较各种工艺方案对质量保证的可靠性、生产率的高低、效益的好坏、安全性以及对环境的影响，从而确定一个最满意而又切实可行的工艺方案。

工艺方案确定以后，应用图表（或文字）的形式写成文件，加以固定，用于指导生产。这种工艺文件称为工艺规程。工艺规程必须严格遵照执行，但也不是一成不变的。在生产中，应根据现场的执行效果和技术的进步，按照规定的程序，进行不断修改和完善。

根据工艺过程的不同性质，机械制造工艺规程又可分为毛坯制造、机械加工、热处理和装配工艺规程。

二、零件的机械加工工艺过程示例

对零件进行机械加工之前，应拟定其加工工艺路线。工艺路线的拟定主要包括划分加工阶段、选择加工方法、安排加工顺序等内容。

零件的机械加工一般要经过粗加工、半精加工和精加工三个阶段才能完成。对于特别精密的零件还要进行光整加工。粗加工的主要任务是切除大部分加工余量，并为半精加工提供定位基准。半精加工的任务是为主要表面的精加工做好准备，并完成一些次要表面的加工，使之达到图样要求；精加工的任务是使各主要表面达到图样要求；光整加工的任务是使那些加工质量要求特别高的表面（精度高于 IT6，表面粗糙度 R_a 值低于 $0.2\ \mu m$）达到图样要求。划分加工阶段有利于保证加工质量，合理使用设备，及时发现毛坯的缺陷以避免浪费加工工时。

加工方法的选择首先应根据各个加工表面的技术要求，确定加工方法及分几次加工，同时还应考虑工件的材质、生产批量、现场设备及技术条件等因素。

加工顺序的合理安排有利于保证加工质量、降低成本和提高生产率。切削加工顺序的安排主要应遵循以下原则：

(1)先加工精加工的定位基准表面，再加工其他表面；

(2)先粗加工，后精加工；

(3)先加工主要表面，后加工次要表面。

热处理工序的安排应遵循以下原则：

(1)预备热处理（如退火、正火等）的目的是改善工件的切削加工性和消除毛坯的内应力，一般应安排在切削加工之前进行；

(2)最终热处理（如淬火、调质等）的目的是提高零件的力学性能（如强度、硬度等），一般应安排在半精加工之后，磨削精加工之前进行。

辅助工序包括检验、去毛刺、倒角等。检验工序是保证产品质量的重要措施，除了各工序操作者应进行自检、互检外，在各加工阶段之后，重要工序前后，转车间加工前后，以及全部加工结束之后，一般均应安排专门的检验工序。去毛刺、倒角等辅助工序也是不可忽略的，否则将给装配工作带来困难，甚至导致机器不能使用。

下面以轴类零件的加工为例，说明零件的机械加工工艺过程。

在机器中,轴类零件一般用于支撑齿轮、带轮等传动零件和传递扭矩。从结构上看,它属于回转体零件,且长度大于直径,一般由同轴的若干个外圆柱面、圆锥面、内孔和螺纹等组成。按其结构特点可分为简单轴、阶梯轴、空心轴、异形轴等。其主要技术要求如下:

　　(1)足够的强度、刚度和表面耐磨性;

　　(2)各外圆柱面、内孔面以及端面之间的尺寸精度、形状与位置精度、表面质量等。

　　轴的结构特点决定了它的加工主要是采用各种车床和磨床进行车削和磨削,轴上的键槽则采用铣削或拉削。对重要轴的加工必须做到粗、精加工分开。主要表面的精加工应安排在最后进行,以免因其他表面的加工影响主要表面的精度。在加工阶梯轴时,为了避免工件在加工过程中因刚性被削弱所造成的影响,应将小直径外圆柱面的加工放在最后进行。轴上的花键和键槽应安排在外圆柱面的加工基本完成以后,最终热处理之前进行。为了避免热处理变形的影响,轴上的螺纹应安排在轴颈局部淬火之后进行加工。小批量生产如图 13-8 所示的传动轴时,其加工工艺过程见表 13-3。

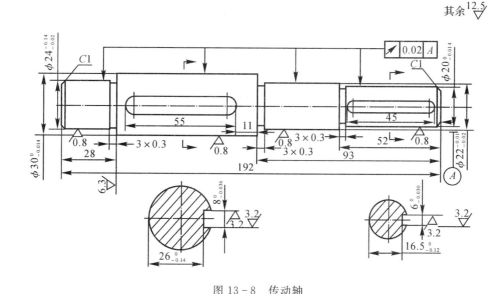

图 13-8　传动轴

材料:45 钢;硬度:40～45HRC

表 13-3　小批量加工传动轴的工艺过程

工序号	工种	工序内容 (长度单位:mm)	加工简图	设备
I	车	1. 车一端面,钻中心孔 2. 切断至长 194 3. 车另一端面至长 192,钻中心孔		卧式车床

续 表

工序号	工种	工序内容 (长度单位:mm)	加工简图	设备
II	车	1. 粗车一端外圆分别至 $\phi32\times104$,$\phi26\times27$ 2. 半精车该端外圆分别至 $\phi30.4^{+0.1}_{0}\times105$,$24.4^{+0.1}_{0}\times28$ 3. 切槽 $\phi23.4\times3$ 4. 倒角 $C1.2$ 5. 粗车另一端外圆分别至 $\phi24\times92$,$\phi22\times51$ 6. 半精车该端外圆分别至 $\phi22.4^{+0.1}_{0}\times93$,$20.4^{+0.1}_{0}\times52$ 7. 切槽分别至 $\phi21.4\times3$ 8. 倒角 $C1.2$	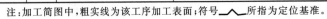	卧式车床
III	铣	粗-精铣键槽分别至 $8^{0}_{-0.036}\times26^{0}_{-0.14}\times55$ $6^{0}_{-0.030}\times16.5^{0}_{-0.12}\times45$		立式铣床
IV	热	淬火回火 $40\sim45$HRC		
V	(钳)	修研中心孔		钻床
VI	磨	1. 粗磨一端外圆分别至 $\phi30^{+0.1}_{0}$,$\phi24^{+0.1}_{0}$ 2. 精磨该端外圆分别至 $\phi30^{0}_{-0.014}$,$\phi24^{-0.02}_{-0.04}$ 3. 粗磨另一端外圆分别至 $\phi22^{+0.1}_{0}$,$\phi20^{+0.1}_{0}$ 4. 精磨该端外圆分别至 $\phi22^{-0.02}_{-0.04}$,$\phi20^{0}_{-0.014}$		外圆磨床
VII	检	按图样要求检验		

注:加工简图中,粗实线为该工序加工表面;符号 所指为定位基准。

思 考 题

1. 车削为什么易于保证各加工表面间的位置精度？

2. 加工相同材料、尺寸、精度和表面粗糙度的外圆面和孔，哪一个更困难？为什么？

3. 试决定下列零件外圆面的加工方案：

(1) 纯铜小轴，ϕ20H7，$R_a=0.8~\mu$m；

(2) 45 钢轴，ϕ50H6，$R_a=0.2~\mu$m，表面淬火 40～50 HBC。

4. 在零件的加工过程中，为什么常把粗加工和精加工分开进行？

5. 下列零件上的孔，用何种方案加工比较合理？

(1) 单件小批生产中，铸铁齿轮上的孔，ϕ20H7，$R_a=1.6~\mu$m；

(2) 大批大量生产中，铸铁齿轮上的孔，ϕ50H7，$R_a=0.8~\mu$m。

6. 齿面淬硬和齿面不淬硬的 6 级精度直齿圆柱齿轮，其齿形的精加工应当采用什么方法？

参 考 文 献

[1] 金禧德. 金工实习[M]. 北京：高等教育出版社，1992.

[2] 孙以安，陈茂贞. 金工实习教学指导[M]. 上海：上海交通大学出版社，1998.

[3] 胡大超，张学高. 金工实习[M]. 上海：上海科学技术出版社，2000.

[4] 赵万生. 电火花加工技术[M]. 哈尔滨：哈尔滨工业大学出版社，2000.

[5] 严岔年. 现代工业训练楷模[M]. 南京：东南大学出版社，1997.

[6] 张学政. 傅水根教育教学论文集[G]. 北京：清华大学出版社，2000.

[7] 杨振恒. 锻造工艺学[M]. 西安：西北工业大学出版社，1986.

[8] 中国机械工程学会焊接学会. 焊接手册[M]. 北京：机械工业出版社，1994.

[9] 孔庆华，黄午阳. 机械制造基础实习[M]. 北京：人民交通出版社，1998.

[10] 张力真，徐允长. 金属工艺学实习[M]. 北京：高等教育出版社，1996.

[11] 曹惟诚，龚云表. 胶接技术手册[M]. 上海：上海科学技术出版社，1993.

[12] 同济大学金工教研室. 金属工艺学实习[M]. 北京：高等教育出版社，1995.

[13] 清华大学金工教研室. 金属工艺学实习[M]. 北京：清华大学出版社，1992.

[14] 王贾成，张银喜. 精密与特种加工[M]. 武汉：武汉理工大学出版社，2001.

[15] 王先逵. 精密加工技术实用手册[M]. 北京：机械工业出版社，2001.

[16] 王瑞芳. 金工实习[M]. 北京：机械工业出版社，2001.

[17] 卢秉恒. 机械制造技术基础[M]. 北京：机械工业出版社，2002.

[18] 费从荣. 机械制造工程实践[M]. 北京：中国铁道出版社，2000.

[19] 宋昭祥. 现代制造工程技术实践[M]. 北京：机械工业出版社，2004.

[20] 陈永泰. 机械制造技术实践[M]. 北京：机械工业出版社，2001.

[21] 谷春瑞. 机械制造工程实践[M]. 天津：天津大学出版社，2004.

[22] 赵汝嘉. 先进制造系统导论[M]. 北京：机械工业出版社，2001.

[23] 黄开榜. 金属切削机床[M]. 北京：机械工业出版社，1998.

[24] 胡黄卿. 金属切削原理与机床[M]. 北京：机械工业出版社，2004.

[25] 齐卫东. 塑料模具设计与制造[M]. 北京：高等教育出版社，2004.

[26] 刘富觉. 钣金基本技能训练[M]. 西安：西安电子科技大学出版社，2006.

[27] 章飞. 钣金展开与加工工艺[M]. 北京：机械工业出版社，2007.